普通高等教育“十三五”计算机类规划教材

Access 2010 数据库技术与程序设计上机指导

杨文彬　成　海　何光明　主编

北京邮电大学出版社
www. buptpress. com

内 容 简 介

本书根据最新全国计算机等级考试最新考试大纲和官方教程，在研究历年真题（包括新大纲真题库与样题库）的基础上编写而成。本书将常考题型提炼出来，并对其进行细致深入的分析，引导考生快速把握考试范围与命题规律。同时，本书包括：应试指南＋无纸化考试真题库＋无纸化考试样题库，以便考生有针对性地复习过关。

本书配有考试系统，考试系统中的配套软件完全模拟真题考试环境，便于考生实战演练。

本书具有严谨、实用、高效、考点全面、考题典型、练习丰富等特点，非常适合全国计算机等级考试二级 Access 考生复习使用，特别适合考前冲刺使用，同时也非常适合相关等级考试培训班用作培训教材，以及大、中专院校师生的参考书。

图书在版编目（CIP）数据

Access 2010 数据库技术与程序设计上机指导 / 杨文彬，成海，何光明主编．--北京 ：北京邮电大学出版社，2016.8（2020.8 重印）

ISBN 978-7-5635-4883-5

Ⅰ.①A… Ⅱ.①杨… ②成… ③何… Ⅲ.①关系数据库系统－程序设计－高等学校－教学参考资料 Ⅳ.①TP311.138

中国版本图书馆 CIP 数据核字（2016）第 185536 号

书　　名：Access 2010 数据库技术与程序设计上机指导

著作责任者：杨文彬　成　海　何光明　主　编

责 任 编 辑：满志文

出 版 发 行：北京邮电大学出版社

社　　址：北京市海淀区西土城路 10 号（邮编：100876）

发　行　部：电话：010-62282185　传真：010-62283578

E-mail：publish@bupt.edu.cn

经　　销：各地新华书店

印　　刷：北京鑫丰华彩印有限公司

开　　本：889 mm×1 194 mm　1/16

印　　张：12.75

字　　数：474 千字

版　　次：2016 年 8 月第 1 版　2020 年 8 月第 5 次印刷

ISBN 978-7-5635-4883-5　　定价：30.50 元

前　言

全国计算机等级考试是目前全国报考人数最多的全国统一性水平考试。由于最新考试大纲的调整，原有的题库已不能完全满足现在的考试。通过研究历年真题并结合最新考试大纲，我们把历年考试真题的选择题和常考的操作题型提炼出来，并对其进行细致深入的分析，引导考生快速把握考试范围与命题规律，以便考生有针对性地复习过关。

本书具有以下特点：

1. 定位准确，应试性极强

本书对考试大纲与历年考题进行深入剖析，抓住两个核心点：常考题型与考前冲刺。通过全面透析历年考题，提炼出常考题型，来预测考点，揭示命题规律与解题技巧，抓住等级考试题眼，从而特别突出针对性和实用性。

2. 结构科学，实用性极强

本书将常考题型进行分类编排，并挑选了部分典型题目进行解析，让考生透彻掌握该题型的解法。

3. 提供超大题库

本书包括：应试指南＋无纸化考试真题库＋无纸化考试样题库。其中，无纸化考试真题库包括数套选择题真题和数套操作题真题；无纸化考试样题库包括数套完整的无纸化考试样题。

4. 系统结合

系统中包括考试模拟系统，提供数套真题供考生练习，考试环境与真实考试一致，帮助考生顺利过关。

本书可供全国计算机等级考试二级 Access 考生复习使用，特别适合考前冲刺使用，同时也非常适合相关等级考试培训班用作培训教材。

由于时间仓促，书中不妥之处在所难免，敬请广大读者批评指正。

编　者

目　　录

第一部分　应试指南 …… 1

1.1　无纸化考试系统使用说明 …… 1

1.1.1　无纸化考试环境简介 …… 1

1.1.2　无纸化考试流程演示 …… 1

1.2　无纸化考试内容 …… 4

1.3　操作题题型详解 …… 7

第二部分　无纸化考试真题库 …… 14

2.1　选择题部分 …… 14

选择题真题库试题 1 …… 14

选择题真题库试题 2 …… 17

选择题真题库试题 3 …… 20

选择题真题库试题 4 …… 22

选择题真题库试题 5 …… 26

2.2　操作题部分 …… 29

操作题真题库试题 1 …… 29

操作题真题库试题 2 …… 30

操作题真题库试题 3 …… 31

操作题真题库试题 4 …… 32

操作题真题库试题 5 …… 33

操作题真题库试题 6 …… 34

操作题真题库试题 7 …… 35

操作题真题库试题 8 …… 36

操作题真题库试题 9 …… 37

操作题真题库试题 10 …… 38

操作题真题库试题 11 …… 39

操作题真题库试题 12 …… 40

操作题真题库试题 13 …… 40

操作题真题库试题 14 …… 41

操作题真题库试题 15 …… 42

操作题真题库试题 16 …… 43

操作题真题库试题 17 …… 44

操作题真题库试题 18 …… 45

操作题真题库试题 19 …… 46

操作题真题库试题 20 …… 47
操作题真题库试题 21 …… 48
操作题真题库试题 22 …… 49
操作题真题库试题 23 …… 50
操作题真题库试题 24 …… 51
操作题真题库试题 25 …… 52
操作题真题库试题 26 …… 53
操作题真题库试题 27 …… 54
操作题真题库试题 28 …… 55
操作题真题库试题 29 …… 56
操作题真题库试题 30 …… 57
操作题真题库试题 31 …… 58
操作题真题库试题 32 …… 59
操作题真题库试题 33 …… 60
操作题真题库试题 34 …… 60
操作题真题库试题 35 …… 61
操作题真题库试题 36 …… 62
操作题真题库试题 37 …… 63
操作题真题库试题 38 …… 64
操作题真题库试题 39 …… 65
操作题真题库试题 40 …… 66
操作题真题库试题 41 …… 67
操作题真题库试题 42 …… 68
操作题真题库试题 43 …… 69
2.3 选择题部分答案解析 …… 70
选择题真题库试题 1 答案解析 …… 70
选择题真题库试题 2 答案解析 …… 74
选择题真题库试题 3 答案解析 …… 77
选择题真题库试题 4 答案解析 …… 80
选择题真题库试题 5 答案解析 …… 84
2.4 操作题部分答案解析 …… 88
操作题真题库试题 1 答案解析 …… 88
操作题真题库试题 2 答案解析 …… 90
操作题真题库试题 3 答案解析 …… 92
操作题真题库试题 4 答案解析 …… 95
操作题真题库试题 5 答案解析 …… 97
操作题真题库试题 6 答案解析 …… 99
操作题真题库试题 7 答案解析 …… 101
操作题真题库试题 8 答案解析 …… 103

操作题真题库试题 9 答案解析 …… 105
操作题真题库试题 10 答案解析 …… 107
操作题真题库试题 11 答案解析 …… 109
操作题真题库试题 12 答案解析 …… 111
操作题真题库试题 13 答案解析 …… 112
操作题真题库试题 14 答案解析 …… 114
操作题真题库试题 15 答案解析 …… 117
操作题真题库试题 16 答案解析 …… 118
操作题真题库试题 17 答案解析 …… 120
操作题真题库试题 18 答案解析 …… 122
操作题真题库试题 19 答案解析 …… 124
操作题真题库试题 20 答案解析 …… 125
操作题真题库试题 21 答案解析 …… 127
操作题真题库试题 22 答案解析 …… 128
操作题真题库试题 23 答案解析 …… 130
操作题真题库试题 24 答案解析 …… 132
操作题真题库试题 25 答案解析 …… 133
操作题真题库试题 26 答案解析 …… 135
操作题真题库试题 27 答案解析 …… 137
操作题真题库试题 28 答案解析 …… 139
操作题真题库试题 29 答案解析 …… 141
操作题真题库试题 30 答案解析 …… 142
操作题真题库试题 31 答案解析 …… 144
操作题真题库试题 32 答案解析 …… 146
操作题真题库试题 33 答案解析 …… 148
操作题真题库试题 34 答案解析 …… 149
操作题真题库试题 35 答案解析 …… 151
操作题真题库试题 36 答案解析 …… 153
操作题真题库试题 37 答案解析 …… 155
操作题真题库试题 38 答案解析 …… 157
操作题真题库试题 39 答案解析 …… 159
操作题真题库试题 40 答案解析 …… 161
操作题真题库试题 41 答案解析 …… 163
操作题真题库试题 42 答案解析 …… 165
操作题真题库试题 43 答案解析 …… 167

第三部分　无纸化考试样题库 …… 170

3.1　样题 …… 170
无纸化考试样题 1 …… 170

无纸化考试样题 2 …… 173
无纸化考试样题 3 …… 177
3.2 样题答案解析…… 181
无纸化考试样题 1 答案解析 …… 181
无纸化考试样题 2 答案解析 …… 186
无纸化考试样题 3 答案解析 …… 190

第一部分　应试指南

1.1　无纸化考试系统使用说明

全国计算机等级考试考试系统专用软件(以下简称“考试系统”)是在 Windows 平台下开发的应用软件。它提供了开放式的考试环境,具有自动计时、断点保护、自动阅卷和回收等功能。

1.1.1　无纸化考试环境简介

一、硬件环境

PC 兼容机,硬盘剩余空间 10 GB 或以上。

二、软件环境

操作系统:中文版 Windows 7。

应用软件:中文版 Office 2010。

三、无纸化考试时间

全国计算机等级考试二级 Access 考试时间定为 120 分钟。考试时间由考试系统自动进行计时,提前 5 分钟自动报警来提醒考生应及时存盘。考试时间用完,上机考试系统将自动锁定计算机,考生将不能再继续答题。

四、无纸化考试题型及分值

全国计算机等级考试二级 Access 考试满分为 100 分,共有四种类型考题,即选择题(40 分)、基本操作题(18 分)、简单应用题(24 分)和综合应用题(18 分)。

1.1.2　无纸化考试流程演示

一、登录

(1) 双击桌面上的“无纸化考试系统”图标,启动考试程序,出现如图 1-1 所示的登录界面(其中版本号可能会变动)。

(2) 单击“开始登录”按钮,进入准考证号登录验证窗口,如图 1-2 所示。

(3) 输入考号后按 Enter 键或单击“考号验证”按钮,将弹出准考证号验证窗口,该窗口对输入的考号进行验证。如果考号不正确,单击“取消”按钮重新输入;如果考号正确,单击“确认”按钮继续执行,弹出如图 1-3 所示的窗口。

(4) 考号输入正确后,单击“开始考试”按钮,考试系统进行一系列的处理后将随机生成一份二级 Access 考试试卷。如果考试系统在抽取试题的过程中产生错误,在显示相应的错误提示时,考生应重新进行登录,直至试题抽取成功为止。

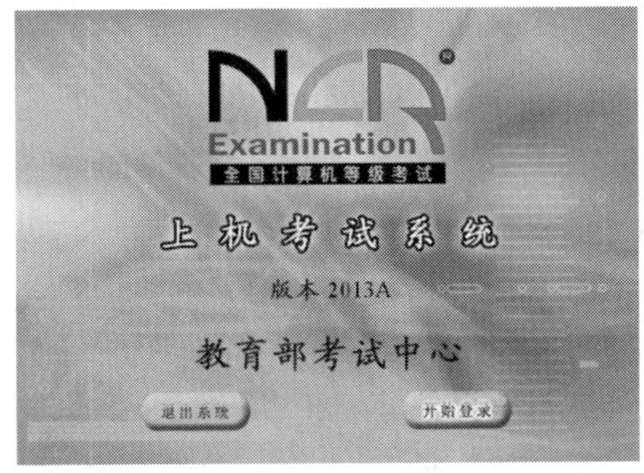

图 1-1

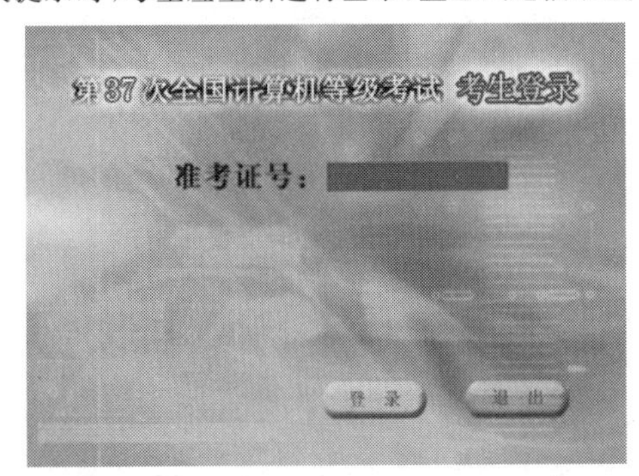

图 1-2

(5) 试题抽取成功后出现如图 1-4 所示的“考试须知”。考生只有勾选了“已阅读”复选框，才能单击“开始考试并计时”按钮开始考试并计时。

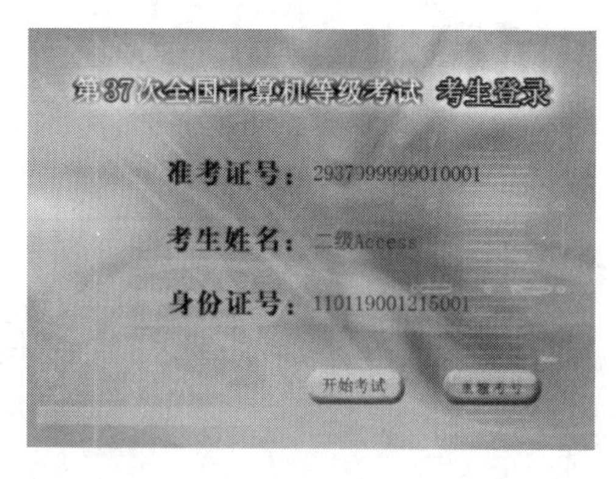

图 1-3

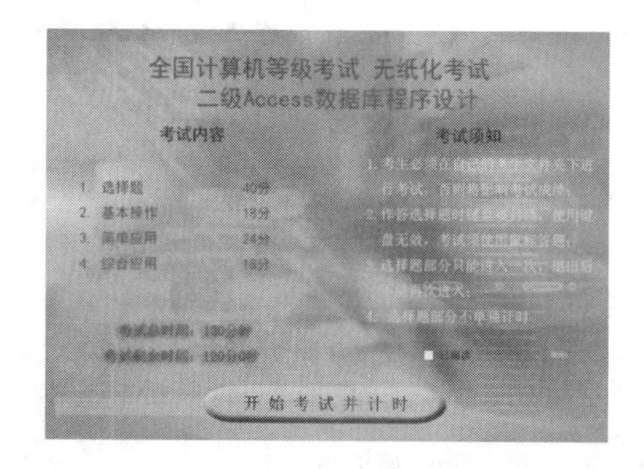

图 1-4

进入考试界面后，就可以看题、做题。注意，在做选择题的时候，键盘被封锁，考生只能使用鼠标答题。选择题部分只能进入一次，退出后不能再次进入。另外，选择题不单独计时。

当考生在上机考试时遇到死机等意外情况(即无法进行正常考试时)，考生应向监考人员说明情况，由监考人员确认为非人为造成停机时，方可进行二次登录。考生需要由监考人员输入密码方可继续进行上机考试，因此考生必须注意在上机考试时不得随意关机，否则考点有权终止其考试资格。

二、考试界面

当考生登录成功后，系统为考生抽取一套完成的试题。上机考试系统将自动在屏幕中间生成装载试题内容查阅工具的考试窗口，并在屏幕顶部始终显示着考生的准考证号、姓名、考试剩余时间以及可以随时显示或隐藏试题内容的查阅工具和退出考试系统进行交卷的按钮的窗口，最左面的“隐藏窗口”字符表示屏幕中间的考试窗口正在显示着，当用鼠标单击“隐藏窗口”字符时，屏幕中间的考试窗口就被隐藏，且“隐藏窗口”字符变成“显示窗口”。同时在窗口中显示试题选择按钮。

在考试窗口中选择工具栏中的题目选择按钮“选择题”“基本操作题”“简单应用题”“综合应用题”可以查看相应题型的题目要求。

三、答题

当考生单击“选择题”按钮时，系统将显示如何进行选择题部分的考试操作，如图 1-5 所示。在“答题”菜单上选择“选择题”功能进行选择题考试，如图 1-6 所示。

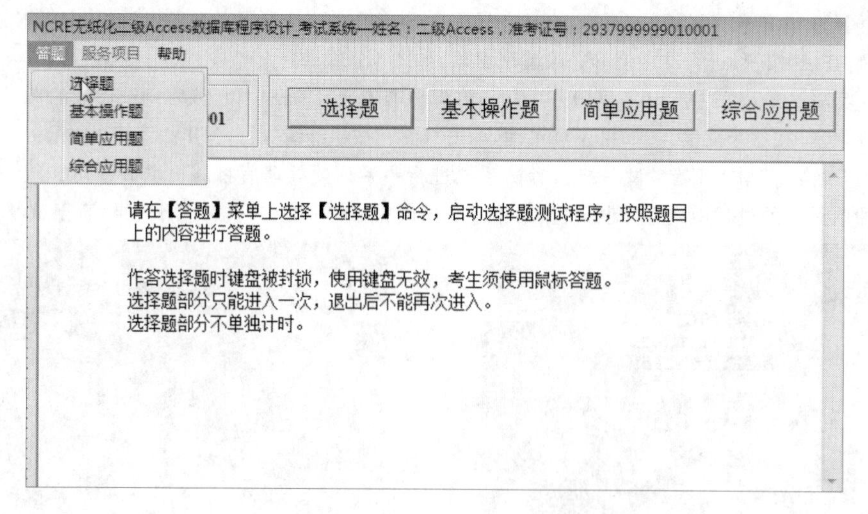

图 1-5

当考生单击“基本操作题”按钮时，系统将显示基本操作题，如图 1-7 所示。此时请考生在“答题”菜单上选择“基本操作题”命令，再根据显示的试题内容进行操作。

当考生单击“简单应用题”按钮时，系统将显示简单应用题，如图 1-8 所示。

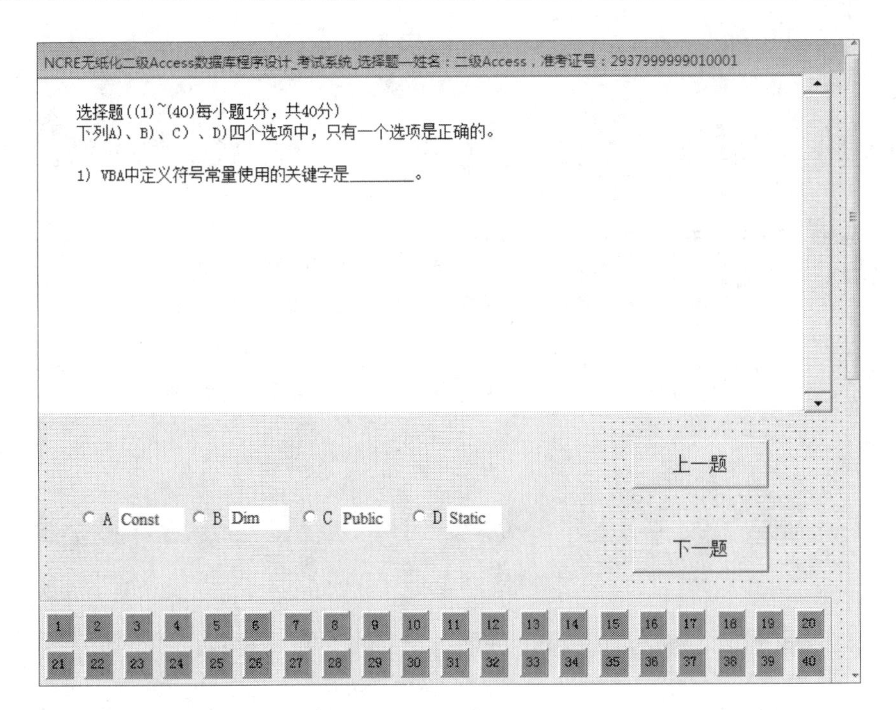

图 1-6

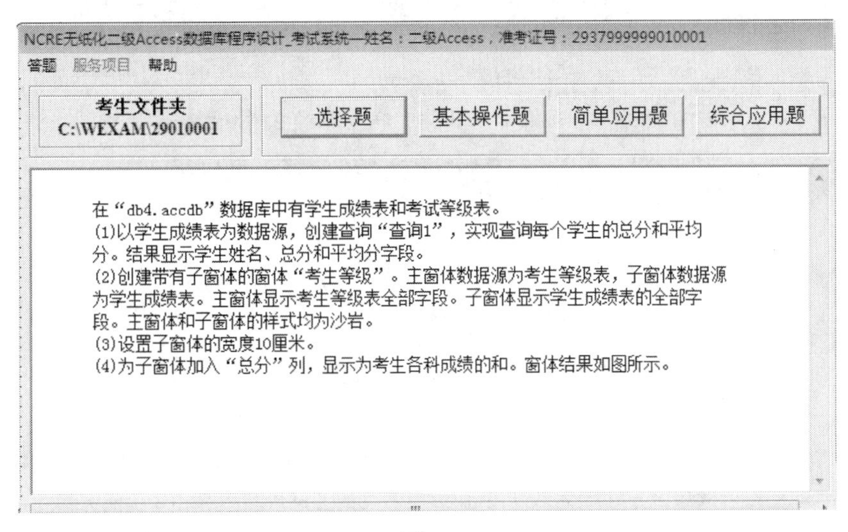

图 1-7

当考生单击“综合应用题”钮时，系统将显示演示文稿操作题，如图 1-9 所示，完成后必须将该文档存盘。

当考试内容审阅窗口中显示上下或左右滚动条时，表明该试题查阅窗口中试题内容尚未完全显示，因此考生可用鼠标操作显示余下的试题内容，防止漏做试题从而影响考试。

四、交卷

如果考生要提前结束考试进行交卷处理，则请按屏幕顶端显示窗口中的“交卷”按钮，上机考试系统将显示是否要交卷处理的提示信息框。此时考生如果单击“确定”按钮，则退出上机考试系统进行交卷处理，由系统管理员进行评分和回收。如果考试还没有完成试题，则单击“取消”按钮继续进行考试。

考试过程中，系统会为考生计算剩余考试时间。在剩余 5 分钟时，系统会显示一个提示信息，提示考生将应用程序的数据存盘，作最后的准备工作。

五、考生文件夹

在考试答题过程中有一个重要概念就是考生文件夹。当考生登录成功后，上机考试系统将会自动产生一个考生考试

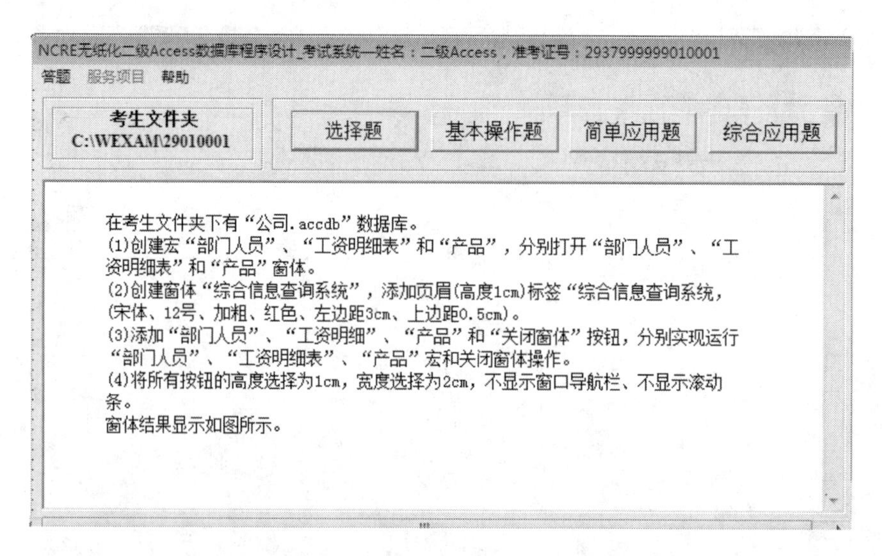

图 1-8

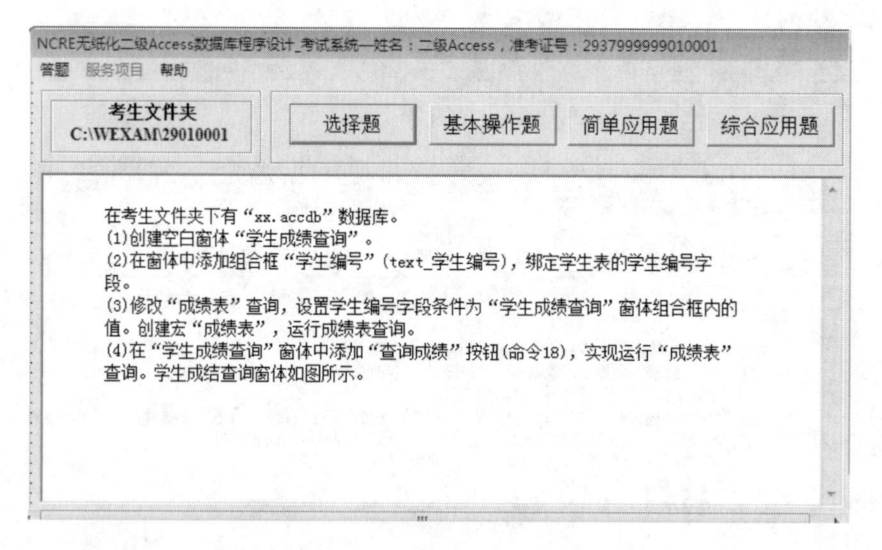

图 1-9

文件夹，该文件夹将存放该考生所有上机考试的考试内容。考生不能随意删除该文件夹以及该文件夹下与考试题目要求有关的文件及文件夹，避免在考试和评分时产生错误，从而影响考生的考试成绩。

假设考生登录的准考证号为2937999999010001，则上机考试系统生成的考生文件夹将存放到K盘根目录下的用户目录文件夹下，即考生文件夹为K:\用户目录文件夹\29010001。考生在考试过程中所操作的文件和文件夹都不能脱离考生文件夹，否则将会直接影响考生的考试成绩。

考生所有的答题均在考生文件夹下完成。考生在考试过程中，一旦发现不在考生文件夹中，应及时返回到考生文件夹下。在答题过程中，允许考生自由选择答题顺序，中间可以退出并允许考生重新答题。

如果考生在考试过程中，所操作的文件如不能复原或者误操作删除时，可以请监考老师帮忙生成所需文件，这样就可以继续进行考试且不会影响考生的成绩。

1.2 无纸化考试内容

无纸化考试包括选择题、基本操作题、简单应用题和综合应用题，共4种题型，总分100分。

一、选择题

当考生登录成功后，通过试题内容查阅窗口的“答题”菜单上的“选择题”功能，打开“选择题”答题窗口，窗口下方的方框用于标题题目是否已经做过，未做则为红色，已做则为蓝色。单击“上一题”和“下一题”按钮可以浏览题目。选择答案后，在窗口下方会用蓝色的方框标记。做完一题后，单击“下一题”按钮。所有选择题做完后单击“保存并退出”按钮。注意，没答完题目，不能单击“保存并退出”按钮，否则无法再作答选择题部分。

二、基本操作题

当考生登录成功后，考试系统已将需操作的 Access 数据库 samp1. accdb 存放都考生文件夹中，考生在指定的 Access 数据库环境中，按照试题给定的要求进行操作。

基本操作题主要考查考生对 Access 数据表的操作能力。题目主要考查在设计视图下表的操作以及在数据表视图下表的操作。题目会给出需要实现的功能，要考生选择合适的操作，完成功能。题目中给出的操作过程都比较详细，考生只要找到实现该功能的位置即可。

【例 1】数据表操作类：在考生文件夹中有“学生. accdb”数据库。

(1) 按照下列要求创建“课程”表。

字段名称	字段类型	字段大小	是否主键
课程编号	文本	5	是
课程名称	文本	20	
学分	数字	整型	

(2) 在“课程”表中输入以下数据。

课程编号	课程名称	学分
K001	高等数学	3
K011	经济政治学	5
K007	房地产经营管理	3
K004	经济法	4
K012	邓小平理论	4
K040	工程数学	4

(3) 修改“课程成绩”表的“课程编号”字段长度为 5，设置“课程”表到“课程成绩”表关系为一对多，参照完整性。“课程”表结果如图 1-10 所示。

课程编号	课程名称	学分
K001	高等数学	3
K004	经济法	4
K007	房地产经营管理	3
K011	经济政治学	5
K012	邓小平理论	4
K040	工程数学	4

图 1-10

三、简单应用题

当考生登录成功后，考试系统已将需操作的 Access 数据库 samp2. accdb 存放都考生文件夹中，考生在指定的 Access 数据库环境中，按照试题给定的要求进行操作。

1. 关于创建查询题

创建查询考查考生创建查询的能力。查询分为：选择查询、参数查询、统计查询、生成表查询、删除查询、更新查询、追加查询、交叉表查询。题目会明确地告诉考生创建何种查询。考生只需要知道创建题目要求的查询，应该如何单击按钮即可。

2. 创建查询的注意事项

创建查询的类型之后，要根据题目要求，设置一些细节的属性。要注意的是，设置参数查询时，需要输入的参数用“[]”括起来；统计查询要根据题目要求设置分组和总计行；生成表查询要注意设置生成表的名字；删除查询要注意设置删除行的 where 和 from；更新查询要设置“更新到”行；交叉表查询要注意交叉表的行和列。

做题时要注意根据题目要求一步一步地进行，题目中一般会给出结果图，考生设计完查询之后注意对比一下结果，相同即可。

【例 2】生成表查询和选择查询：在"考生.accdb"数据库中有考生表、成绩表和考生报名表三张表。

(1) 以考生表、成绩表和考生报名表为数据源，创建生成表查询"报考清华大学"将报考清华大学并且考分＞550 的学生信息存到"清华大学录取表"中。该表中包含考生 ID、考生姓名、考分和报考学校字段。生成表结果如图 1-11 所示。

考生ID	考生姓名	考分	报考学校
002	张爽	560	清华大学

图 1-11

(2) 以考生表和成绩表为数据源，创建"80 年出生考生"查询，查询 1980 年出生的考生信息。结果显示考生表的全部字段和考分字段。查询结果如图 1-12 所示。

考生ID	考生姓名	性别	出生年月日	籍贯	考分
002	张爽	女	1980-5-6	吉林	560
004	孙佳佳	女	1980-5-6	河北	510
006	四哦亚	男	1980-11-5	广东	489
007	西亚	男	1980-5-23	福建	506

图 1-12

四、综合应用题

当考生登录成功后，考试系统已将需操作的 Access 数据库 samp3.accdb 存放都考生文件夹中，考生在指定的 Access 数据库环境中，按照试题给定的要求进行操作。

1. 关于综合应用题

综合应用是考查考生对窗体、报表的综合编制能力。对于综合应用题，题目中给出对实现功能的要求，但不会出现操作步骤。窗体和报表的操作十分类似，考生掌握了窗体的操作，报表的操作就会十分熟练。考生要注意的是，在考试中，只要修改题目要求修改的控件，题目中没提到的不用去修改。

2. 综合应用题的一般解法

要做好综合应用题，考生应在平时就要多做一些有关窗体和报表操作的习题，掌握常用控件的操作过程。下面给出做综合应用题的思路及一些注意事项以供参考。

(1) 审题。在做综合应用题的第 1 步是审题。在审题时，要认真阅读试题说明，收集有关信息。这些信息包括：①要创建窗体的类型，如"创建纵栏式窗体"。②使用的控件，如"添加一个标签控件"。③对控件的设置，如"字体：宋体，12 号，凸出显示"等。

(2) 准确的选择控件，添加到窗体或报表的相应位置。题目中会告诉考生需要选择什么样的控件，考生只要选择正确的控件，然后在题目要求的区域中拖拽出一个矩形框，即可创建控件。

(3) 设置控件属性。窗体和报表的控件十分类似，有些控件，如子窗体控件和按钮控件，当拖拽出一个矩形框之后会出现一个设置向导，考生只要根据题目要求一步一步设计即可。对于控件和窗体外观等一些设置，或者是设置向导没有出现的属性。考生可以右击这个控件，选择属性。凡是和外观有关的属性，可以在格式标签页上找到；与数据源有关的属性，在数据标签页上查找；而在"全部"标签页上则可以看到该控件的全部属性。考生只要细心查找到对应的属性，按照题目的要求设置即可。

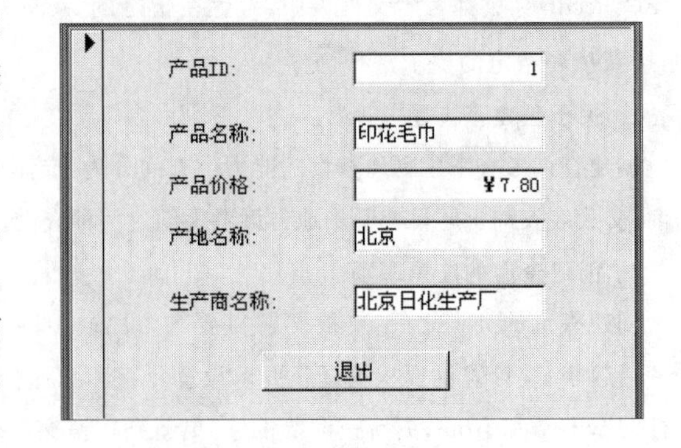

图 1-13

【例 3】窗体设计类：在"商品管理.accdb"数据库中有产地表、产品表和生产商表。

(1) 创建一个基于产品的"产品查询"结果的窗体"产品信息"，在窗体中显示"产品查询"查询的全部字段。布局：纵栏表；样式：标准。

(2) 创建"关闭产品信息窗体"宏。用来关闭"产品信息"窗体。

(3) 在“产品信息”窗体中添加“退出”按钮，该按钮宽 3 cm，高 0.6 cm，距上边距 5 cm，左边距 2.5 cm。

(4) 单击该按钮，可以运行“关闭产品信息窗体”宏。窗体最终结果如图 1-13 所示。

注意：不允许改变数据库中的表对象及其内容，同时也不能修改原窗体中已有的控件及属性。

1.3　操作题题型详解

操作题分为几大类，分别是：数据表的创建与操作、创建查询、窗体和控件的创建和修改、宏的创建、报表的创建与设计。下面将对上述几类问题做概括讲解。

★★★题型 1：数据表的创建与操作

数据表的创建与操作通常有以下几类问题：用设计视图创建表，修改、设置表字段属性，输入数据，数据表的筛选，修改数据表显示格式，查找替换，从文件导入表，将表、查询导出到文件，数据表、查询另存，实施参照完整性。

1. 用设计视图创建表

【例 1】在考生文件夹中有“book. accdb ”数据库。

(1) 按照下列要求创建 book 表：

字段名称	字段类型	字段大小	字段名称	字段类型	字段大小
书 ID	文本	10	出版社	文本	20
名称	文本	20	作者	文本	10

分析　本题考查使用设计视图创建表。这类题目的解题思路是：(1)打开题目要求的数据库，在“数据库”窗口中单击“创建”选项卡“表格”组中的“表设计”按钮，进入表设计视图。(2)在设计视图中输入题目中给出的字段，并设置相应字段的数据类型和字段大小。

答案　打开“book. accdb”数据库文件，在 Access 窗口中单击“创建”选项卡，单击“表格”组中的“表设计”按钮，进入表设计视图。在设计视图中输入书 ID、名称、出版社、作者字段，并按照题目要求设置每个字段的数据类型和字段大小。

2. 修改设置表字段属性问题

【例 2】对“学生. accdb”数据库中的学生表做如下设置。

(1) 设置“学号”为主键。

(2) 设置“性别”字段的默认值为“男”，有效性规则为“男”或“女”，有效性文本为“请输入性别！”。

分析　此题考查的是设置主键和设置默认值。这类题目的解题思路是：(1)打开题目要求的数据库，用设计视图的方式打开表，单击题目要修改或要设置的字段。(2)如果题目要求修改字段数据类型，则单击“数据类型”栏，在下拉菜单中选择要求的字段。(3)如果要设置主键，则在要设置主键的字段上右击，在弹出的快捷菜单中选择“主键”即可。(4)如果题目要求修改字段大小、默认值、有效性规则、输入掩码、索引等属性，则单击常规选项卡，找到相应的行，按照题目的要求设置即可；(4)如果题目要求修改显示控件，则单击查阅选项卡，找到相应的行，选择题目要求的属性即可。

答案　(1)用设计视图的方式打开学生表，右击“学号”字段，在弹出的快捷菜单中选择“主键”，将该字段设置为主键。(2)紧接(1)中操作，选中“性别”字段，在常规选项卡的默认值部分输入“男”，将该数据表保存为“学生”表。

3. 输入数据问题

【例 3】在“个人信息”表中输入以下 5 条记录：

人员编号	账号	姓名	性别	年龄	学历	简历
P00001	ZHANG	张新苗	女	25	专科	简历 1
P00002	dingding	刘海阳	男	20	专科	简历 2
P00003	sunjia	孙男	男	22	专科	简历 3
P00004	liansj	刘家乡	男	26	专科	简历 4
P00005	shks	欧阳明日	男	30	本科	简历 5

分析　此题考查数据的输入。这类题目的解题思路是：(1)打开题目要求的数据库，用数据表视图的方式打开表或是直接双击打开表；(2)将题目中的数据输入到表中即可。(3)要注意的是，如果表中有自动编号字段，则不需要对该字段输入。

答案 以数据库视图的方式打开“个人信息”表，将题目中的数据，输入到“个人信息”表中。注意在输入的时候注意大小写。

4. 数据表的筛选问题

【例 4】在考生文件夹中有“教师档案”数据库。

以“教师档案表”为数据源，创建高级筛选，筛选姓名字段，筛选出“张”姓教师信息，并按姓名字段升序排列。“教师档案”表如图 1-14 所示。

教师编号	姓名	性别	政治面貌	学历	职称	
0008	何涛	男	党员	硕士	讲师	化
0005	李红梅	女	群众	博士	教授	电
0003	李可乐	男	党员	硕士	副教授	计
0004	林同	男	党员	博士	教授	计
0001	刘课	男	党员	硕士	讲师	计
0007	田佳	女	群众	博士	教授	电
0002	王宏	男	党员	硕士	讲师	计
0006	云美	女	群众	博士	教授	电
0009	张林	男	党员	硕士	讲师	化
0011	张奇	男	群众	博士	副教授	经
0010	张新	女	群众	硕士	讲师	经

图 1-14

执行筛选后显示如图 1-15 所示。

教师编号	姓名	性别	政治面貌	学历	职称	
0009	张林	男	党员	硕士	讲师	化工
0011	张奇	男	群众	博士	副教授	经管
0010	张新	女	群众	硕士	讲师	经管

图 1-15

分析 此题考查高级筛选的应用。这类题目的一般思路为：(1)打开题目要求的数据库，双击打开要执行筛选的数据表；(2)单击“开始”选项卡“排序和筛选”组中的“高级”按钮，从下拉菜单中选择命令，打开“筛选”窗口；(3)在“筛选”窗口中填写和设置相应的内容即可。

答案 用数据视图的方式打开“个人信息”表，单击“开始”选项卡，再单击“排序和筛选”组中的“高级”按钮，从下拉菜单中选择“高级筛选/排序”命令，打开“筛选”窗口；将“Like 张 *”输入到姓名字段条件行。

5. 修改数据表显示格式、查找替换问题

【例 5】考生文件夹中有“book. accdb”数据库，将“读者”表的列宽设置为标准宽度，设置单元格效果为“凹陷”，行高为标准高度。“读者”表如图 1-16 所示。

读者ID	读者姓名	等级ID
1	刘量	1
2	刘新	2
3	张新	2
4	张小广	4
5	李梅	3
6	云素	2
7	冷清秋	4
8	金科	3

图 1-16

分析 此题考查设置单元格效果。这类考题的一般做法为：(1)打开题目要求的数据库，用数据表视图的方式打开表。(2)如果是查找替换操作，则单击“开始”选项卡“查找”组中的“查找”按钮，然后根据对话框的提示填入相应的值即可。(3)如果是设置行高，则右击数据表的左上角，在弹出框中选择行高，再根据题目要求设置即可。(4)如果题目要设置单元格和网格线的效果，则单击“开始”选项卡“文本格式”右下角的对话框启动器按钮，按照题目要求设置即可。(5)其他情况，在题目要操作的数据栏的标题行上右击，在弹出的快捷菜单中选择要设置的属性即可。

答案 以数据表视图的方式打开“读者”表，右击“读者 ID”列标签，在弹出的快捷菜单中选择“字段宽度”命令，弹出“列宽”对话框，勾选“标准宽度”复选框，然后单击“确定”按钮；其他列以同样的方法设置。单击表格左上角的按钮，选定表格中的记录，然后右击，在弹出的快捷菜单中选择“行高”命令，弹出“行高”对话框，勾选“标准高度”复选框，单击“确定”按钮。

单击“开始”选项卡“文本格式”右下角的对话框启动器按钮，弹出“设置数据表格式”对话框，选中“凹陷”单选按钮，然后单击“确定”按钮。

6. 从文件导入表问题

【例 6】创建“学生. accdb”数据库，将考生文件夹中的“课程成绩. xlsx”、“课程. xlsx”和“学生. xlsx”表导入数据库，分别设置选课 ID、课程编号和学号为主键，表名为默认值。

分析 此题考查从 Excel 中导入表。这类考题的一般做法为：(1)打开题目要求的数据库，在“外部数据”选项卡的“导入并链接”组中单击 Excel 按钮；(2)弹出“获取外部数据—Excel 电子表格”对话框，选择题目要求的文件导入。接下来按照题目要求，在导入向导中设置即可。(4)导入时，根据题目要求选择是否“第一行包含列标题”，设置主键等，最后将该表保存为题目要求的表。

答案　在 Access 界面下，单击“文件”选项卡标签，然后单击“新建”按钮，选择“空数据库”，在右侧窗格设置路径，输入文件名“学生”，单击“创建”按钮创建学生数据库。在“外部数据”选项卡的“导入并链接”组中单击 Excel 按钮，弹出“获取外部数据—Excel 电子表格”对话框；单击“浏览”按钮，弹出“打开”对话框，选择“课程成绩. xlsx”导入。导入时，选择“第一行包含列标题”，主键为“选课 ID”，将该表保存为“课程成绩”表。用相同的方式导入“课程. xlsx”、“学生. xlsx”。

7. 将表、查询导出到文件问题

【例 7】在考生文件夹中有“教师档案”数据库。将“教师档案表”以文本文档的格式导出到考生文件夹下，第一行包含列字段名称，逗号为分隔符，导出文件名为“教师档案表”。

分析　此题考查将数据表导出到文本文件。这种类型题目的一般思路为：(1)打开题目要求的数据库，在题目要求导出的表或查询上右击。(2)在弹出的快捷菜单中选择“导出”命令。(3)按照题目要求在向导中设置即可。

答案　打开“教师档案. accdb”数据库文件，在“导航窗格”右击“教师档案表”，在弹出的快捷菜单中依次选择“导出”→“文本文件”命令；弹出“导出-文本文件”对话框，设置文件名，单击“确定”按钮；选中“带分隔符-用逗号或制表符之类的符号分隔每个字段”，单击“下一步”按钮；选择字段分隔符，这里选择“逗号”，同时勾选“第一话包含字段名称”复选框，单击“完成”按钮。

8. 数据表、查询另存问题

【例 8】在考生文件夹中有“student. accdb”数据库。将“student”表另存为“学生信息”窗体。

分析　此题考查将数据表另存为窗体。这种类型题目的一般思路为：(1)打开题目要求的数据库，在“导航窗格”中双击要另存的数据表或查询；(2)在“开始”选项卡中单击“对象另存为”按钮，打开“另存为”对话框。(3)按照题目要求在对话框中设置保存类型和保存名即可。

答案　打开“student. accdb”数据库，在“导航窗格”中双击“student”表，将其以数据表视图方式打开；在“开始”选项卡中单击“对象另存为”按钮，打开“另存为”对话框，选择保存类型为“窗体”，保存名称为“学生信息”文件，单击“确定”按钮。

9. 实施参照完整性

【例 9】在考生文件夹中有“book. accdb”数据库。设置“读者”表到“借阅”表的关系为一对多，实施参照完整性。设置“book”表到“借阅”表的关系为一对多，实施参照完整性。

分析　此题考查设置表之间的一对多的参照完整性。这种类型题目的一般思路为：(1)打开题目要求的数据库，单击“数据库工具”选项卡中的“关系”按钮；(2)在弹出的“显示表”对话框中，添加题目要求建立关联的表；(3)将题目中“一”的字段拖动到题目中“多”的字段上；(4)在“编辑关系”对话框中的“实施参照完整性”复选框前面打钩；(5)按要求选择“级联删除”、“级联添加”等。

答案　单击“数据库工具”选项卡中的“关系”按钮，在弹出的“显示表”对话框中，双击“读者”表和“借阅”表，将其添加到关系视图中；将“读者”表的“读者 ID”字段拖动到“借阅”表的“读者 ID”字段，在弹出的“编辑关系”对话框中的“实施参照完整性”复选框前面打钩。用相同的方式设置 book 表到借阅表的一对多设置。

★★★题型 2：创建查询

创建查询通常有以下几类问题：生成表查询、操作查询(删除查询、更新查询、追加查询)、交叉表查询、参数查询、统计查询、SQL 查询、选择查询。

1. 生成表查询

【例 1】在 web 数据库中有邮件区域、邮件列表和个人信息三张表，按要求建立查询：以个人信息表、邮件列表和邮件区域表为数据源，建立生成表查询“查询 1”，查询区域 ID＝2 的用户的姓名、昵称、电子邮件地址和区域 ID 字段，结果生成 EmailList 表中。其显示结果如图 1-17 所示。

	姓名	昵称	电子邮件地址	区域ID
▶	张芮芮	红衣	zhangrr@163.com	2
	张三	东方不败	liu@163.com	2
	张林	读书	zhanglin@163.co	2
	金静	红颜	502jin@163.com	2
*				(自动编号)

图 1-17

分析　此题考查以表为数据源，创建一个生成表查询。这种类型的解题思路一般为：(1)在“数据库”窗口的“创建”选项卡中单击“查询设计”按钮；(2)在弹出的“显示表”对话框中添加题目要求的表，关闭“显示表”对话框；(3)选择题目要求的字段，(4)单击“设计”选项卡中的“生成表”按钮，按题目要求输入表名；(5)按照查询的要求设置查询，将该查询按题目要求保存。

答案 在“数据库”窗口创建新的查询，添加 web 数据库中的邮件区域、邮件列表和个人信息表。单击“设计”选项卡中的“生成表”按钮，在弹出的对话框中输入生成表的名称为 EmailList。按照题目要求选择姓名、昵称、电子邮件地址和区域 ID 字段，在区域 ID 字段对应的准则设置为 2。最后，将该查询保存为“查询 1”。

2. 操作查询

【例 2】在“办公. accdb”数据库中有办公室用品采购表、办公室用品库存、领取明细和员工信息四张表。以办公室用品采购表和办公室用品库存表为数据源，创建更新查询“入库”，将办公室用品采购表未入库的办公用品入库。

分析 本题考查操作查询中的更新查询。这类题目的一般解题思路为：(1)在“数据库”窗口的“创建”选项卡中单击“查询设计”按钮；(2)在弹出的“显示表”对话框中添加题目要求的表，关闭“显示表”对话框；(3)选择题目要求的字段；(4)按照题目要求设置字段，如：删除查询的 where 和 from 字段，更新查询的“更新到”字段，追加查询的“追加到”字段，交叉表查询的“行”和“列”字段。并将查询保存为题目要求的名称。

答案 在“数据库”窗口的“创建”选项卡中单击“查询设计”按钮，在弹出的“显示表”对话框中添加办公室用品采购、办公室用品库存表，关闭“显示表”对话框。单击“设计”选项卡中的“更新”按钮，选择题目要求的字段。各字段的更新到行设置如下：将“[数量]+[办公室用品采购表]! [采购数量]”添加到数量的更新到行，将“True”添加到是否入库的更新到行。将“False”输入到是否入库的条件行。将“[办公室用品库存]! [名称]”输入到名称的条件行。将“[办公室用品库存]! [单价]”输入到单价的条件行。将该查询保存为“入库”。

3. 参数查询

【例 3】在数据库“bd4. accdb”中有学生成绩表、学生档案表和课程名表。

(1) 以学生成绩表、学生档案表和课程名表为数据源，建立参数查询“查询 1”，通过输入班级编号来查询不及格情况，参数提示为“请输入班级 ID”，显示班级编号、姓名、课程名和成绩字段。运行查询显示如图 1-18、图 1-19 所示。

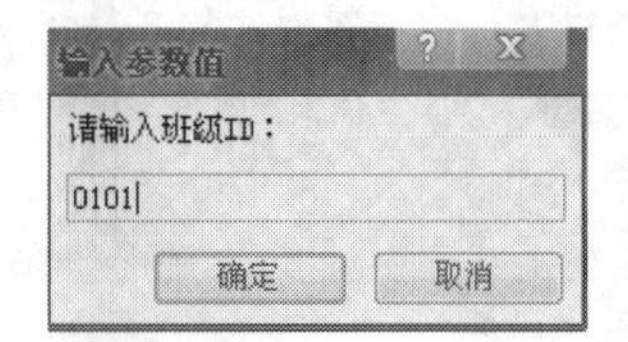

图 1-18

班级编号	姓名	课程名	成绩
0101	张新	政治经济学	55
0101	刘卡	计算机接口技术	56

记录：1 共有记录数：2

图 1-19

分析 本题考查参数查询的创建。这种题目的一般思路为：(1)在“数据库”窗口中通过设计视图新建一个查询，在弹出的“显示表”对话框中添加题目要求的数据源。关闭“显示表”对话框。(2)选择题目要求的字段。将参数用[]括起来添加到要设置参数字段的条件行。(3)将该查询保存为题目要求的名字。

答案 在“数据库”窗口的“创建”选项卡中单击“查询设计”按钮，在弹出的“显示表”对话框中添加学生成绩表、学生档案表和课程名表，然后选择班级编号、姓名、课程名和成绩字段，将“[请输入班级 ID:]”输入到班级编号字段对应的条件行，成绩字段的条件行输入<60。保存该查询为“查询 1”。

4. 统计查询

【例 4】在“xx. accdb”数据库中有学生、成绩和班级三张表。

(1) 以学生、成绩和班级三张表为数据源，创建查询“班级最高分”，查询每个班级每门课程的最高分。结果显示班级名称、语文之 Max、数学之 Max 和化学之 Max。查询结果如图 1-20 所示。

分析 此题考查统计查询的创建，题目中已经将各个字段准则行的设置给出。这种题目的一般解法为：(1)在“数据库”窗口的“创建”选项卡中单击“查询设计”按钮，在弹出的“显示表”对话框中添加题目要求的表；(2)关闭“显示表”对话框，选择题目要求的字段，在“设计”选项卡中单击“汇总”按钮；(3)如果题目要求对某个表达式进行统计，则以这个表达式增加一个新的字段，表达式通常会由题目给出；(4)对各字段的总计行进行选择，主要的选择有：计数、合计、平均值、Expression。根据题目要求选择即可；(5)将该查询保存为题目要求的名字。

答案 在“数据库”窗口的“创建”选项卡中单击“查询设计”按钮，在弹出的“显示表”对话框中添加题目要求的数据源。关闭“显示表”对话框。选择姓题目要求显示的字段，在“设计”选项卡中单击“汇总”按钮。对各字段的总计行选择如下:班级名称、班级号码字段设置为“Group By”,其他字段设置为“最大值”。将该查询保存为“班级最高分”。

班级名称	语文之Max	数学之Max	化学之Max
计算机软件	77	80	85
计算机科学与技术	90	93	90
电子信息技术	100	90	98
通信原理	91	85	76
经济管理	91	98	100
市场营销	100	90	88
会计学	60	70	88

记录: 1 共有记录数: 7

图 1-20

5. SQL 查询

【例 5】在“商品.accdb”数据库中有雇员、商品和销售明细三张表。创建带有 SQL 子查询的查询“查询 1”,显示当月出生的雇员全部信息,要求在子查询中实现查询当月出生雇员信息。

分析　此题考查 SQL 语句中的 SELECT 的写法,关键要记住 SELECT 语句的结构,这类题目的一般思路为:(1)在“数据库”窗口的“创建”选项卡中单击“查询设计”按钮,关闭“显示表”对话框。(2)在“设计”选项卡中单击“结果”组中选择“SQL 视图”;(3)在 SQL 视图空白区编写相应的 SQL 代码即可。

答案　在“数据库”窗口的“创建”选项卡中单击“查询设计”按钮,在弹出的“显示表”对话框中添加雇员表,选择雇员.*和出生日期段,取消出生日期字段的显示,将“(SELECT 出生日期 FROM 雇员 WHERE Month([出生日期])=Month(Date()))”输入到“出生日期”的条件行。将该查询保存为“查询 1”。

6. 选择查询

【例 6】在展会数据库中有馆号、展位号和展位情况三张表。以馆号表和展位号表为数据源,创建“1 号馆”查询,结果显示馆号、展位号、展位面积和状态字段。查询结果如图 1-21 所示。

馆号	展位号	展位面积	状态
1	A0	10	占用
1	A1	10	占用
1	A2	11	未占用

记录: 1 共有记录数: 3

图 1-21

分析　此题考查选择查询的创建,选择查询关键是要分清选用哪几个字段显示。这类题目的一般思路为:(1)“数据库”窗口的“创建”选项卡中单击“查询设计”按钮,在弹出的“显示表”对话框中添加题目要求的数据源。(2)选择需要题目要求的字段。在“条件行”中,对字段设置相应的条件,通常题目会将需要填入的条件给出。(3)将该查询保存为题目要求的名称。

答案　“数据库”窗口的“创建”选项卡中单击“查询设计”按钮,在弹出的“显示表”对话框中添加馆号表和展位号表,选择馆号、展位号、展位面积和状态字段,馆号字段条件行设置为 1,保存该查询为“1 号馆”。

★★题型 3:窗体和控件的创建和修改

窗体的创建和修改通常分为一下几类问题:窗体的创建、窗体和控件的设置、按钮控件的创建。

1. 窗体的创建

【例 1】在考生文件夹下有“入学登记表.accdb”数据库。以系表为数据源,自动创建纵栏式窗体“系”。

分析　本题考查创建窗体。上机考试中主要考查两种新建窗体的方法。一种是在“设计视图”中通过手工方式创建,另一种是使用 Access 提供的向导快速矿建。题目会告诉考生用何种方法创建窗体,考生只要单击选择即可。

答案　在“数据库”窗口中的导航窗格中选中系表,然后在“创建”选项卡中单击“窗体”组中的“窗体”按钮,将该窗体保存为“系”窗体。

2. 窗体和控件的设置

【例 2】考生文件夹下存在一个数据库文件“教师.accdb”,里面已经设计好窗体对象“教师信息”。试在此基础上按照以下要求补充窗体设计:

(1) 在窗体的窗体页眉节区位置添加一个标签控件,其名称为“lblTitle”,标题显示为“教师信息”;

(2) 在主体节区“教师姓名”标签右侧添加一个文本框,显示“教师姓名”字段内容,将其命名为“txtName”。

分析　本题考查如何创建窗体控件,以及窗体控件属性的设置。这类题目的一般思路是:(1)对窗体和控件的设置,需要用设计视图的方式打开窗体。(2)如果是要添加某个控件,则单击工具箱中的控件,在题目要求的位置拖拽出一个矩形框即可。题目会告诉考生使用何种控件。(3)某些控件,如子窗体控件会出现一个设置向导,考生只要根据题目要求一步一步设计即可。(4)对于控件和窗体外观等一些设置,或者是设置向导没有出现的属性,考生可以右击这个控件,选择属性。(5)凡是和外观有关的属性,可以在格式标签页上找到;与数据源有关的属性,在数据标签页上查找;而在“全部”标签页上则可以看到该控件的全部属性。考生只要细心查找到对应的属性,按照题目的要求设置即可。

答案　(1) 在“数据库”窗口中以“设计视图” 方式打开“教师信息”窗体。单击页眉节，使其呈选中状态。在“设计”选项卡的“控件”组中单击标签控件，在页眉区拖拽出一个矩形框，右击该控件，单击“属性”，在弹出的对话框中设置标题为“教师信息”，名称为“lblTitlue”。

(2) 紧接(1)中操作，在“设计”选项卡的“控件”组中单击标签控件，在页眉区拖拽出一个矩形框，右击该控件，单击“属性”，在弹出的对话框中设置标题为“教师姓名”，名称为“txtName”，控件来源为“雇员姓名”。

3. 按钮控件

【例 3】在考生文件夹下有“xx. accdb”数据库。

在“学生成绩查询”窗体中添加“查询成绩”按钮(命令 18)，实现运行“成绩表”查询。学生成结查询窗体如图 1-22 所示。

单击查询成绩按钮后显示结果如图 1-23 所示。

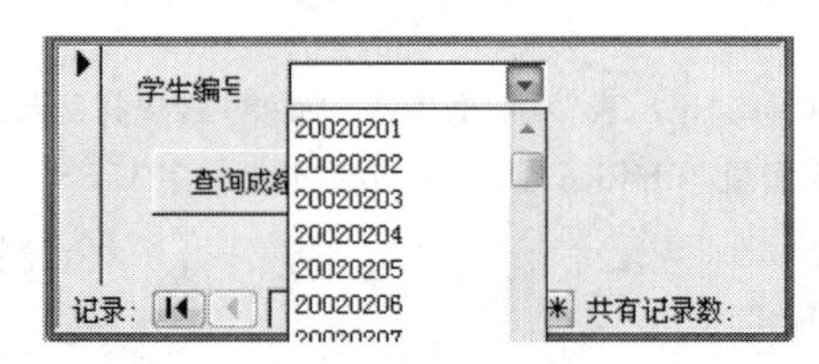

图 1-22

	学生编号	学生姓名	语文	数学	化学
▶	20020202	刘可	90	88	70
*					

记录: 1 共有记录数: 1

图 1-23

分析　本题考查创建可以运行查询的按钮控件，关键在于在按钮控件的设置向导中进行设置。这种类型题目的一般解题思路是:(1)对按钮控件的创建和设置，首先需要用设计视图的方式打开窗体。则单击工具箱中的按钮控件图标，在题目要求的位置拖拽出一个矩形框即可。(2)这时系统会弹出一个设置向导，向导先让考生选择按钮的类别和执行的操作。(3)然后针对用户选择的操作给予相应的属性设置，如选择关闭窗体操作，就会让用户选择关闭哪个窗体，最后让用户设置按钮名称。(4)对于一些外观和属性上的设置，可以右击按钮控件，单击属性，按照题目要求选择相应的属性即可。

答案　在“数据库”窗口中以“设计视图”方式打开“学生成绩查询”窗体。在“设计”选项卡的“控件”组中单击命令按钮控件，在窗体处拖拽出一个矩形框，在弹出的“命令按钮向导”中选择“杂项”，操作项为“运行宏”；选择创建的宏窗体，右击控件，单击“属性”，在弹出的对话框中设置标题为“查询成绩”，名称为“命令 18”。

★★★ 题型 4:宏的创建

1. 宏对窗体、报表的操作

【例 1】在考生文件夹下有“公司. accdb”数据库。

(1)创建宏“部门人员”“工资明细表”和“产品”，分别打开“部门人员”“工资明细表”和“产品”窗体。

分析　本题考查使用宏来打开窗体。这类题目的一般思路为:(1)新建一个宏，在操作栏中选择相应的操作，打开窗体为 OpenForm，打开报表为 OpenReport，关闭为 Closed;(2)然后选择要打开或关闭的窗体/报表即可。

答案　在“数据库”窗口的“创建”选项卡中单击“宏”按钮新建一个宏，在弹出窗口中选择 “OpenForm”操作，选择窗体名称“部门人员”。将该宏保存为“部门人员”。以同样的方式添加“工资明细表”宏和“产品”宏，分别打开“工资明细表”和“产品”窗体。

2. 创建打开表、查询宏

【例 2】在考生文件夹下有“web. accdb”数据库。创建“账号信息宏”宏，运行“账号信息”查询。

分析　本题考查创建一个可以运行查询的宏。这种类型的题目的一般思路为:(1)新建一个宏;(2)在操作栏中选择相应的操作，打开窗体为 OpenTable，打开报表为 OpenQuery，关闭为 Closed，然后选择要打开或关闭的窗体/报表即可。

答案　在“数据库”窗口中新建一个宏，在弹出的窗口中选择“OpenQuery”操作，然后选择查询名称“账号信息”。将该宏保存为“账号信息”。

★★★题型 5:报表的创建与设计

报表的创建与设置，主要内容是报表的创建和控件的设置，很多内容都可以参照窗体的创建与设计进行。

【例】在考生文件夹下有一个“xx. accdb ”数据库，里面有一个报表对象“班级信息输出”。

(1)在报表的报表页眉节区添加一个标签控件,其名称为“lblTitle”,标题显示为“班级信息输出”;

(2)在主体区添加一个文本框控件,显示“学生姓名”字段。该控件放置在距上边0.1厘米,距左边3.9厘米位置,并命名为“tName”。

(3)在页面页脚节区添加一个计算控件,使用函数显示系统的日期和时间。该控件放置在距上边0.4厘米,距左边0.1厘米位置,并命名为“tDa”。

分析　本题考查了对报表控件的操作以及属性的设置。这种题目的一般解法如下:(1)用设计视图的方式打开报表。(2)如果是要添加某个控件,则单击“设计”选项卡“控件”组中的控件,在题目要求的位置拖拽出一个矩形框即可。题目会告诉考生使用何种控件。(3)某些控件,如子报表和按钮控件会出现一个设置向导,考生只要根据题目要求一步一步设计即可。(4)对于控件和报表外观等一些设置,或者是设置向导没有出现的属性,考生可以右击这个控件,选择属性。(5)凡是和外观有关的属性,可以在“格式”标签页上找到;与数据源有关的属性,在“数据”标签页上查找;而在“全部”标签页上则可以看到该控件的全部属性。

答案　(1) 打开“xx.accdb”数据库,用设计视图的方式打开“班级信息输出”报表。在“设计”选项卡的“控件”组中选择标签控件,在页眉区拖拽出一个矩形框;右击标签控件,单击“属性”,在弹出的对话框中设置标题为“班级信息输出”,名称为“lblTitle”。

(2) 紧接(1)中操作,在“控件”组中单击文本框控件,在主体区拖拽出一个矩形框,右击标签控件,单击“属性”,在弹出的对话框中设置名称为“tName”、上边距为0.1厘米、左边距为3.9厘米。

(3) 紧接(2)中操作,用与(2)中相同的操作,在报表页脚中添加一个文本框控件,名称为“tDa”、上边距为0.4厘米、左边距为0.1厘米。删除其附带标签。设置其控件来源为“=Now()”

第二部分　无纸化考试真题库

2.1　选择题部分

选择题真题库试题1

一、选择题

下列各题A)、B)、C)、D)四个选项中，只有一个选项是正确的。

(1) 下列叙述中正确的是______。

A) 算法复杂度是指算法控制结构的复杂程度

B) 算法复杂度是指设计算法的难度

C) 算法的时间复杂度是指设计算法的工作量

D) 算法的复杂度包括时间复杂度与空间复杂度

(2) 在下列链表中，能够从任意一个结点出发直接访问到所有结点的是______。

A) 单链表　　B) 循环链表

C) 双向链表　　D) 二叉链表

(3) 设循环队列的存储空间为Q(1∶50)，初始状态为front＝rear＝50。现经过一系列入队与退队操作后，front＝rear＝1，此后又正常地插入了两个元素。最后该队列中的元素个数为______。

A) 2　　B) 1　　C) 3　　D) 52

(4) 下面对软件特点描述不正确的是______。

A) 软件是一种逻辑实体，具有抽象性

B) 软件开发、运行对计算机系统具有依赖性

C) 软件开发涉及软件知识产权、法律及心理等社会因素

D) 软件运行存在磨损和老化问题

(5) 下面属于黑盒测试方法的是______。

A) 基本路径测试　　B) 等价类划分

C) 判定覆盖测试　　D) 语句覆盖测试

(6) 下面不属于软件设计阶段任务的是______。

A) 软件的功能确定

B) 软件的总体结构设计

C) 软件的数据设计

D) 软件的过程设计

(7) 数据库管理系统是______。

A) 操作系统的一部分

B) 系统软件

C) 一种编译系统

D) 一种通信软件系统

(8) 在E-R图中，表示实体的图元是______。

A) 矩形　　B) 椭圆

C) 菱形　　D) 圆

(9) 有两个关系R和T如下：

R

A	B	C
a	1	2
b	4	4
c	2	3
d	3	2

T

A	C
a	2
b	4
c	3
d	2

则由关系R得到关系T的操作是______。

A) 选择　　B) 交　　C) 投影　　D) 并

(10) 对图书进行编目时，图书有如下属性：ISBN书号，书名，作者，出版社，出版日期。能作为关键字的是______。

A) ISBN书号　　B) 书名

C) 作者，出版社　　D) 出版社，出版日期

(11) 关系数据库是数据的集合，其理论基础是______。

A) 数据表　　B) 关系模型

C) 数据模型　　D) 关系代数

(12) 在关系型数据库中，“一对多”的含义是______。

A) 一个数据库可以有多个表

B) 一个表可以有多条记录

C) 一条记录可以有多个字段

D) 一条记录可以与另一表中的多条记录相关

(13) 若某字段设置的输入掩码为“####-######”，则下列输入数据中，正确的是______。

A) 0755-123456

B) 0755-abcdef

C) abcd-123456

D) ####-######

(14) 若 Access 数据库的一张表中有多条记录，则下列叙述中，正确的是______。

A) 记录前后顺序可以任意颠倒，不影响表中的数据关系

B) 记录前后顺序不能任意颠倒，要按照输入的顺序排列

C) 记录前后顺序可以任意颠倒，排列顺序不同，统计结果可能不同

D) 记录前后顺序不能任意颠倒，一定要按照关键字段值的顺序排列

(15) 下列关于主关键字的说法中，错误的是______。

A) 使用自动编号是创建主关键字的简单方法

B) 作为主关键字的字段允许出现 Null 值

C) 作为主关键字的字段不允许出现重复值

D) 可将两个或更多字段组合作为主关键字

(16) 进行数据表设计时，不能建索引的字段的数据类型是______。

A) 文本　　B) 自动编号

C) 计算　　D) 日期/时间

(17) 在“按雇员姓名查询”窗体中有名为 tName 的文本框，如下图所示。

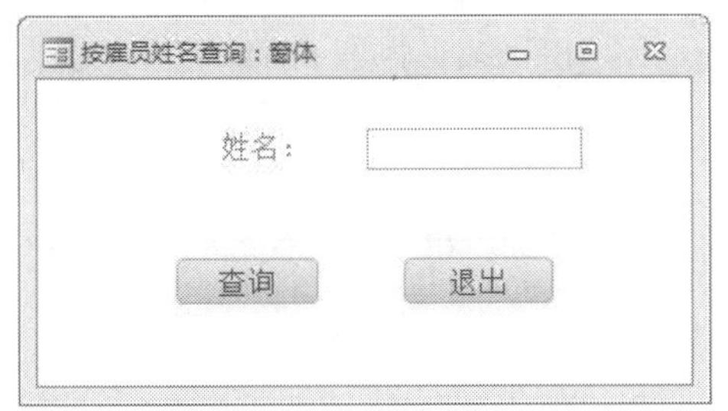

在文本框中输入要查询的姓名，当单击“查询”按钮时，运行名为“查询 1”的查询，该查询显职工 ID、姓名和职称等 3 个字段。下列“查询 1”设计视图中，正确的是______。

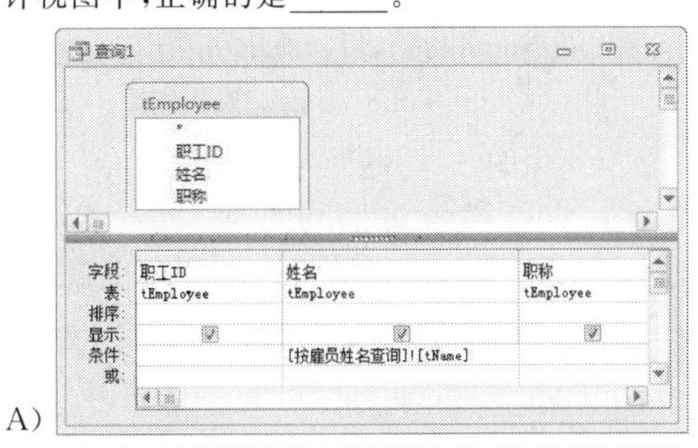

A)

B)

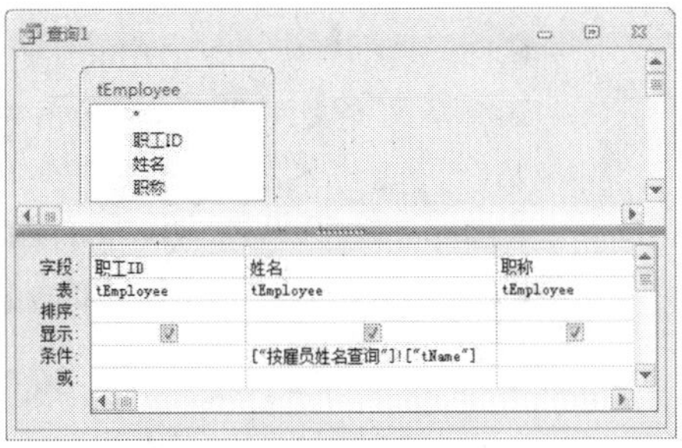

C)

D)

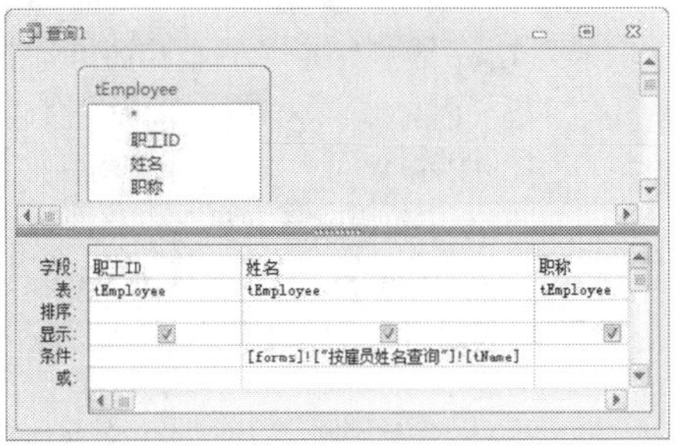

(18) 若要查找职工表中年龄在 30 到 40 岁之间(含 30 岁和 40 岁)的记录，则在年龄字段的“条件”行中应输入的表达式是______。

A) >30 or <40　　B) >30 and <40

C) in(30,40)　　D) >=30 and <=40

(19) 设计数据表时，如果要求“成绩”字段的范围在 0～100 之间，则应该设置的字段属性是________。

A) 默认值　　B) 输入掩码

C) 参照完整性　　D) 有效性规则

(20) 可以改变窗体外观的是______。

A) 矩形　B) 标签　C) 按钮　D) 属性

(21) SQL 查询命令的结构是：

SELECT … FROM … WHERE … GROUP BY … HAVING … ORDER BY …

其中指定查询条件的短语是______。

A) SELECT　　B) WHERE

C) HAVING　　D) ORDER BY

(22) 设定的控件事件发生时可执行预先设置好的代码，决定事件发生时执行代码的是______。

A) 控件的属性　　B) 控件的事件过程

C) 控件的焦点　　D) 通用过程

(23) 下列关于 MsgBox 语法的描述中，正确的是______。

A) MsgBox(提示信息[,标题][,按钮类型]

B) MsgBox(标题[,按钮类型][,提示信息])

C) MsgBox(标题[,提示信息][,按钮类型]]

D) MsgBox(提示信息[,按钮类型][,标题])

(24) 宏操作 SetValue 的功能是______。

A) 刷新控件数据

B) 设置表中字段的值

C) 刷新当前系统的时间

D) 设置窗体或报表控件的属性

(25) 若变量 a 的内容为“计算机软件工程师”，变量 b 的内容是“数据库管理员”，下列表达式中，结果为“数据库工程师”的是______。

A) Mid(b,1,3)＋Mid(a,1,3)

B) Left(b,3)＋Right(a,3)

C) Mid(b,3,)－Mid(a,3)

D) Left(b,3)－Right(a,3)

(26) VBA 中，若要退出 Do While…Loop 循环执行 Loop 之后的语句，应使用的语句是______。

A) Exit　　B) Exit Do

C) Exit While　　D) Exit Loop

(27) 删除字符串前导和尾部空格的函数是______。

A) Ltrim　B) Rtrim　C) Trim　D) Space

(28) 在 VBA 表达式中，“&”运算符的含义是______。

A) 文本连接　　B) 文本注释

C) 相乘　　D) 取余

(29) 下列关于函数 Nz(表达式或字段属性值)的叙述中，错误的是______。

A) 如果“表达式”为数值型且值为 Null，则返回值为 0

B) 如果“字段属性值”为数值型且值为 Null，则返回值为 0

C) 如果“表达式”为字符型且值为 Null，则返回值为空字符串

D) 如果“字段属性值”为字符型且值为 Null，则返回值为 Null

(30) 下列关于 VBA 子过程和函数过程的叙述中，正确的是______。

A) 子过程没有返回值，函数过程有返回值

B) 子过程有返回值，函数过程没有返回值

C) 子过程和函数过程都可以有返回值

D) 子过程和函数过程都没有返回值

(31) VBA 构成对象的三要素是______。

A) 属性、事件、方法　B) 控件、属性、事件

C) 窗体、控件、过程　D) 窗体、控件、模块

(32) 能对顺序文件输出的语句是______。

A) Put　B) Get　C) Write　D) Read

(33) ADO 对象模型中可以打开并返回 RecordSet 对象的是______。

A) 只能是 Connection 对象

B) 只能是 Command 对象

C) 可以是 Connection 对象和 Command 对象

D) 可以是所需要的任意对象

(34) 下列程序段运行结束后，变量 x 的值是______。

```
x = 2
y = 4
Do
x = x * y
y = y + 1
Loop While y < 4
```

A) 2　B) 4　C) 8　D) 20

(35) 已知学生表(学号，姓名，性别，生日)，要将学生表中全部记录的“性别”设置为“男”，空白处应填写的代码是______。

```
Private Sub Command0_Click( )
Dim str As String
Set db = CurrentDb()
str = "        "
DoCmd.RunSQL str
End Sub
```

A) Update 学生表 set 性别＝'男'

B) Update 学生表 Values 性别＝'男'

C) Update From 学生表 Set 性别＝'男'

D) Update From 学生表 Values 性别＝'男'

(36) 报表统计计算中，如果是进行分组统计并输出，则统计计算控件应该布置在______。

A) 主体节

B) 报表页眉/报表页脚

C) 页面页眉/页面页脚

D) 组页眉/组页脚

(37) 以下能用宏而不需要 VBA 就能完成的操作是______。

A) 事务性或重复性的操作

B) 数据库的复杂操作和维护

C) 自定义过程的创建和使用

D) 一些错误过程

(38) 在宏的表达式中要引用报表 test 上控件 txtName 的值，可以使用引用式______。

A) txtName

B) test ! txtName

C) Reports ! test ! txtName

D) Reports ! txtName

(39) 在“NewVar＝528”语句中，变量 NewVar 的类型默认为______。

A) Boolean　　B) Variant

C) Double　　D) Integer

(40) 用于从文本文件中导入和导出数据的宏命令是______。

A) InputText　　B) AddText

C) TransferText　　D) InText

选择题真题库试题 2

一、选择题

下列各题 A)、B)、C)、D) 四个选项中，只有一个选项是正确的。

(1) 下列链表中，其逻辑结构属于非线性结构的是______。

A) 二叉链表　　B) 循环链表

C) 双向链表　　D) 带链的栈

(2) 设循环队列的存储空间为 Q(1:35)，初始状态为 front=rear=35。现经过一系列入队与退队运算后，front=15，rear=15，则循环队列的元素个数为______。

A) 15　　B) 16

C) 20　　D) 0 或 35

(3) 一棵完全二叉树共有 360 个结点，则在该二叉树中度为 1 的结点个数为______。

A) 0　　B) 1　　C) 180　　D) 181

(4) 在关系数据库中，用来表示实体间联系的是______。

A) 属性　　B) 二维表

C) 网状结构　　D) 树状结构

(5) 公司中有多个部门和多名职员，每个职员只能属于一个部门，一个部门可以有多名职员。则实体部门和职员间的联系是______。

A) 1∶1 联系　　B) m∶1 联系

C) 1∶m 联系　　D) m∶n 联系

(6) 有两个关系 R 和 S 如下：

R

A	B	C
a	1	2
b	2	1
c	3	1

S

A	B	C
c	3	1

则由关系 R 得到关系 S 的操作是______。

A) 选择　　B) 投影

C) 自然连接　　D) 并

(7) 数据字典(DD) 所定义的对象包含于______。

A) 数据流图(DFD 图)

B) 程序流程图

C) 软件结构图

D) 方框图

(8) 下面对软件工程描述正确的是______。

A) 软件工程是用工程、科学和数学的原则与方法研制、维护计算机软件的有关技术及管理方法

B) 软件工程的三要素是方法、工具和进程

C) 软件工程是用于软件的定义、开发和维护的方法

D) 软件工程是为了解决软件生产率问题

(9) 下列属于黑盒测试方法的是______。

A) 语句覆盖　　B) 逻辑覆盖

C) 边界值分析　　D) 路径分析

(10) 下列不属于软件设计阶段任务的是______。

A) 软件总体设计

B) 算法设计

C) 制定软件确定测试计划

D) 数据库设计

(11) 下列关于数据库设计的叙述中，错误的是______。

A) 设计时应将有联系的实体设计成一张表

B) 设计时应避免在表之间出现重复的字段

C) 使用外部关键字来保证关联表之间的联系

D) 表中的字段必须是原始数据和基本数据元素

(12) Access 中通配符“-”的含义是______。

A) 通配任意单个运算符

B) 通配任意单个字符

C) 通配任意多个减号

D) 通配指定范围内的任意单个字符

(13) 掩码“LLL000”对应的正确输入数据是______。

A) 555555　　B) aaa555

C) 555aaa　　D) aaaaaa

(14) 对数据表进行筛选操作的结果是______。

A) 将满足条件的记录保存在新表中

B) 隐藏表中不满足条件的记录

C) 将不满足条件的记录保存在新表中

D) 删除表中不满足条件的记录

(15) 若 Access 数据表中有姓名为“李建华”的记录，下列无法查出“李建华”的表达式是______。

A) Like “华”

B) Like “*华”

C) Like “*华*”

D) Like “??华”

(16) 有查询设计视图如下,它完成的功能是______。

字段:	学号	身高	体重
表:	check-up	check-up	check-up
排序:			
显示:	☑	☑	☑
条件:			
或:			

A) 查询表“check-up”中符合指定学号、身高和体重的记录

B) 查询当前表中学号、身高和体重信息均为“check-up”的记录

C) 查询符合“check-up”条件的记录,显示学号、身高和体重

D) 显示表“check-up”中全部记录的学号、身高和体重

(17) 要设置窗体的控件属性值,可以使用的宏操作是______。

A) Echo　　B) RunSQL

C) SetValue　　D) Set

(18) 要覆盖数据库中已存在的表,可使用的查询是______。

A) 删除查询　　B) 追加查询

C) 生成表查询　　D) 更新查询

(19) 可以改变“字段大小”属性的字段类型是______。

A) 文本　　B) OLE 对象

C) 备注　　D) 日期/时间

(20) 在数据访问页中,为了插入一段可以滚动的文字,应选择的工具图标是______。

A) ab|　　B)　　C)　　D)

(21) SQL 查询命令的结构是:

SELECT…FROM…WHERE…GROUP BY…HAVING…ORDER BY…

其中,使用 HAVING 时必须配合使用的短语是______。

A) FROM　　B) GROUP BY

C) WHERE　　D) ORDER BY

(22) 在报表中,若要得到“数学”字段的最高分,应将控件的“控件来源”属性设置为______。

A) =Max([数学])　　B) =Max[“数学”]

C) =Max[数学]　　D) =Max“[数学]”

(23) 下列 SQL 查询语句中,与下面查询设计视图的查询结果造价的是______。

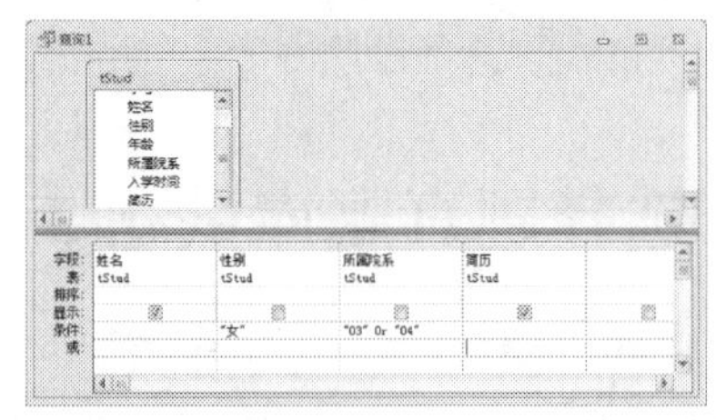

A) Select 姓名,性别,所属院系,简历 From tStud Where 性别 = ″女″ And 所属院系 In(″03″,″04″)

B) Select 姓名,简历 From tStud Where 性别=″女″ And 所属院系 In(″03″, ″04″)

C) Select 姓名,性别,所属院系,简历 From tStud Where 性别=″女″ And 所属院系=″03″ OR 所属院系=″04″

D) Select 姓名,简历 From tStud Where 性别=″女″ And 所属院系=″03″ OR 所属院系=″04″

(24) 要实现报表按某字段分组统计输出,需要设置的______。

A) 报表页脚　　B) 该字段组页脚

C) 主体　　D) 页面页脚

(25) ADO 对象模型包括 5 个对象,分别是 Connection、Command、Field、Error 和______。

A) Database　　B) Workspace

C) RecordSet　　D) DBEngine

(26) 在代码调试时,使用 Debug.Print 语句显示指定变量结果的窗口是______。

A) 立即窗口　　B) 监视窗口

C) 本地窗口　　D) 属性窗口

(27) 下列选项中,不是 Access 窗体事件的是______。

A) Load　　B) Unload

C) Exit　　D) Activate

(28) SELECT 命令中用于返回非重复记录的关键字是______。

A) TOP　　B) GROUP

C) DISTINCT　　D) ORDER

(29) VBA 程序中,可以实现代码注释功能的是______。

A) 方括号([ ])　　B) 冒号(:)

C) 双引号(″)　　D) 单引号(′)

(30) 下列叙述中,正确的是______。

A) Sub 过程无返回值,不能定义返回值类型

B) Sub 过程有返回值,返回值类型只能是符号常量

C) Sub 过程有返回值,返回值类型可在调用过程时动态决定

D) Sub 过程有返回值,返回值类型可由定义时的 As 子句声明

(31) 在代码中定义了一个子过程:

```
Sub P(a,b)
End Sub
```

下列调用该过程的形式中，正确的是______。

A) P(10, 20)　　B) Call P

C) Call P 10, 20　　D) Call P(10, 20)

(32) 在窗口中有一个标签 Label0 和一个命令按钮 Command1，Command1 的事件代码如下：

```
Private Sub Command1 Click()
  Labe10.Left = Labe10.Left + 100
End Sub
```

打开窗口，单击命令按钮，结果是______。

A) 标签向左加宽　　B) 标签向右加宽

C) 标签向左移动　　D) 标签向右移动

(33) 在窗体中有一个名为 Command1 的命令按钮，事件代码如下：

```
Private Sub Command1_Click( )
  Dim m(10)
  For k = 1 To 10
    m(k) = 11 - k
  Next k
  x = 6
  MsgBox m(2 + m(x))
End Sub
```

A) 2　　B) 3　　C) 4　　D) 5

(34) 在窗体中有一个名为 run34 的命令按钮，事件代码如下：

```
Private Sub run34_Click()
  f1 = 1
  f2 = 1
  For n = 3 To 7
    f = f1 + f2
    f1 = f2
    f2 = f
  Next n
  MsgBox f
End Sub
```

打开窗体、单击命令按钮，消息框的输出结果是______。

A) 8　　B) 13

C) 21　　D) 其他结果

(35) DAO 层次对象模型的顶层对象是______。

A) DBEngine　　B) Workspace

C) Datebase　　D) RecordSet

(36) VBA 中用实际参数 a 和 b 调用有参过程 Area(m, n)的正确形式是______。

A) Area　m,n　　B) Area　a, b

C) Call Area(m,n)　　D) Call Area　a, b

(37) 阅读下面的程序段：

```
K = 0
For I = 1 to 3
For J = 1 to I
K = K + J
Next J
Next  I
```

执行上面的语句后，K 的值为______。

A) 8　　B) 10　　C) 14　　D) 21

(38) 运行下面的程序段：

```
For k = 5 to 10 Step 2
k = k * 2
Next  k
```

则循环次数为：______。

A) 1　　B) 2　　C) 3　　D) 4

(39) 假定有以下循环结构：

```
Do until 条件
循环体
Loop
```

则下列说法正确的是______。

A) 如果“条件”是一个为－1 的常数，则一次循环体也不执行

B) 如果“条件”是一个为－1 的常数，则至少执行一次循环体

C) 如果“条件”是一个不为－1 的常数，则至少执行一次循环体

D) 不论“条件”是否为“真”，至少要执行一次循环体

(40) 下面程序：

```
Private Sub Form_Click()
Dim x, y, z As Integer
  x = 5
  y = 7
  z = 0
Call P1 ( x, y, z )
Print  Str(z)
End Sub
Sub P1 ( ByVal a As Integer, ByVal b As Integer, c As Integer )
  c = a + b
End Sub
```

运行后的输出结果为________。

A) 0　　B) 12

C) Str (z)　　D) 显示错误信息

选择题真题库试题 3

一、选择题

下列各题 A)、B)、C)、D) 四个选项中，只有一个选项是正确的。

(1) 下列叙述中正确的是______。

A) 循环队列是队列的一种链式存储结构

B) 循环队列是一种逻辑结构

C) 循环队列是非线性结构

D) 循环队列是队列的一种顺序存储结构

(2) 设某二叉树的后序序列与中序序列均为 ABCDEFGH，则该二叉树的前序序列为______。

A) HGFEDCBA　　B) ABCDEFGH

C) EFGHABCD　　D) DCBAHGFE

(3) 一棵二叉树共有 25 个结点，其中 5 个是叶子结点，则度为 1 的结点数为______。

A) 4　　B) 10

C) 6　　D) 16

(4) 下列模式中，能够给出数据库物理存储结构与物理存取方法的是______。

A) 内模式　　B) 外模式

C) 概念模式　　D) 逻辑模式

(5) 在满足实体完整性约束的条件下______。

A) 一个关系中必须有多个候选关键字

B) 一个关系中只能有一个候选关键字

C) 一个关系中应该有一个或多个候选关键字

D) 一个关系中可以没有候选关键字

(6) 有三个关系 R、S 和 T 如下：

R

A	B	C
a	1	2
b	2	1
c	3	1

S

A	B	C
a	1	2
d	2	1

T

A	B	C
b	2	1
c	3	1

则由关系 R 和 S 得到关系 T 的操作是______。

A) 差　　B) 自然连接

C) 交　　D) 并

(7) 软件生命周期中的活动不包括______。

A) 需求分析　　B) 市场调研

C) 软件测试　　D) 软件维护

(8) 下面不属于需求分析阶段任务的是______。

A) 确定软件系统的功能需求

B) 制定软件集成测试计划

C) 确定软件系统的性能需求

D) 需求规格说明书评审

(9) 在黑盒测试方法中，设计测试用例的主要根据是______。

A) 程序内部逻辑　　B) 程序流程图

C) 程序数据结构　　D) 程序外部功能

(10) 在软件设计中不使用的工具是______。

A) 数据流图(DFD 图)　B) PAD 图

C) 系统结构图　　D) 程序流程图

(11) 在 Access 数据库中，用来表示实体的是______。

A) 表　　B) 记录

C) 字段　　D) 域

(12) 在学生表中要查找年龄大于 18 岁的男学生，所进行的操作属于关系运算中的______。

A) 投影　　B) 选择

C) 联接　　D) 自然联接

(13) 假设学生表已有年级、专业、学号、姓名、性别和生日 6 个属性，其中可以作为主关键字的是______。

A) 姓名　　B) 学号

C) 专业　　D) 年级

(14) 下列关于索引的叙述中，错误的是______。

A) 可以为所有的数据类型建立索引

B) 可以提高对表中记录的查询速度

C) 可以加快对表中记录的排序速度

D) 可以基于单个字段或多个字段建立索引

(15) 若查找某个字段中以字母 A 开头且以字母 Z 结尾的所有记录，则条件表达式应设置为______。

A) Like "A$Z"　　B) Like "A#Z"

C) Like "A*Z"　　D) Like "A?Z"

(16) 在学生表中建立查询，"姓名"字段的查询条件设置为"Is Null"，运行该查询后，显示的记录是______。

A) 姓名字段为空的记录

B) 姓名字段中包含空格的记录

C) 姓名字段不为空的记录

D) 姓名字段中不包含空格的记录

(17) 若要在一对多的关联关系中，"一方"原始记录更改后，"多方"自动更改，应启用______。

A) 有效性规则

B) 级联删除相关记录

C) 完整性规则

D) 级联更新相关记录

(18) 教师表的"选择查询"设计视图如下，则查询结果是______。

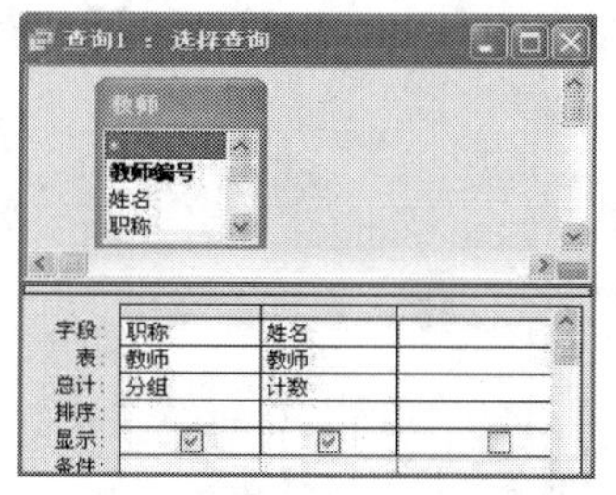

A) 显示教师的职称、姓名和同名教师的人数

B) 显示教师的职称、姓名和同样职称的人数

C) 按职称的顺序分组显示教师的姓名

D) 按职称统计各类职称的教师人数

(19) 在教师表中“职称”字段可能的取值为:教授、副教授、讲师和助教,要查找职称为教授或副教授的教师,错误的语句是______。

A) SELECT * FROM 教师表 WHERE (InStr([职称], ″教授″) <> 0)

B) SELECT * FROM 教师表 WHERE (Right([职称], 2)=″教授″)

C) SELECT * FROM 教师表 WHERE ([职称]=″教授″)

D) SELECT * FROM 教师表 WHERE (InStr([职称], ″教授″)=1 Or InStr([职称], ″教授″)=2)

(20) 在窗体中为了更新数据表中的字段,要选择相关的控件,正确的控件选择是______。

A) 只能选择绑定型控件

B) 只能选择计算型控件

C) 可以选择绑定型或计算型控件

D) 可以选择绑定型、非绑定型或计算型控件

(21) 已知教师表“学历”字段的值只可能是四项(博士、硕士、本科或其他)之一,为了方便输入数据,设计窗体时,学历对应的控件应该选择______。

A) 标签　B) 文本框　C) 复选框　D) 组合框

(22) 在报表设计的工具栏中,用于修饰版面以达到更好显示效果的控件是______。

A) 直线和多边形　B) 直线和矩形

C) 直线和圆形　D) 矩形和圆形

(23) 要在报表中输出时间,设计报表时要添加一个控件,且需要将该控件的“控件来源”属性设置为时间表达式,最合适的控件是______。

A) 标签　B) 文本框　C) 列表框　D) 组合框

(24) 用 SQL 语句将 STUDENT 表中字段“年龄”的值加 1,可以使用的命令是______。

A) REPLACE STUDENT 年龄=年龄+1

B) REPLACE STUDENT 年龄 WITH 年龄+1

C) UPDATE STUDENT SET 年龄=年龄+1

D) UPDATE STUDENT 年龄 WITH 年龄+1

(25) 已知学生表如下:

学号	姓名	年龄	性别	班级
20120001	张三	18	男	计算机一班
20120002	李四	19	男	计算机一班
20120003	王五	20	男	计算机一班
20120004	刘七	19	女	计算机二班

执行下列命令后,得到的记录数是______。

SELECT 班级, MAX(年龄) FROM 学生表 GROUP BY 班级

A) 4　B) 3　C) 2　D) 1

(26) 数据库中可以被另存为数据访问页的对象______。

A) 窗体　B) 报表

C) 表和查询　D) 以上均可

(27) 在宏设计窗口中有“宏名”、“条件”、“操作”和“备注”等列,其中不能省略的是______。

A) 宏名　B) 操作　C) 条件　D) 备注

(28) 保存当前记录的宏命令是______。

A) Docmd. SaveRecord

B) Docmd. SaveDatabase

C) SaveRecord

D) SaveDatabase

(29) 下列关于 VBA 事件的叙述中,正确的是______。

A) 触发相同的事件可以执行不同的事件过程

B) 每个对象的事件都是不相同的

C) 事件都是由用户操作触发的

D) 事件可以由程序员定义

(30) 下列不属于类模块对象基本特征的是______。

A) 事件　B) 属性　C) 方法　D) 函数

(31) 用来测试当前读写位置是否达到文件末尾的函数是______。

A) EOF　B) FileLen

C) Len　D) LOF

(32) 表达式 4+5\6 * 7 / 8 Mod 9 的值是______。

A) 4　B) 5　C) 6　D) 7

(33) 运行下列过程,当输入一组数据:10,20,50,80,40,30,90,100,60,70,输出的结果应该是______。

```
Sub p1( )
  Dim i, j, arr(11) As Integer
  k = 1
  while k < = 10
arr(k) = Val(InputBox("请输入第" & k & "个数:", "输入窗口"))
    k = k + 1
  Wend
  For i = 1 To 9
```

```
        j = i + 1
        If  arr(i) > arr(j)  Then
          temp  = arr(i)
          arr(i) = arr(j)
          arr(j) = temp
        End If
        Debug.Print arr(i)
      Next i
    End Sub
```

A) 无序数列　　B) 升序数列
C) 降序数列　　D) 原输入数列

(34) 利用 ADO 访问数据库的步骤是:

```
Private Sub Command34_Click( )
  t = 0
  m = 0
  sum = 0
  Do
    t = t + m
    sum = sum + t
    m = ________
  Loop while m < 41
  MsgBox " Sum = " & sum
End Sub
```

空白处应该填写的语句是______。

A) t+2　B) t+1　C) m+2　D) m+1

(35) 利用 ADO 访问数据库的步骤是:

① 定义和创建 ADO 实例变量
② 设置连接参数并打开连接
③ 设置命令参数并执行命令
④ 设置查询参数并打开记录集
⑤ 操作记录集
⑥ 关闭、回收有关对象

这些步骤的执行顺序应该是______。

A) ①④③②⑤⑥　　B) ①③④②⑤⑥
C) ①③④⑤②⑥　　D) ①②③④⑤⑥

(36) 请判断以下这张报表的类型______。

学生信息输出

编号 980301
姓名 王涛
性别 男
年龄 20
入校时间 1998-9-1
简历 山东日照

编号 980301
姓名 李海亮

A) 纵栏式报表　　B) 表格式报表
C) 图表报表　　D) 标签报表

(37) 执行下列程序段后,变量 x 的值是______。

```
k = 0
Do Until k > = 3
  x = x + 2
  k = k + 1
Loop
```

A) 2　B) 4　C) 6　D) 8

(38) 条件宏的条件项的返回值是______。

A) "真"　　B) 一般不能确定
C) "真"或"假"　　D) "假"

(39) 在报表中添加时间时, Access 将在报表上添加一个控件,且需要将"控件来源"属性设置为时间表达式。

A) 文本框　　B) 组合框
C) 标签　　D) 列表框

(40) 已知窗体中存在命令按钮 test,该命令的按钮的 Click 事件过程为

```
Private  Sub  test_Click()
  Me.test.caption = "等级考试" & "二级 Access "
End  sub
```

在窗体的"窗体视图"窗口中,单击该按钮,按钮上的文字为______。

A) 等级考试二级 Access
B) "等级考试二级 Access"
C) 等级考试 & 二级 Access
D) 发现错误提示

选择题真题库试题 4

一、选择题

下列各题 A)、B)、C)、D)四个选项中,只有一个选项是正确的。

(1) 下列叙述中正确的是______。

A) 算法就是程序
B) 设计算法时只需要考虑数据结构的设计
C) 设计算法是只需要考虑结果的可靠性
D) 以上三种说法都不对

(2) 下列线性链表的叙述中,正确的是______。

A) 各数据结点的存储空间可以不连续,但它们的存储顺序与逻辑顺序必须一致
B) 各数据结点的存储顺序与逻辑顺序可以不一致,但它们的存储空间必须连续
C) 进行插入与删除时,不需要移动表中的元素
D) 以上三种说法都不对

(3) 下列关于二叉树的叙述中，正确的是______。

A) 叶子结点总是比度为 2 的结点少一个

B) 叶子结点总是比度为 2 的结点多一个

C) 叶子结点数是度为 2 的结点数的两倍

D) 度为 2 的结点数是度为 1 的结点数的两倍

(4) 软件按功能可以分为应用软件、系统软件和支撑软件（或工具软件），下面属于应用软件的是______。

A) 学生成绩管理系统　B) C 语言编译程序

C) UNIX 操作系统　D) 数据库管理系统

(5) 某系统总体结构图如下图所示：

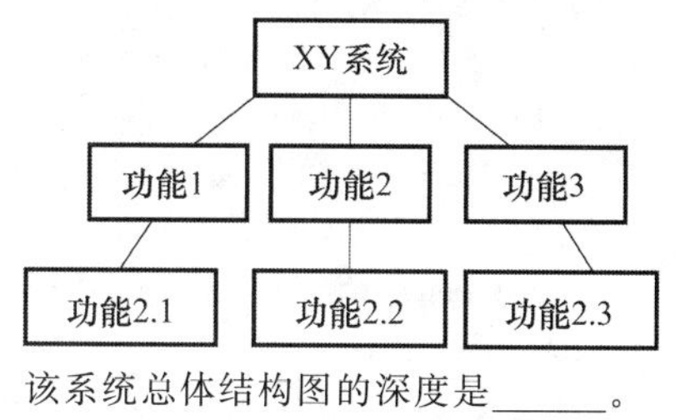

该系统总体结构图的深度是______。

A) 7　B) 6　C) 3　D) 2

(6) 程序调试的任务是______。

A) 设计测试用例

B) 验证程序的正确性

C) 发现程序中的错误

D) 诊断和改正程序中的错误

(7) 下列关于数据库设计的叙述中，正确的是______。

A) 在需求分析阶段建立数据字典

B) 在概念设计阶段建立数据字典

C) 在逻辑设计阶段建立数据字典

D) 在物理设计阶段建立数据字典

(8) 数据库系统的三级模式不包括______。

A) 概念模式　B) 内模式

C) 外模式　D) 数据模式

(9) 学生选课成绩表的关系模式是 SC(S#,C#,G)，其中 S# 为学号，C# 为课号，G 为成绩，关系表达式 $\pi_{S\#,C\#}(SC)/S$ 表示

SC

S#	C#	G
S1	C1	90
S1	C2	92
S2	C1	91
S2	C2	80
S3	C1	55
S4	C2	59
S5	C3	75

S

S#
S1
S2

A) 表 S 中所有学生都选修了的课程的课号

B) 全部课程的课号

C) 成绩不小于 80 的学生的学号

D) 所选人数较多的课程的课号

(10) 下列选项中属于面向对象设计方法主要特征的是______。

A) 继承　B) 自顶向下

C) 模块化　D) 逐步求精

(11) 下列关于 Access 数据库特点的叙述中，错误的是______。

A) 可以支持 Internet/Intranet 应用

B) 可以保存多种类型的数据，包括多媒体数据

C) 可以通过编写应用程序来操作数据库中的数据

D) 可以作为网状型数据库支持客户机/服务器应用系统

(12) 学校规定学生宿舍标准是：本科生 4 人一间，硕士生 2 人一间，博士生 1 人一间，学生与宿舍之间形成了住宿关系，这种住宿关系是______。

A) 一对一联系　B) 一对四联系

C) 一对多联系　D) 多对多联系

(13) 在设计数据表时，如果要求“课表”中的“课程编号”必须是“课程设置”表中存在的课程，则应该进行的操作是______。

A) 在“课表”和“课程设置”表的“课程编号”字段设置索引

B) 在“课表”的“课程编号”字段设置输入掩码

C) 在“课表”和“课程设置”表之间设置参照完整性

D) 在“课表”和“课程设置”表“课程编号”字段设置有效性规则

(14) 可以插入图片的字段类型是______。

A) 文本　B) 备注

C) OLE 对象　D) 超链接

(15) 输入掩码字符“C”的含义是______。

A) 必须输入字母或数字

B) 可以选择输入字母或数字

C) 必须输入一个任意的字符或一个空格

D) 可以选择输入任意的字符或一个空格

(16) 在数据库中已有“tStudent”表，若要通过查询覆盖“tStudent”表，应使用的查询类型是______。

A) 删除　B) 追加

C) 更新　D) 生成表

(17) 在 SQL 语言的 SELECT 语句中，用于指明检索结果排序的子句是______。

A) FROM　B) WHILE

C) GROUP BY　D) ORDER BY

(18) 下列属性中，属于窗体的"数据"类属性的是______。

A) 记录源　　B) 自动居中

C) 获得焦点　　D) 记录选择器

(19) 要将"选课成绩"表中学生的"成绩"取整，可以使用的函数是______。

A) Abs([成绩])　　B) Int([成绩])

C) Sqr([成绩])　　D) Sgn([成绩])

(20) 在 Access 中为窗体上的控件设置 Tab 键的顺序，应选择"属性"对话框的______。

A) "格式"选项卡　　B) "数据"选项卡

C) "事件"选项卡　　D) "其他"选项卡

(21) 下图所示的是报表设计视图，由此可判断该报表的分组字段是______。

A) 课程名称　　B) 学分

C) 成绩　　D) 姓名

(22) 有商品内容如下：

部门号	商品号	商品名称	单价	数量	产地
40	0101	A 牌电风扇	200.00	10	广东
40	0104	A 牌微波炉	350.00	10	广东
40	0105	B 牌微波炉	600.00	10	广东
20	1032	C 牌传真机	1000.00	20	上海
40	0107	D 牌微波_A	420.00	10	北京
20	0110	A 牌电话机	200.00	50	广东
20	0112	B 牌手机	2000.00	10	广东
40	0202	A 牌电冰箱	3000.00	2	广东
30	1041	B 牌计算机	6000.00	10	广东
30	0204	C 牌计算机	10000.00	10	上海

执行 SQL 的命令：

SELECT 部门号，MAX(单价 * 数量) FROM 商品表 GROUP BY 部门号；

查询结果的记录数是______。

A) 1　　B) 3

C) 4　　D) 10

(23) 某学生成绩管理系统的"主窗体"如下图左侧所示，单击"退出系统"按钮会弹出下图右侧"请确认"提示框；如果继续单击"是"按钮，才会关闭主窗体退出系统，如果单击"否"按钮，则会返回"主窗体"继续运行系统。

为了达到这样的运行效果，在设计主窗体时为"退出系统"按钮的"单击"事件设置了一个"退出系统"宏，正确的宏设计是______。

A)

B)

C)

D)

(24) 在打开窗体时，依次发生的事件是______。

A) 打开(Open)→加载(Load)→调整大小(Resize)→激活(Activate)

B) 打开(Open)→激活(Activate)→加载(Load)→调整大小(Resize)

C) 打开(Open)→调整大小(Resize)→加载(Load)→激活(Activate)

D) 打开(Open)→激活(Activate)→调整大小(Resize)→加载(Load)

(25) 在宏表达式中要引用 Form1 窗体中的 txt1 控件的值，正确的引用方法是______。

A) Form1!txt1　　B) txt1

C) Forms!Form1!txt1　　D) Forms!txt1

(26) 将一个数转换成相应字符串的函数是______。

A) Str　　B) String

C) Asc　　D) Chr

(27) VBA 中定义符号常量使用的关键字是______。

A) Const　　B) Dim

C) Public　　D) Static

(28) 要求循环执行 2 次后结束循环，【】处应填入的语句是______。

```
x = 1
Do
  x = x + 2
Loop Until【】
```

A) x<=5　　B) x<5

C) x>=5　　D) x>5

(29) 可以用 InputBox 函数产生"输入对话框"。执行语句：

St=InputBox("请输入字符串","字符串对话框","aaaa")

当用户输入字符串"bbbb"，按 OK 按钮后，变量 st 的内容是______。

A) aaaa　　B) 请输入字符串

C) 字符串对话框　　D) bbbb

(30) 下列不属于 VBA 函数的是______。

A) Choose　　B) If

C) IIf　　D) Switch

(31) 若有以下窗体单击事件过程：

```
Private Sub Form_Click( )
    Result = 1
```

```
    For i = 1 To 6 step 3
      result = result * i
    Next i
    MsgBox result
End Sub
```

打开窗体运行后，单击窗体，则消息框的输出内容是______。

A) 1　　B) 4　　C) 15　　D) 120

(32) 窗体中有命令按钮 Command32，其 Click 事件代码如下。该事件的完整功能是：接收从键盘输入的 10 个大于 0 的整数，找出其中的最大值和对应的输入位置。

```
Private Sub Command32_Click( )
  max = 0
  max_n = 0
  For i = 1 To 10
    num = Val(InputBox("请输入第" & i & "个大于 0 的整数:"))
    If   Then
     max = num
     max_n = i
    End If
  Next i
MsgBox("最大值为第" & max_n & "个输入的" & max)
End Sub
```

程序空白处应该填入的表达式是______。

A) num>i　　B) i<max

C) num>max　　D) num<max

(33) 如有如下 Sub 过程：

```
Sub sfun(x As Single, y As single)
    t = x
    x = t/y
    y = t Mod y
End sub
```

在窗体中添加一个命令按钮 Command33，对应的事件过程如下：

```
Private Sub Command33_Click( )
    Dim a As Single
    Dim b As Single
    a = 5 : b = 4
    sfun(a,b)
    MsgBox a&chr(10) + chr(13) & b
End Sub
```

打开窗体运行后，单击命令按钮，消息框中有两行输出，内容分别为______。

A) 1 和 1　　B) 1.25 和 1

C) 1.25 和 4　　D) 5 和 4

(34) 运行下列程序，显示的结果是______。

```
Private Sub Command34_Click( )
    i = 0
    Do
i = i + 1
    Loop While i < 10
    MsgBox i
End sub
```

A) 0　　B) 1　　C) 10　　D) 11

(35) 运行下列程序，在立即窗口显示的结果是______。

```
Private Sub Command0_Click( )
   Dim I As Integer, J As Integer
   For I = 2 To 10
      For J = 2 To I / 2
If I mod J = 0 Then Exit For
      Next J
      If J > sqr(I) Then Debug.Print I;
   Next I
End sub
```

A) 1 5 7 9　　B) 4 6 8

C) 3 5 7 9　　D) 2 3 5 7

(36) 用于打开报表的宏命令是______。

A) OpenForm　　B) Openquery

C) OpenReport　　D) RunSQL

(37) 以下关于模块的说法不正确的是______。

A) 窗体模块和报表模块都属于类模块，它们从属于各自的窗体或报表

B) 窗口模块和报表模块具有局部特性，其作用范围局限在所属窗体或报表内部

C) 窗体模块和报表模块中的过程可以调用标准模块中已经定义好的过程

D) 窗口模块和报表模块生命周期是伴随着应用程序的打开而开始、关闭而结束

(38) 有如下的程序段：

```
Dim str As String * 10
Dim i
Str1 = " abcdefg "
i = 12
len1 = Len(i)
str2 = Right(str1,4)
```

执行后，len1 和 str2 的返回值分别是______。

A) 12,abcd　　B) 10,bcde

C) 2,defg　　D) 0,cdef

(39) 已定义好有参函数 f(m)，其中形参 m 是整型量。下面调用该函数，传递实参为 5，将返回的函数数值赋给变量 t。以下正确的是______。

A) t=f(m)　　B) t=Call f (m)

C) t=f (5)　　D) t=Call f(5)

(40) 下面程序运行后输出是______。

```
Private Sub Form_Click()
For   i = 1 to 4
     x = 1
for    j = 1 to 3
     x = 3
for k = 1 to 2
     x = x + 6
next k
next j
next i
print x
End Sub
```

A) 7　　B) 15　　C) 157　　D) 538

选择题真题库试题 5

一、选择题

下列各题 A)、B)、C)、D) 四个选项中,只有一个选项是正确的。

(1) 下列关于栈叙述正确的是______。

A) 栈顶元素最先能被删除

B) 栈顶元素最后才能被删除

C) 栈底元素永远不能被删除

D) 以上三种说法都不对

(2) 设循环队列存储空间为 Q(1:50),初始状态为 front=rear=50。经过一系列入队和退队操作后,front=rear=25,则该循环队列中元素个数为______。

A) 26　　B) 25　　C) 24　　D) 0 或 50

(3) 某二叉树共有 7 个结点,其中叶子结点只有 1 个,则该二叉树的深度为(假设根结点在第 1 层)______。

A) 3　　B) 4　　C) 6　　D) 7

(4) 在软件开发中,需求分析阶段产生的主要文档是______。

A) 软件集成测试计划

B) 软件详细设计说明书

C) 用户手册

D) 软件需求规格说明书

(5) 结构化程序所要求的基本结构不包括______。

A) 顺序结构

B) GOTO 跳转

C) 选择(分支)结构

D) 重复(循环)结构

(6) 下面描述中错误的是______。

A) 系统总体结构图支持软件系统的详细设计

B) 软件设计是将软件需求转换为软件表示的过程

C) 数据结构与数据库设计是软件设计的任务之一

D) PAD 图是软件详细设计的表示工具

(7) 数据库中查询操作的数据库语言是______。

A) 数据定义语言　　B) 数据管理语言

C) 数据操纵语言　　D) 数据控制语言

(8) 一个教师可讲授多门课程,一门课程可由多个教师讲授。则实体教师和课程间的联系是______。

A) 1∶1 联系　　B) 1∶m 联系

C) m∶1 联系　　D) m∶n 联系

(9) 有三个关系 R、S 和 T 如下:

R

A	B	C
a	1	2
b	2	1
c	3	1

S

A	B
c	3

T

C
1

则由关系 R 和 S 得到关系 T 的操作是______。

A) 自然连接　　B) 交

C) 除　　D) 并

(10) 定义无符号整数类为 uint,下面可以作为类 uint 实例化值的是______。

A) -369　　B) 369

C) 0.369　　D) 整数集合{1,2,3,4,5}

(11) 在学生表中要查找所有年龄大于 30 岁姓王的男同学,应该采用的关系运算是______。

A) 选择　　B) 投影

C) 联接　　D) 自然联接

(12) 下列可以建立索引的数据类型是______。

A) 文本　　B) 超级链接

C) 备注　　D) OLE 对象

(13) 下列关于字段属性的叙述中,正确的是______。

A) 可对任意类型的字段设置"默认值"属性

B) 定义字段默认值的含义是该字段值不允许为空

C) 只有"文本"型数据能够使用"输入掩码向导"

D) "有效性规则"属性只允许定义一个条件表达式

(14) 如果“姓名”字段是文本型，则查找姓“李”的学生应使用的条件表达式是______。

A) 姓名 like “李” B) 姓名 like “[! 李]”

C) 姓名=“李 * ” D) 姓名 Like “李 * ”

(15) 在 Access 中对表进行“筛选”操作的结果是______。

A) 从数据中挑选出满足条件的记录

B) 从数据中挑选出满足条件的记录并生成一个新表

C) 从数据中挑选出满足条件的记录并输出到一个报表中

D) 从数据中挑选出满足条件的记录并显示在一个窗体中

(16) 在学生表中使用“照片”字段存放相片，使用向导为该表创建窗体，照片字段使用的默认控件是______。

A) 图形 B) 图像

C) 绑定对象框 D) 未绑定对象框

(17) 下列表达式计算结果为日期类型的是______。

A) #2012-1-23# - #2011-2-3#

B) year(#2011-2-3#)

C) DateValue(″2011-2-3 ″)

D) Len(″2011-2-3 ″)

(18) 若要将“产品”表中所有供货商是“ABC”的产品单价下调 50，则正确的 SQL 语句是______。

A) UPDATE 产品 SET 单价=50 WHERE 供货商=“ABC”

B) UPDATE 产品 SET 单价=单价-50 WHERE 供货商=“ABC”

C) UPDATE FROM 产品 SET 单价=50 WHERE 供货商=“ABC”

D) UPDATE FROM 产品 SET 单价=单价-50 WHERE 供货商=“ABC”

(19) 要在“学生表”中查询属于“计算机学院”的学生信息，错误的查询设计是______。

A) B)

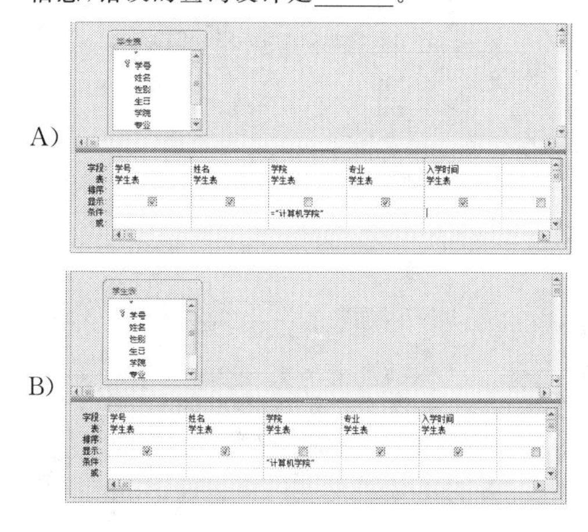

C)

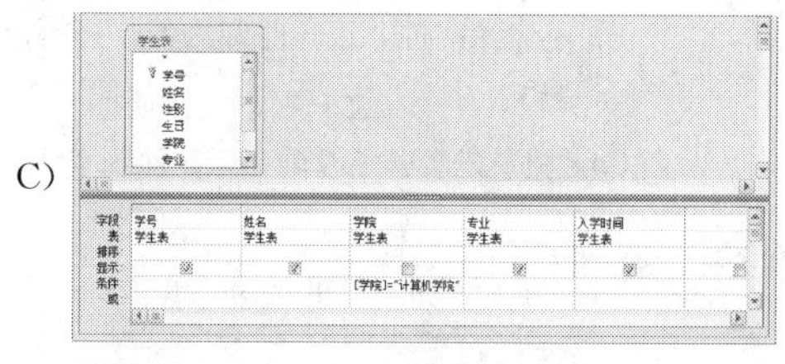

D)

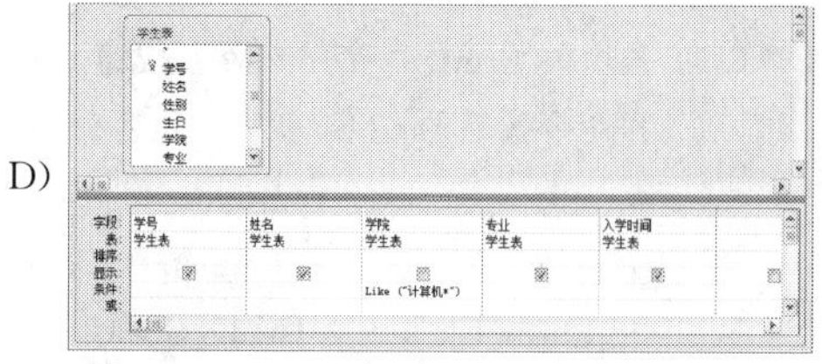

(20) 在教师信息输入窗体中，为职称字段提供“教授”、“副教授”、“讲师”等选项供用户直接选择，应使用的控件是______。

A) 标签 B) 复选框

C) 文本框 D) 组合框

(21) 在报表中要显示格式为“共 N 页，第 N 页”的页码，正确的页码格式设置是______。

A)=“共”+Pages+“页，第“+Page+”页”

B) =“共”+[Pages]+“页，第“+[Page]+”页”

C)=“共”&Pages&“页，第“&Page&”页”

D)=“共”&[Pages]&“页，第“&[Page]&”页”

(22) 某窗体上有一个命令按钮，要求单击该按钮后调用宏打开应用程序 Word，则设计该宏时应选择的宏命令是______。

A) RunApp B) RunCode

C) RunMacro D) RunCommand

(23) 下列表达式中，能正确表示条件“x 和 y 都是奇数”的是______。

A) x Mod 2=0 And y Mod 2=0

B) x Mod 2=0 Or y Mod 2=0

C) x Mod 2=1 And y Mod 2=1

D) x Mod 2=1 Or y Mod 2=1

(24) 若在窗体设计过程中，命令按钮 Command0 的事件属性设置如下图所示，则含义是______。

A) 只能为“进入”事件和“单击”事件编写事件过程

B) 不能为“进入”事件和“单击”事件编写事件过程

C) “进入”事件和“单击”事件执行的是同一事件过程

D) 已经为“进入”事件和“单击”事件编写了事件过程

(25) 若窗体 Frm1 中有一个命令按钮 Cmd1,则窗体和命令按钮的 Click 事件过程名分别为______。

A) Form_Click()　Command1_Click()

B) Frm1_Click()　Command1_Click()

C) Form_Click()　Cmd1_Click()

D) Frm1_Click()　Cmd1_Click( )

(26) 在 VBA 中,能自动检查出来的错误是______。

A) 语法错误　B) 逻辑错误

C) 运行错误　D) 注释错误

(27) 下列给出的选项中,非法的变量名是______。

A) Sum　B) Integer_2

C) Rem　D) Form1

(28) 如果在被调用的过程中改变了形参变量的值;但又不影响实参变量本身,这种参数传递方式称为______。

A) 按值传递　B) 按地址传递

C) ByRef 传递　D) 按形参传递

(29) 表达式“B=INT(A+0.5)”的功能是______。

A) 将变量 A 保留小数点后 1 位

B) 将变量 A 四舍五入取整

C) 将变量 A 保留小数点后 5 位

D) 舍去变量 A 的小数部分

(30) VBA 语句“Dim NewArray(10) as Integer”的含义是______。

A) 定义 10 个整型数构成的数组 NewArray

B) 定义 11 个整型数构成的数组 NewArray

C) 定义 1 个值为整型数的变量 NewArray(10)

D) 定义 1 个值为 10 的变量 NewArray

(31) 运行下列程序段,结果是______。

```
For m = 10 to 1 step 0
    k = k + 3
Next m
```

A) 形成死循环

B) 循环体不执行即结束循环

C) 出现语法错误

D) 循环体执行一次后结束循环

(32) 下列过程的功能是:将输入的整数分解为质数的乘积。例如,输入 24,则输出 2, 2, 2, 3;输入 100,则输出 2, 2, 5, 5。

```
Private Sub Command1_Click()
  x = Val(InputBox("请输入一个整数"))
  out$ = ""
  y = 2
  Do While y <= x
     If x Mod y = 0 Then
       out$ = out$ & y & ","
       x = x / y
     Else
       【】
     End If
  Loop
  MsgBox out$
End Sub
```

为实现指定功能,程序【】处应填写的语句是________。

A) y=y+1　B) x=x+1

C) x=x−y　D) y=x−y

(33) 有如下事件程序,运行该程序后输出结果是______。

```
Private Sub Command33_Click()
      Dim x As Integer,y As Integer
        x=1 : y=0
        Do Until y<=25
        y=y+x*x
        x=x+1
        Loop
  MsgBox "x=" &x& ",y=" &y
  End Sub
```

A) x=1, y=0　B) x=4, y=25

C) x=5, y=30　D) 输出其他结果

(34) 下列程序的功能是计算

sum=1+(1+3)+(1+3+5)+…+(1+3+5+…+39)

```
Private Sub Command34_Click()
  t = 0
  m = 1
  sum = 0
       Do
  t = t + m
  sum = sum + t
  m = ________
  Loop While m <= 39
  MsgBox "Sum = "Σ
End Sub
```

为保证程序正确完成上述功能，空白处应填入的语句是______。

A) m+1　　B) m+2

C) t+1　　D) t+2

(35) 下列程序的功能是返回当前窗体的记录集

```
Sub GetRecNum()
Dim rs As Object
Set rs = ________
MsgBox rs.RecordCount
End Sub
```

为保证程序输出记录集(窗体记录源)的记录数，空白处应填入的语句是______。

A) Recordset　　B) Me.Recordset

C) RecordSource　　D) Me.RecordSource

(36) 在报表中，改变一个节的宽度将改变________。

A) 只改变这个节的宽度

B) 只改变报表的页眉、页脚宽度

C) 改变整个报表的宽度

D) 因为报表的宽度是确定的，所以不会有任何改变

(37) 用于查找满足条件的下一条记录的宏命令是______。

A) FindNext　　B) FindRecord

C) GoToRecord　　D) Requery

(38) 在宏的表达式中还可能引用到窗体或报表上控件的值。引用窗体控件的值可以用表达式______。

A) Form! 窗体名! 控件名

B) Form! 控件名

C) Form! 窗体名

D) 窗体名! 控件名

(39) 当在一个报表中列出学生3门课a,b,c的成绩时，若要对每位学生计算3门课的平均成绩，只要设置新添计算控件的控制源为______。

A) "=a+b+c/3"

B) "(a+b+c) /3"

C) "=(a+b+c) /3"

D) 以上表达式均错

(40) 若在被调用过程中改变形式参数变量的值，其结果同时也会影响到实参变量的值，这种参数传递方式是______。

A) ByVal　　B) 按值传递

C) ByRef　　D) 按形参传递

2.2　操作题部分

操作题真题库试题 1

二、基本操作题

在考生文件夹下，"samp1.accdb"数据库文件中已建立表对象"tNorm"。试按以下操作要求，完成表的编辑：

(1) 根据"tNorm"表的结构，判断并设置主键。

(2) 将"单位"字段的默认值属性设置为"只"、字段大小属性改为1；将"最高储备"字段大小改为长整型，"最低储备"字段大小改为整型；删除"备注"字段；删除"规格"字段值为"220 V—4 W"的记录。

(3) 设置表"tNorm"的有效性规则和有效性文本，有效性规则为"最低储备"字段的值必须小于"最高储备"字段的值，有效性文本为"请输入有效数据"。

(4) 将"出厂价"字段的格式属性设置为货币显示形式。

(5) 设置"规格"字段的输入掩码为9位字母、数字和字符的组合。其中，前三位只能是数字，第4位为大写字母"V"，第5位为字符"—"，最后一位为大写字母"W"，其他位为数字。

(6) 在数据表视图中隐藏"出厂价"字段。

三、简单应用题

考生文件夹下存在一个数据库文件"samp2.accdb"，里面已经设计好表对象"tCourse""tScore"和"tStud"，试按以下要求完成设计：

(1) 创建一个查询，查找党员记录，并显示"姓名""性别"和"入校时间"三列信息，所建查询命名为"qT1"。

(2) 创建一个查询，当运行该查询时，屏幕上显示提示信息："请输入要比较的分数："，输入要比较的分数后，该查询查找学生选课成绩的平均分大于输入值的学生信息，并显示"学号"和"平均分"两列信息，所建查询命名为"qT2"。

(3) 创建一个交叉表查询，统计并显示各班每门课程的平均成绩，统计显示结果如下图所示(要求：直接用查询设计视图建立交叉表查询，不允许用其他查询做数据源)，所建查询命名为"qT3"。

说明："学号"字段的前 8 位为班级编号，平均成绩取整要求用 Round 函数实现。

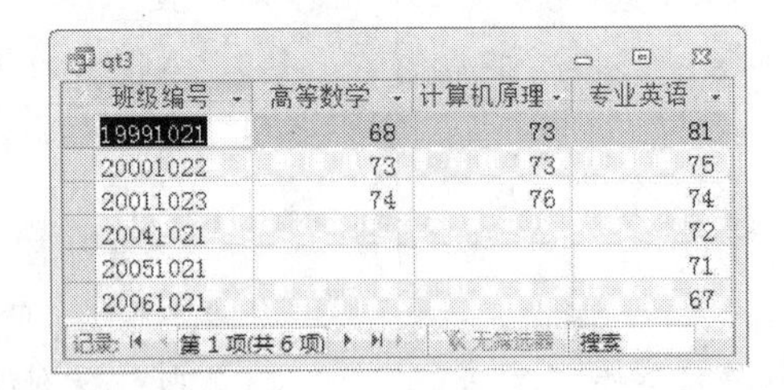

qt3

班级编号	高等数学	计算机原理	专业英语
19991021	68	73	81
20001022	73	73	75
20011023	74	76	74
20041021			72
20051021			71
20061021			67

记录：第 1 项(共 6 项)　无筛选器　搜索

(4) 创建一个查询，运行该查询后生成一个新表，表名为"tNew"，表结构包括"学号""姓名""性别""课程名"和"成绩"五个字段，表内容为 90 分以上(包括 90 分)或不及格的所有学生记录，并按课程名降序排序，所建查询命名为"qT4"。要求创建此查询后，运行该查询，并查看运行结果。

四、综合应用题

在考生文件夹下有一个数据库文件"samp3. accdb"，里面已经设计了表对象"tEmp"、窗体对象"fEmp"、报表对象"rEmp"和宏对象"mEmp"。试在此基础上按照以下要求补充设计：

(1) 设置表对象"tEmp"中"年龄"字段的有效性规则为：年龄值在 20 到 50 之间(不含 20 和 50)，相应有效性文本设置为"请输入有效年龄"。

(2) 设置报表"rEmp"按照"性别"字段降序(先女后男)排列输出；将报表页面页脚区域内名为"tPage"的文本框控件设置为"第 N 页/共 M 页"形式显示。

(3) 将"fEmp"窗体上名为"btnP"的命令按钮由灰色无效状态改为有效状态。设置窗体标题为"职工信息输出"。

(4) 根据以下窗体功能要求，对已给的命令按钮事件过程进行补充和完善。在"fEmp"窗体上单击"输出"命令按钮(名为"btnP")，弹出一个输入对话框，其提示文本为"请输入大于 0 的整数值"。

输入 1 时，相关代码关闭窗体(或程序)。

输入 2 时，相关代码实现预览输出报表对象"rEmp"。

输入＞＝3 时，相关代码调用宏对象"mEmp"以打开数据表"tEmp"。

注意：不要修改数据库中的宏对象"mEmp"；不要修改窗体对象"fEmp"和报表对象"rEmp"中未涉及的控件和属性；不要修改表对象"tEmp"中未涉及的字段和属性。

程序代码只允许在"＊＊＊＊＊ Add ＊＊＊＊＊"与"＊＊＊＊＊ Add ＊＊＊＊＊"之间的空行内补充一行语句、完成设计，不允许增删和修改其他位置已存在的语句。

操作题真题库试题 2

二、基本操作题

在考生文件夹下，"samp1. accdb"数据库文件中已建立两个表对象(名为"员工表"和"部门表")。试按以下要求，完成表的各种操作：

(1) 分析两个表对象"员工表"和"部门表"的构成，判断其中的外键属性，将其属性名称作为"员工表"的对象说明内容进行设置。

(2) 将"员工表"中有摄影爱好的员工其"备注"字段的值设为 True(即复选框里打上钩)。

(3) 删除员工表中年龄超过 55 岁(不含 55 岁)的员工记录。

(4) 将考生文件夹下文本文件 Test. txt 中的数据导入追加到当前数据库的"员工表"相应字段中。

(5) 设置相关属性，使表对象"员工表"中密码字段最多只能输入五位 0～9 的数字。

(6) 建立"员工表"和"部门表"的表间关系，并实施参照完整。

三、简单应用题

考生文件夹下有一个数据库文件“samp2. accdb”，其中存在已经设计好的 3 个关联表对象“tCourse”“tGrade”“tStudent”和一个空表“tSinfo”，请按以下要求完成设计：

(1) 创建一个查询，查找并显示“姓名”“政治面貌”“课程名”和“成绩”4 个字段的内容，将查询命名为“qT1”。

(2) 创建一个查询，计算每名学生所选课程的学分总和，并依次显示“姓名”和“学分”，其中“学分”为计算出的学分总和，将查询命名为“qT2”。

(3) 创建一个查询，查找年龄小于平均年龄的学生，并显示其“姓名”，将查询命名为“qT3”。

(4) 创建一个查询，将所有学生的“班级编号”“学号”“课程名”和“成绩”等值填入“tSinfo”表相应字段中，其中“班级编号”值是“tStudent”表中“学号”字段的前 6 位，将查询命名为“qT4”。

四、综合应用题

考生文件夹下存在一个数据库文件“samp3. accdb”，里面已经设计好表对象“tEmployee”“tAttend”和“tWork”，查询对象“qT”，宏对象“m1”，同时还设计出以“tEmployee”为数据源的窗体对象“fEmployee”和以“qT”为数据源的窗体对象“fList”。其中，“fEmployee”窗体对象中含有一个子窗体，名称为“list”。请在此基础上按照以下要求补充“fEmployee”窗体设计：

(1) 在窗体“fEmployee”的窗体页眉节区位置添加一个标签控件，其名称为“bTitle”，标题显示为“职工基本信息”，字体名称为“黑体”，字号大小为 24。

(2) 在窗体“fEmployee”的窗体页脚节区位置添加一个命令按钮，命名为“bList”，按钮标题为“显示职工科研情况”。

(3) 设置所建命令按钮 bList 的单击事件属性为运行宏对象 m1。

(4) 取消主窗体和子窗体中的导航按钮。

注意：不允许修改窗体对象“fEmployee”中未涉及的控件和属性；不允许修改表对象“tEmployee”“tAttend”和“tWork”，也不允许修改查询对象“qT”。

操作题真题库试题 3

二、基本操作题

考生文件夹下，已有“samp0. accdb”和“samp1. accdb”数据库文件。“samp0. accdb”中已建立表对象“tTest”，“samp1. accdb”中已建立表对象“tEmp”和“tSalary”。试按以下要求，完成表的各种操作。

(1) 根据“tSalary”表的结构，判断并设置主键；将“tSalary”表中的“工号”字段的字段大小设置为 8。

(2) 将“tSalary”表中的“年月”字段的有效性规则设置为只能输入本年度 10 月 1 日以前(不含 10 月 1 日)的日期(要求：本年度年号必须用函数获取)；将表的有效性规则设置为输入的水电房租费小于输入的工资。

(3) 在“tSalary”表中增加一个字段，字段名为“百分比”，字段值为：

百分比＝水电房租费 / 工资，计算结果的“结果类型”为“双精度型”，“格式”为“百分比”，“小数位数”为 2。

(4) 将表“tEmp”中“聘用时间”字段改名为“聘用日期”；将“性别”字段值的输入设置为“男”“女”列表选择；将“姓名”和“年龄”两个字段的显示宽度设置为 20；将善于交际的职工记录从有关表中删除；隐藏“简历”字段列。

(5) 完成上述操作后，建立表对象“tEmp”和“tSalary”的表间一对多关系，并实施参照完整性。

(6) 将考生文件夹下“samp0. accdb”数据库文件中的表对象“tTest”链接到“samp1. accdb”数据库文件中，要求链接表对象重命名为 tTemp。

三、简单应用题

考生文件夹下存在一个数据库文件“samp2. accdb”，里面已经设计好 “tStud”“tCourse”“tScore”三个关联表对象和一个空表“tTemp”。试按以下要求完成设计：

(1) 创建一个查询,查找并输出姓名是三个字的男女学生各自的人数,字段显示标题为“性别”和“NUM”,所建查询命名为“qT1”。注意,要求按照学号来统计人数。

(2) 创建一个查询,查找“02”院系的选课学生信息,输出其“姓名”“课程名”和“成绩”三个字段内容,所建查询命名为“qT2”。

(3) 创建一个查询,查找还未被选修的课程的名称,所建查询命名为“qT3”。

(4) 创建追加查询,将前5条记录的学生信息追加到表“tTemp”的对应字段中,所建查询命名为“qT4”。

四、综合应用题

考生文件夹下有一个数据库文件“samp3.accdb”,其中存在已经设计好的表对象“tEmp”、查询对象“qEmp”和窗体对象“fEmp”。同时,给出窗体对象“fEmp”上两个按钮的单击事件的部分代码,请按以下要求补充设计:

(1) 将窗体“fEmp”上名称为“tSS”的文本框控件改为组合框控件,控件名称不变,标签标题不变。设置组合框控件的相关属性,以实现从下拉列表中选择输入性别值“男”和“女”。

(2) 将查询对象“qEmp”改为参数查询,参数为窗体对象“fEmp”上组合框“tSS”中的输入值。

(3) 将窗体对象“fEmp”中名称为“tPa”的文本框控件设置为计算控件。要求依据“党员否”字段值显示相应内容。如果“党员否”字段值为True,显示“党员”;如果“党员否”字段值为False,显示“非党员”。

(4) 在窗体对象“fEmp”上有“刷新”和“退出”两个命令按钮,名称分别为“bt1”和“bt2”。单击“刷新”按钮,窗体记录源改为查询对象“qEmp”;单击“退出”按钮,关闭窗体。现已编写了部分VBA代码,请按照VBA代码中的指示将代码补充完整。

注意:不能修改数据库中的表对象“tEmp”;不能修改查询对象“qEmp”中未涉及的内容;不能修改窗体对象“fEmp”中未涉及的控件和属性。

程序代码只允许在“****Add*****”与“*****Add*****”之间的空行内补充一行语句、完成设计,不允许增删和修改其他位置已存在的语句。

操作题真题库试题4

二、基本操作题

在考生文件夹下的“samp1.accdb”数据库文件中已建立3个关联表对象(名为“职工表”、“物品表”和“销售业绩表”)、一个窗体对象(名为“fTest”和一个宏对象(名为“mTest”)。请按以下要求,完成表和窗体的各种操作:

(1) 分析表对象“销售业绩表”的字段构成,判断并设置其主键。

(2) 为表对象“职工表”追加一个新字段。字段名称为“类别”、数据类型为“文本型”、字段大小为2,设置该字段的有效性规则为只能输入“在职”与“退休”值之一。

(3) 将考生文件夹下文本文件Test.txt中的数据链接到当前数据库中。其中,第一行数据是字段名,链接对象以“tTest”命名保存。

(4) 窗体fTest上命令按钮“bt1”和命令按钮“bt2”大小一致,且上对齐。现调整命令按钮“bt3”的大小与位置,要求:按钮“bt3”的大小尺寸与按钮“bt1”相同、上边界与按钮“bt1”上对齐、水平位置处于按钮“bt1”和“bt2”的中间。注意,不要更改命令按钮“bt1”和“bt2”的大小和位置。

(5) 更改窗体上3个命令按钮的Tab键移动顺序为:bt1－>bt2－>bt3－>bt1－>...。

(6) 将宏“mTest”重命名为“mTemp”。

三、简单应用题

在考生文件夹下有一个数据库文件“samp2.accdb”,里面已经设计好3个关联表对象“tStud”“tCourse”“tScore”和表对象“tTemp”。请按以下要求完成设计:

(1) 创建一个选择查询,查找并显示没有摄影爱好的学生的"学号""姓名""性别"和"年龄"4个字段内容,将查询命名为"qT1"。

(2) 创建一个总计查询,查找学生的成绩信息,并显示为"学号"和"平均成绩"两列内容。其中"平均成绩"一列数据由统计计算得到,将查询命名为"qT2"。

(3) 创建一个选择查询,查找并显示学生的"姓名"、"课程名"和"成绩"3个字段内容,将查询命名为"qT3"。

(4) 创建一个更新查询,将表"tTemp"中"年龄"字段值加1,并清除"团员否"字段的值,所建查询命名为"qT4"。

四、综合应用题

在考生文件夹下有一个数据库文件"samp3. accdb",里面已经设计了表对象"tEmp"、窗体对象"fEmp"、报表对象"rEmp"和宏对象"mEmp"。请在此基础上按照以下要求补充设计:

(1) 设置表对象"tEmp"中"聘用时间"字段的有效性规则为:2006年9月30日(含)以前的时间。相应有效性文本设置为"输入二零零六年九月以前的日期"。

(2) 设置报表"rEmp"按照"年龄"字段降序排列输出;将报表页面页脚区域内名为"tPage"的文本框控件设置为"页码-总页数"形式的页码显示(如1-15、2-15、…)。

(3) 将"fEmp"窗体上名为"bTitle"的标签宽度设置为5厘米、高度设置为1厘米,设置其标题为"数据信息输出"并居中显示。

(4) "fEmp"窗体上单击"输出"命令按钮(名为"btnP"),实现以下功能:计算Fibonacci数列第19项的值,将结果显示在窗体上名为"tData"的文本框内并输出到外部文件保存;单击"打开表"命令按钮(名为"btnQ"),调用宏对象"mEmp"以打开数据表"tEmp"。

Fibonacci数列:

F1=1　　　　　　　n=1

F2=1　　　　　　　n=2

Fn=Fn-1+Fn-2　　　n>=3

调试完毕后,必须单击"输出"命令按钮生成外部文件,才能得分。试根据上述功能要求,对已给的命令按钮事件进行补充和完善。

注意:不要修改数据库中的宏对象"mEmp";不要修改窗体对象"fEmp"和报表对象"rEmp"中未涉及的控件和属性;不要修改表对象"tEmp"中未涉及的字段和属性。

程序代码只允许在"*****Add*****"与"*****Add*****"之间的空行内补充一行语句、完成设计,不允许增删和修改其他位置已存在的语句。

操作题真题库试题5

二、基本操作题

在考生文件夹下,存在一个数据库文件"samp1. accdb",里边已经设计好了表对象"tDoctor"、"tOffice"、"tPatient"和"tSubscribe"。试按以下操作要求,完成各种操作:

(1) 分析"tSubscribe"数据表的字段构成,判断并设置其主键。

(2) 设置"tSubscribe"表中"医生ID"字段的相关属性,使其接受的数据只能为第1个字符为"A",从第2个字符开始三位只能是0～9之间的数字;并将该字段设置为必填字段;设置"科室ID"字段的字段大小,使其与"tOffice"表中相关字段的字段大小一致。

(3) 设置"tDoctor"表中"性别"字段的默认值属性,属性值为"男";并为该字段创建查阅列表,列表中显示"男"和"女"两个值。

(4) 删除"tDoctor"表中的"专长"字段,并设置"年龄"字段的有效性规则和有效性文本。具体规则为:输入年龄必须在18岁至60岁之间(含18岁和60岁),有效性文本内容为:"年龄应在18岁到60岁之间";取消对"年龄"字段值的隐藏。

(5) 设置"tDoctor"表的显示格式,使表的背景颜色为RGB(192,192,192)(银白色)、网格线为"白色"、单元格效果为"凹陷"。

(6) 通过相关字段建立"tDoctor""tOffice""tPatient"和"tSubscribe"四表之间的关系,同时使用"实施参照完整性"。

三、简单应用题

考生文件夹下存在一个数据库文件“samp2. accdb”，里面已经设计好表对象“tDoctor”“tOffice”“tPatient”和“tSubscribe”，同时还设计出窗体对象“fQuery”。试按以下要求完成设计：

(1) 创建一个查询，查找姓名为两个字的姓“王”的病人的预约信息，并显示病人的“姓名”“年龄”“性别”“预约日期”“科室名称”和“医生姓名”，所建查询命名为“qT1”。

(2) 创建一个查询，统计星期一(由预约日期判断)某科室(要求按“科室 ID”查)预约病人的平均年龄，要求显示标题为“平均年龄”。当运行该查询时，屏幕上显示提示信息：“请输入科室 ID”，所建查询命名为“qT2”。

(3) 创建一个查询，找出没有留下电话的病人，并显示病人“姓名”和“地址”，所建查询命名为“qT3”。

(4) 现有一个已经建好的“fQuery”窗体，如下图所示。运行该窗体后，在文本框(文本框名称为 tName)中输入要查询的医生姓名，然后单击“查询”按钮，即运行一个名为“qT4”的查询。“qT4”查询的功能是显示所查医生的“医生姓名”和“预约人数”两列信息，其中“预约人数”值由“病人 ID”字段统计得到，请设计“qT4”查询。

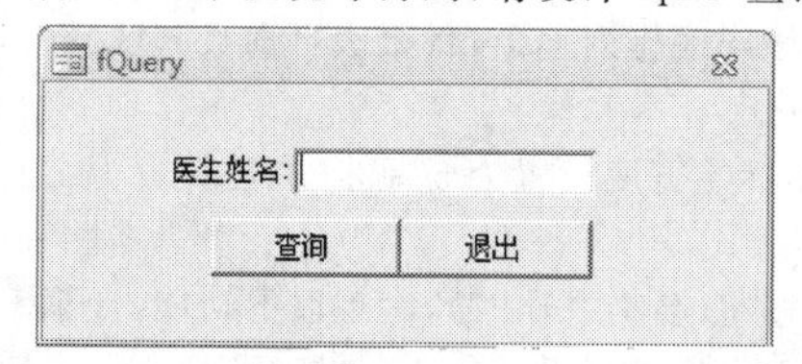

四、综合应用题

考生文件夹下存在一个数据库文件“samp3. accdb”，里面已经设计好表对象“tStudent”，同时还设计出窗体对象“fQuery”和“fStudent”。请在此基础上按照以下要求补充“fQuery”窗体的设计：

(1) 在距主体节上边 0.4 厘米、左边 0.4 厘米位置添加一个矩形控件，其名称为“rRim”；矩形宽度为 16.6 厘米、高度为 1.2 厘米、特殊效果为“凿痕”。

(2) 将窗体中“退出”命令按钮上显示的文字颜色改为棕色(棕色代码为 128)，字体粗细改为“加粗”。

(3) 将窗体标题改为“显示查询信息”。

(4) 将窗体边框改为“对话框边框”样式，取消窗体中的水平和垂直滚动条、记录选择器、导航按钮和分隔线。

(5) 在窗体中有一个“显示全部记录”命令按钮(名称为 bList)，单击该按钮后，应实现将“tStudent”表中的全部记录显示出来的功能。现已编写了部分 VBA 代码，请按照 VBA 代码中的指示将代码补充完整。

要求：修改后运行该窗体，并查看修改结果。

注意：不允许修改窗体对象“fQuery”和“fStudent”中未涉及的控件、属性；不允许修改表对象“tStudent”。

程序代码只允许在“**********”与“**********”之间的空行内补充一行语句、完成设计，不允许增删和修改其他位置已存在的语句。

操作题真题库试题 6

二、基本操作题

在考生文件夹下有一个 Excel 文件“Test. xls”和一个数据库文件“samp1. accdb”。“samp1. accdb”数据库文件中已建立 3 个表对象(名为“线路”“游客”和“团体”)和一个窗体对象(名为“brow”)。请按以下要求，完成表和窗体的各种操作：

(1) 将“线路”表中的“线路 ID”字段设置为主键；设置“天数”字段的有效性规则属性，有效性规则为大于 0。

(2) 将“团队”表中的“团队 ID”字段设置为主键；添加“线路 ID”字段，数据类型为“文本”，字段大小为 8。

(3) 将“游客”表中的“年龄”字段删除；添加两个字段，字段名分别为“证件编号”和“证件类别”；“证件编号”的数据类型为“文本”，字段大小为 20；使用查阅向导建立“证件类别”字段的数据类型，向该字段键入的值为“身份证”、“军官证”或“护照”等固定常数。

(4) 将考生文件夹下“Test. xls”文件中的数据链接到当前数据库中。要求：数据中的第一行作为字段名，链接表对象命名为“tTest”。

(5) 建立“线路”“团队”和“游客”3 表之间的关系，并实施参照完整性。

(6) 修改窗体“brow”，取消“记录选定器”和“分隔线”显示，在窗体页眉处添加一个标签控件(名为 Line)，标签标题为“线路介绍”，字体名称为隶书、字体大小为 18。

三、简单应用题

在考生文件夹下有一个数据库文件“samp2. accdb”，里面已经设计好两个表对象“tA”和“tB”。请按以下要求完成设计：

(1) 创建一个查询，查找并显示所有客人的“姓名”“房间号”“电话”和“入住日期”4 个字段内容，将查询命名为“qT1”。

(2) 创建一个查询，能够在客人结账时根据客人的姓名统计这个客人已住天数和应交金额，并显示“姓名”“房间号”“已住天数”和“应交金额”，将查询命名为“qT2”。

注：输入姓名时应提示“请输入姓名：”

应交金额＝已住天数 * 价格。

(3) 创建一个查询，查找“身份证”字段第 4 位至第 6 位值为“102”的纪录，并显示“姓名”、“入住日期”和“价格”3 个字段内容，将查询命名为“qT3”。

(4) 以表对象“tB”为数据源创建一个交叉表查询，使用房间号统计并显示每栋楼的各类房间个数。行标题为“楼号”，列标题为“房间类别”，所建查询命名为“qT4”。

注：房间号的前两位为楼号。

四、综合应用题

在考生文件夹下有一个数据库文件“samp3. accdb”，里面已经设计了表对象“tEmp”、查询对象“qEmp”和窗体对象“fEmp”。同时，给出窗体对象“fEmp”上两个按钮的单击事件代码，请按以下要求补充设计。

(1) 将窗体“fEmp”上名称为“tSS”的文本框控件改为组合框控件，控件名称不变，标签标题不变。设置组合框控件的相关属性，以实现从下拉列表中选择输入性别值“男”和“女”。

(2) 将查询对象“qEmp”改为参数查询，参数为窗体对象“fEmp”上组合框“tSS”的输入值。

(3) 将窗体对象“fEmp”上名称为“tPa”的文本框控件设置为计算控件。要求依据“党员否”字段值显示相应内容。如果“党员否”字段值为 True，显示“党员”两个字；如果“党员否”字段值为 False，显示“非党员”3 个字。

(4) 在窗体对象“fEmp”上有“刷新”和“退出”两个命令按钮，名称分别为“bt1”和“bt2”。单击“刷新”按钮，窗体记录源改为查询对象“qEmp”；单击“退出”按钮，关闭窗体。现已编写了部分 VBA 代码，请按 VBA 代码中的指示将代码补充完整。

注意：不要修改数据库中的表对象“tEmp”；不要修改查询对象“qEmp”中未涉及的内容；不要修改窗体对象“fEmp”中未涉及的控件和属性。

程序代码只允许在“***** Add *****”与“***** Add *****”之间的空行内补充一行语句、完成设计，不允许增删和修改其他位置已存在的语句。

操作题真题库试题 7

二、基本操作题

在考生文件夹下的“samp1. accdb”数据库文件中已建立两个表对象(名为“职工表”和“部门表”)。请按以下要求，顺序完成表的各种操作：

(1) 设置表对象“职工表”的聘用时间字段默认值为系统日期。

(2) 设置表对象“职工表”的性别字段有效性规则为：男或女；同时设置相应有效性文本为“请输入男或女”。

(3) 将表对象“职工表”中编号为“000019”的员工的照片字段值设置为考生文件夹下的图像文件“000019. bmp”数据。

(4) 删除职工表中姓名字段中含有“江”字的所有员工纪录。

(5) 将表对象“职工表”导出到考生文件夹下的“samp. accdb”空数据库文件中，要求只导出表结构定义，导出的表命名为“职工表 bk”。

(6) 建立当前数据库表对象“职工表”和“部门表”的表间关系，并实施参照完整性。

三、简单应用题

在考生文件夹下有一个数据库文件"samp2. accdb",里面已经设计好 3 个关联表对象"tStud""tCourse""tScore"和一个空表"tTemp"。请按以下要求完成查询设计:

(1) 创建一个选择查询,查找并显示简历信息为空的学生的"学号""姓名""性别"和"年龄"4 个字段内容,所建查询命名为"qT1"。

(2) 创建一个选择查询,查找选课学生的"姓名""课程名"和"成绩"3 个字段内容,所建查询命名为"qT2"。

(3) 创建一个选择查询,按系别统计各自男女学生的平均年龄,显示字段标题为"所属院系""性别"和"平均年龄",将查询命名为"qT3"。

(4) 创建一个操作查询,将表对象"tStud"中没有书法爱好的学生的"学号""姓名"和"年龄"3 个字段内容追加到目标表"tTemp"的对应字段内,将查询命名为"qT4"。

四、综合应用题

在考生文件夹下有一个数据库文件"samp3. accdb",里面已经设计了表对象"tEmp"、查询对象"qEmp"、窗体对象"fEmp"和宏对象"mEmp"。同时,给出窗体对象"fEmp"上一个按钮的单击事件代码,请按以下功能要求补充设计:

(1) 将窗体"fEmp"上文框"tSS"改为组合框类型,保持控件名称不变。设置其相关属性实现下拉列表形式输入性别"男"或"女"。

(2) 将窗体对象"fEmp"上文本框"tPa"改为复选框类型,保持控件名称不变,然后设置控件来源属性以输出"党员否"字段值。

(3) 修正查询对象"qEmp"设计,增加退休人员(年龄>=55)的条件。

(4) 单击"刷新"按钮(名为"bt1"),在事件过程中补充语句,动态设置窗体记录源为查询对象"qEmp",实现窗体数据按性别条件动态显示退休职工的信息;单击"退出"按钮(名为"bt2"),调用设计好的宏"mEmp"关闭窗体。

注意:不要修改数据库中的表对象"tEmp"和宏对象"mEmp";不要修改查询对象"qEmp"中未涉及的属性和内容;不要修改窗体对象"fEmp"中未涉及的控件和属性。

程序代码只允许在"*****Add*****"与"*****Add*****"之间的空行内补充一行语句、完成设计,不允许增删和修改其他位置已存在的语句。

操作题真题库试题 8

二、基本操作题

在考生文件夹下,"samp1. accdb"数据库文件中已建立表对象"tStud"。试按以下操作要求,完成表的编辑修改:

(1) 将"编号"字段改名为"学号",并设置为主键。

(2) 设置"入校时间"字段的有效性规则为 2005 年之前的时间(不含 2005 年)。

(3) 删除表结构中的"照片"字段。

(4) 删除表中学号为"000003"和"000011"的两条记录。

(5) 设置"年龄"字段的默认值为 23。

(6) 完成上述操作后,将考生文件夹下文本文件 tStud. txt 中的数据导入并追加保存在表"tStud"中。

三、简单应用题

考生文件夹下存在一个数据库文件"samp2. accdb",里面已经设计好表对象"tStaff"和"tTemp"及窗体对象"fTest"。试按以下要求完成设计:

(1) 创建一个查询,查找并显示具有研究生学历的教师的"编号"、"姓名"、"性别"和"政治面目"四个字段内容,所建查询命名为“qT1”。

(2) 创建一个查询，查找并统计男女教师的平均年龄，然后显示出标题为“性别”和“平均年龄”的两个字段内容，所建查询命名为“qT2”。

(3) 创建一个参数查询，查找教师的“编号”“姓名”“性别”和“职称”四个字段内容。其中“性别”字段的准则条件为参数，要求引用窗体对象“fTest”上控件“tSex”的值，所建查询命名为“qT3”。

(4) 创建一个查询，删除表对象“tTemp”中所有姓“李”且名字第三字为“明”的记录，所建查询命名为“qT4”。

四、综合应用题

考生文件夹下存在一个数据库文件“samp3. accdb”，已建立两个关联表对象（“档案表”和“工资表”）和一个查询对象（“qT”），试按以下要求，完成报表的各种操作。

(1) 创建一个名为“eSalary”的报表，按递阶布局显示查询“qT”的所有信息。

(2) 设置报表的标题属性为“工资汇总表”。

(3) 按职称汇总出“基本工资”的平均值和总和。“基本工资”的平均值计算控件名称为“sAvg”，“总和”计算控件名称为“sSum”。注意：请在组页脚处添加计算控件。

(4) 在“eSalary”报表的主体节上添加两个计算控件：名为“sSalary”的控件用于计算输出实发工资；名为“ySalary”的控件用于计算输出应发工资。

计算公式为：

应发工资＝基本工资＋津贴＋补贴

实发工资＝基本工资＋津贴＋补贴－住房基金－失业保险

操作题真题库试题 9

二、基本操作题

在考生文件夹下的“samp1. accdb”数据库文件中已建立两个表对象（名为“员工表”和“部门表”）和一个窗体对象（名为“fTest”）及一个宏对象（名为“mTest”）。请按以下要求，按顺序完成对象的各种操作：

(1) 删除表对象“员工表”的照片字段。

(2) 设置表对象“员工表”的年龄字段有效性规则为：大于 16 且小于 65（不含 16 和 65）；同时设置相应有效性文本为“请输入合适年龄”。

(3) 设置表对象“员工表”的聘用时间字段的默认值为系统当前日期。

(4) 删除表对象“员工表”和“部门表”之间已建立的错误表间关系，重新建立正确关系。

(5) 设置相关属性，实现窗体对象（名为“fTest”）上的记录数据不允许添加的操作（即消除新纪录行）。

(6) 将宏对象（名为“mTest”）重命名为可自动运行的宏。

三、简单应用题

在考生文件夹下有一个数据库文件“samp2. accdb”，里面已经设计好 3 个关联表对象“tCourse”“tGrade”“tStudent”和一个空表“tTemp”，请按以下要求完成设计：

(1) 创建一个查询，查找并显示含有不及格成绩的学生的“姓名”“课程名”和“成绩”等 3 个字段的内容，所建查询命名为“qT1”。

(2) 创建一个查询，计算每名学生的平均成绩，并按平均。

成绩降序依次显示“姓名”“政治面貌”“毕业学校”和“平均成绩”等 4 个字段的内容，所建查询命名为“qT2”。

假设：所用表中无重名。

(3) 创建一个查询，统计每班每门课程的平均成绩（取整数），班级作为行标题，科目作为列标题，平均成绩作为值，所建查询名为“qT3”。

(4) 创建一个查询，将男学生的“班级”“学号”“性别”“课程名”和“成绩”等信息追加到“tTemp”表的对应字段中，所建查询名为“qT4”。

四、综合应用题

在考生文件夹下有一个数据库文件“samp3. accdb”，里面已经设计了表对象“tEmp”、窗体对象“fEmp”、报表对象“rEmp”和宏对象“mEmp”。同时，给出窗体对象“fEmp”上一个按钮的单击事件代码，请按以下功能要求补充设计：

(1) 设置窗体对象“fEmp”上两个命令按钮的 Tab 键索引顺序(即 Tab 键焦点移动顺序)为从“报表输出”按钮(名为“bt1”)到“退出”按钮(名为“bt2”)。

(2) 调整窗体对象“fEmp”上“退出”按钮(名为“bt2”)的大小和位置，要求大小与“报表输出”按钮(名为“bt1”)一致，且上边对齐“报表输出”按钮，左边距离“报表输出”按钮 1 厘米(即“bt2”按钮的左边距离“bt1”按钮的右边 1 厘米)。

(3) 将报表纪录数据按照先姓名升序再年龄降序排列显示；设置相关属性，将页面页脚区域内名为“tPage”的文本框控件实现以“第 N 页/共 M 页”形式显示。

(4) 单击“报表输出”按钮(名为“bt1”)，事件代码会弹出消息框提示，选择是否进行预览报表“rEmp”；单击“退出”按钮(名为“bt2”)，调用设计好的宏“mEmp”以关闭窗体。

注意：不要修改数据库中的表对象“tEmp”和宏对象“mEmp”；不要修改窗体对象“fEmp” 和报表对象“rEmp”中未涉及的控件和属性。

程序代码只允许在“ ***** Add ***** ”与“ ***** Add ***** ”之间的空行内补充一行语句、完成设计，不允许增删和修改其他位置已存在的语句。

操作题真题库试题 10

二、基本操作题

考生文件夹下存在一个数据库文件“samp1. accdb”，里面已经设计好表对象“tStud”。请按照以下要求，完成对表的修改：

(1) 设置数据表显示的字体大小为 14、行高为 18。

(2) 设置“简历”字段的说明为“自上大学起的简历信息”。

(3) 将“年龄”字段的数据类型改为“数字”型，字段大小的“整型”。

(4) 将学号为“20011001”学生的照片信息换成考生文件夹下的“photo. bmp”图像文件。

(5) 将隐藏的“党员否”字段重新显示出来。

(6) 完成上述操作后，将“备注”字段删除。

三、简单应用题

考生文件夹下存在一个数据库文件“samp2. accdb”，里面已经设计好三个关联表对象“tStud”、“tCourse”、“tScore”和一个临时表对象“tTemp”。

试按以下要求完成设计：

(1) 创建一个查询，按所属院系统计学生的平均年龄，字段显示标题为“院系”和“平均年龄”，所建查询命名为“qT1”。

(2) 创建一个查询，查找选课学生的“姓名”和“课程名”两个字段内容，所建查询命名为“qT2”。

(3) 创建一个查询，查找有先修课程的课程相关信息，输出其“课程名”和“学分”两个字段内容，所建查询命名为“qT3”。

(4) 创建删除查询，将表对象“tTemp”中年龄值高于平均年龄(不含平均年龄)的学生记录删除，所建查询命名为“qT4”。

四、综合应用题

考生文件夹下存在一个数据库文件“samp3. accdb”，里面已经设计好窗体对象“fStaff”。试在此基础上按照以下要求补充窗体设计：

(1) 在窗体的窗体页眉节区位置添加一个标签控件，其名称为“bTitle”，标题显示为“员工信息输出”。

(2) 在主体节区位置添加一个选项组控件，将其命名为“opt”，选项组标签显示内容为“性别”，名称为“bopt”。

(3) 在选项组内放置2个单选按钮控件，选项按钮分别命名为“opt1”和“opt2”，选项按钮标签显示内容分别为“男”和“女”，名称分别为“bopt1”和“bopt2”。

(4) 在窗体页脚节区位置添加两个命令按钮，分别命名为“bOk”和“bQuit”，按钮标题分别为“确定”和“退出”。

(5) 将窗体标题设置为“员工信息输出”。

注意：不允许修改窗体对象“fStaff”中已设置好的属性。

操作题真题库试题 11

二、基本操作题

在考生文件夹下有一个数据库文件“samp1.accdb”。在数据库文件中已经建立了一个表对象“学生基本情况”。根据以下操作要求，完成各种操作：

(1) 将“学生基本情况”表名称改为“tStud”。

(2) 设置“身份ID”字段为主键；并设置“身份ID”字段的相应属性，使该字段在数据表视图中的显示标题为“身份证”。

(3) 将“姓名”字段设置为“有重复索引”。

(4) 在“家长身份证号”和“语文”两字段间增加一个字段，名称为“电话”，类型为文本型，大小为12。

(5) 将新增“电话”字段的输入掩码设置为“010-********”的形式。其中，“010-”部分自动输出，后八位为0到9的数字显示。

(6) 在数据表视图中将隐藏的“编号”字段重新显示出来。

三、简单应用题

考生文件夹下存在一个数据库文件“samp2.accdb”，里面已经设计好表对象“tCourse”“tScore”和“tStud”，试按以下要求完成设计：

(1) 创建一个查询，查找党员记录，并显示“姓名”“性别”和“入校时间”三列信息，所建查询命名为“qT1”。

(2) 创建一个查询，当运行该查询时，屏幕上显示提示信息：“请输入要比较的分数：”，输入要比较的分数后，该查询查找学生选课成绩的平均分大于输入值的学生信息，并显示“学号”和“平均分”两列信息，所建查询命名为“qT2”。

(3) 创建一个交叉表查询，统计并显示各班每门课程的平均成绩，(要求：直接用查询设计视图建立交叉表查询，不允许用其他查询作数据源)，所建查询命名为“qT3”。

四、综合应用题

考生文件夹下有一个数据库文件“samp3.accdb”，其中存在设计好的表对象“tStud”和查询对象“qStud”，同时还设计出以“qStud”为数据源的报表对象“rStud”。请在此基础上按照以下要求补充报表设计：

(1) 在报表的报表页眉节区添加一个标签控件，名称为“bTitle”，标题为“97年入学学生信息表”。

(2) 在报表的主体节区添加一个文本框控件，显示“姓名”字段值。该控件放置在距上边0.1厘米、距左边3.2厘米的位置，并命名为“tName”。

(3) 在报表的页面页脚节区添加一个计算控件，显示系统年月，显示格式为：××××年××月(注意，不允许使用格式属性)。计算控件放置在距上边0.3厘米、距左边10.5厘米的位置，并命名为“tDa”。

(4) 按“编号”字段的前4位分组统计每组记录的平均年龄，并将统计结果显示在组页脚节区。计算控件命名为“tAvg”。

注意：不能修改数据库中的表对象“tStud”和查询对象“qStud”，同时也不允许修改报表对象“rStud”中已有的控件和属性。

操作题真题库试题 12

二、基本操作题

在考生文件夹下有数据库文件“samp1. accdb”和 Excel 文件“Stab. xls”，“samp1. accdb”中已建立表对象“student”和“grade”，请按以下要求，完成表的各种操作：

(1) 将考生文件夹下的 Excel 文件“Stab. xls”导入到“student”表中。

(2) 将“student”表中 1975 年到 1980 年之间(包括 1975 年和 1980 年)出生的学生记录删除。

(3) 将“student”表中“性别”字段的默认值设置为“男”。

(4) 将“student”表拆分为两个新表，表名分别为“tStud”和“tOffice”。其中“tStud”表结构为：学号，姓名，性别，出生日期，院系，籍贯，主键为学号；“tOffice”表结构为：院系，院长，院办电话，主键为“院系”。要求：保留“student”表。

(5) 建立“student”和“grade”两表之间的关系。

三、简单应用题

考生文件夹下有一个数据库文件“samp2. accdb”，其中存在已经设计好的一个表对象“tTeacher”。请按以下要求完成设计：

(1) 创建一个查询，计算并输出教师最大年龄与最小年龄的差值，显示标题为“m_age”，将查询命名为“qT1”。

(2) 创建一个查询，查找并显示具有研究生学历的教师的“编号”“姓名”“性别”和“系别”4 个字段内容，将查询命名为“qT2”。

(3) 创建一个查询，查找并显示年龄小于等于 38、职称为副教授或教授的教师的“编号”“姓名”“年龄”“学历”和“职称”5 个字段，将查询命名为“qT3”。

(4) 创建一个查询，查找并统计在职教师按照职称进行分类的平均年龄，然后显示出标题为。

四、综合应用题

考生文件夹下有一个数据库文件“samp3. accdb”，其中存在已经设计好的表对象“tEmployee”和“tGroup”及查询对象“qEmployee”，同时还设计出以“qEmployee”为数据源的报表对象“rEmployee”。请在此基础上按照以下要求补充报表设计：

(1) 在报表的报表页眉节区添加一个标签控件，名称为“bTitle”，标题为“职工基本信息表”。

(2) 在“性别”字段标题对应的报表主体节区距上边 0.1 厘米、距左侧 5.2 厘米的位置添加一个文本框，用于显示“性别”字段值，并命名为“tSex”。

(3) 设置报表主体节区内文本框“tDept”的控件来源为计算控件。要求该控件可以根据报表数据源里的“所属部门”字段值，从非数据源表对象“tGroup”中检索出对应的部门名称并显示输出。(提示：考虑 DLookup 函数的使用。)

注意：不能修改数据库中的表对象“tEmployee”和“tGroup”及查询对象“qEmployee”；不能修改报表对象“qEmployee”中未涉及的控件和属性。

操作题真题库试题 13

二、基本操作题

在考生文件夹下，“samp1. accdb”数据库文件中已创建两个表对象(名为“员工表”和“部门表”)和一个窗体对象(名为“fEmp”)。试按以下要求顺序完成表及窗体的各种操作：

(1) 对表对象"员工表"操作，按照员工性别不同，为编号字段值增补前置字符，男性员工编号前增补字符"8"，女性员工编号前增补字符"6"，如男性的 000001 更改为 8000001，女性的 000002 更改为 6000002。

(2) 查出员工张汉望的对应密码内容，将密码实际值追加到其简历内容末尾。

(3) 设置表对象"员工表"的部门号字段值为列表框下拉选择，其值参照"部门表"的对应字段内容。

(4) 将"员工表"姓名中的所有"小"字替换为"晓"。

(5) 依据"员工表"中的职务信息，在经理和主管员工对应的"说明"字段内输入"干部"信息。

(6) 设置窗体对象"fEmp"的"记录源"属性和"筛选"属性，使其打开后输出"员工表"的女员工信息。

三、简单应用题

考生文件夹下存在一个数据库文件"samp2. accdb"，里面已经设计好三个关联表对象"tStud""tCourse""tScore"和一个空表"tTemp"。试按以下要求完成设计：

(1) 创建一个查询，计算所选课程成绩均在 80 分以上(含 80)学生的平均分，并输出学号及平均分信息，字段显示标题为"学号"和"平均分数"，所建查询命名为"qT1"。

(2) 创建一个查询，查找"01"和"03"所属院系的选课学生信息，输出其"姓名""课程名"和"成绩"三个字段内容，所建查询命名为"qT2"。

(3) 创建一个查询，查找并输出没有先修课程或先修课程标识为"X"的课程名称，所建查询命名为"qT3"。

(4) 创建追加查询，将年龄最大的五位男同学的记录信息追加到表"tTemp"的对应字段中，所建查询命名为"qT4"。

四、综合应用题

考生文件夹下存在一个数据库文件"samp3. accdb"，里面已经设计了表对象"tEmp"、窗体对象"fEmp"、报表对象"rEmp"和宏对象"mEmp"。试在此基础上按照以下要求补充设计：

(1) 将报表"rEmp"按照聘用时间的年代分组排列输出，同时在其对应组页眉区添加一个文本框，命名为"SS"，内容输出为聘用时间的年代值(如"1960 年代"、"1970 年代"、…)。

这里规定，1960 年～1969 年为 1960 年代，以此类推。

要求：年代分组用表达式 year([聘用时间])\10 的结果来分析。

(2) 将窗体对象"fEmp"上的命令按钮(名为"btnQ")从运行不可见状态设为可见，然后设置控件的 Tab 键焦点移动顺序为：控件 tData－>btnP－>btnQ。

(3) 在窗体加载事件中，实现重置窗体标题为标签"bTitle"的标题内容。

(4) 在"fEmp"窗体上单击"男性最大年龄"命令按钮(名为"btnP")，实现以下功能。

查找表对象"tEmp"中男性员工的最大年龄，将其输出显示在控件 tData 内；统计年龄在 30 以下(不含 30)男性员工的人数，将其值写入外部文件"out. dat"中。

单击"打开员工报表"命令按钮(名为"btnQ")，通过代码调用宏对象"mEmp"以打开报表"rEmp"。

试根据上述功能要求，对已给的命令按钮事件过程进行补充和完善。

注意：不允许修改数据库中的表对象"tEmp"和宏对象"mEmp"；不允许修改窗体对象"fEmp"和报表对象"rEmp"中未涉及的控件和属性；只允许在"*****Add*****"与"*****Add*****"之间的空行内补充语句、完成设计，不允许增删和修改其他位置已存在的语句。

操作题真题库试题 14

二、基本操作题

在考生文件夹下，存在一个数据库文件"samp1. accdb"。在数据库文件中已经建立了一个表对象"tSale"和一个窗体对象"fSale"。试按以下操作要求，完成各种操作：

(1) 将"tSale"表中"ID"字段的数据类型改为"文本"，字段大小改为 5；设置该字段的相应属性，使其在数据表视图中显示为"销售编号"。

(2) 设置"tSale"表"产品类别"字段值的输入方式为从下拉列表中选择"彩电"或"影碟机"选项值。

(3) 设置"tSale"表的相应属性，要求只允许在表中输入 2008 年(含)以后的产品相关信息；当输入的数据不符合要求时，显示"输入数据有误，请重新输入"信息。

(4) 设置“tSale”表的显示格式,使表的背景颜色为“蓝色”、网格线为“白色”、文字字号为 11、颜色为“白色”。

(5) 将“tSale”表中数量超过 90(不包含 90)的所有“彩电”记录的日期、销售员、产品名称、单价和数量等信息导出到考生文件夹下,以 Text 文件形式保存,并命名为“tSale. txt”。导出过程中要求第一行包含字段名称,其余部分默认处理。

(6) 将窗体对象“fSale”的记录源设置为表对象“tSale”;将窗体边框改为“细边框”样式,取消窗体中的水平和垂直流动条、最大化和最小化按钮;取消窗体中的导航按钮。

三、简单应用题

考生文件夹下存在一个数据库文件“samp2. accdb”,里面已经设计好表对象“tCourse”“tScore”和“tStud”,试按以下要求完成设计:

(1) 创建一个查询,统计人数在 15 人以上的班级人数,并输出“班级编号”和“班级人数”两列信息。所建查询命名为“qT1”。

要求:使用“姓名”字段统计人数。

说明:“学号”字段的前 8 位为班级编号。

(2) 创建一个查询,当运行该查询时,屏幕上显示提示信息:“请输入要比较的分数:”,输入要比较的分数后,该积善余庆查找学生选课成绩的平均分大于输入值的学生信息,并输出“姓名”和“平均分”两列信息。所建查询命名为“qT2”。

(3) 创建一个查询,显示平均分最高的前 5 位学生的“姓名”信息。所建查询命名为“qT3”。

(4) 创建一个查询,运行该查询后生成一个新表,表名为“tNew”,表结构包括“姓名”、“性别”、“课程名”和“成绩”等四个字段,表内容为 90 分以上(包括 90 分)或不及格的学生记录。所建查询命名为“qT4”。

要求:创建此查询后,运行该查询,并查看运行结果。

四、综合应用题

考生文件夹下存在一个数据库文件“samp3. accdb”,里面已经设计好表对象“tStud”、查询对象“qStud”、窗体对象“fStud”和子窗体对象“fDetail”,同时还设计出以“qStud”数据源的报表对象“rStud”。请在此基础上按照以下要求补充“fStud”窗体和“rStud”报表的设计:

(1) 在报表的报表页眉节区位置添加一个标签控件,其名称为“bTitle”,标题显示为“团员基本信息表”;将名称为“tSex”的文本框控件的输出内容设置为“性别”字段值。在报表页脚节区添加一个计算控件,其名称为“tAvg”,设置相关属性,输出学生的平均年龄。

(2) 将“fStud”窗体对象主体节中控件的 Tab 键焦点移动顺序设置为:

“CItem”→“TxtDetail”→“CmdRefer”→“CmdList”→“CmdClear”→“fDetail”→“简单查询”。

(3) 在窗体加载事件中,实现重置窗体标题为标签“tTitle”的标题内容。

(4) 试根据以下窗体功能要求,对已给的事件过程进行代码补充,并运行调试。

在窗体中有一个组合框控件和一个文本框控件,名称分别为“CItem”和“TxtDetail”;有两个标签控件,名称分别为“Label3”和“Ldetail”;还有三个命令按钮,名称分别为“CmdList”“CmdRefer”和“CmdClear”。在“CItem”组合框中选择某一项目后,“Ldetail”标签控件将显示出所选项目名加上“内容:”。在“TxtDetail”文本框中输入具体项目值后,单击“CmdRefer”命令按钮,如果“CItem”和“TxtDetail”两个控件中均有值,则在子窗体中显示找出的相应记录,如果两个控件中没有值,显示提示框,提示框标题为“注意”,提示文字为“查询项目或查询内容不能为空!!!”,提示框中只有一个“确定”按钮;单击“CmdList”命令按钮,在子窗体中显示“tStud”表中的全部记录;单击“CmdClear”命令按钮,将清空控件“cItem”和“TxtDetail”中的值。

注意:不允许修改窗体对象“fStud”和子窗体对象“fDetail”中未涉及的控件、属性和任何 VBA 代码;不允许修改报表对象“rStud”中已有的控件和属性;不允许修改表对象“tStud”和查询对象“qStud”。只允许在“*****Add*****”和“*****Add*****”之间的空行内补充一条代码语句、完成设计,不允许增删和修改其他位置已存在的语句。

操作题真题库试题 15

二、基本操作题

考生文件夹下有一个数据库文件“samp1. accdb”,其中存在已经设计好的表对象“tStud”。请按照以下要求,完成对表的修改:

(1) 设置数据表显示的字体大小为14、行高为18。

(2) 设置"简历"字段的设计说明为"自上大学起的简历信息"。

(3) 将"年龄"字段的数据类型改为"整型"字段大小的数字型。

(4) 将学号为"20011001"学生的照片信息改成考生文件夹下的"photo.bmp"图像文件。

(5) 将隐藏的"党员否"字段重新显示出来。

(6) 完成上述操作后,将"备注"字段删除。

三、简单应用题

考生文件夹下有一个数据库文件"samp2.accdb",其中存在已经设计好的3个关联表对象"tStud""tCourse"和"tScore"及表对象"tTemp"。请按以下要求完成设计:

(1) 创建一个查询,查找并显示学生的"姓名"、"课程名"和"成绩"3个字段内容,将查询命名为"qT1"。

(2) 创建一个查询,查找并显示有摄影爱好的学生的"学号""姓名""性别""年龄"和"入校时间"5个字段内容,将查询命名为"qT2"。

(3) 创建一个查询,查找学生的成绩信息,并显示"学号"和"平均成绩"两列内容。其中"平均成绩"一列数据由统计计算得到,将查询命名为"qT3"。

(4) 创建一个查询,将"tStud"表中女学生的信息追加到"tTemp"表对应的字段中,将查询命名为"qT4"。

四、综合应用题

考生文件夹下有一个数据库文件"samp3.accdb",其中存在已经设计好的表对象"tEmployee"和宏对象"ml",同时还有以"tEmployee"为数据源的窗体对象"fEmployee"。请在此基础上按照以下要求补充窗体设计:

(1) 在窗体的窗体页眉节区添加一个标签控件,名称为"bTitle",初始化标题显示为"雇员基本信息",字体名称为"黑体",字号大小为18。

(2) 将命令按钮bList的标题设置为"显示雇员情况"。

(3) 单击命令按钮bList,要求运行宏对象m1;单击事件代码已提供,请补充完整。

(4) 取消窗体的水平滚动条和垂直滚动条;取消窗体的最大化和最小化按钮。

(5) 在"窗体页眉"中距左边0.5厘米,上边0.3厘米处添加一个标签控件,控件名称为"Tda",标题为"系统日期"。窗体加载时,将添加标签标题设置为系统当前日期。窗体"加载"事件已提供,请补充完整。

注意:不能修改窗体对象"fEmployee"中未涉及的控件和属性;不能修改表对象"tEmployee"和宏对象"m1"。程序代码只允许在"***** Add *****"与"***** Add *****"之间的空行内补充一行语句、完成设计,不允许增删和修改其他位置已存在的语句。

操作题真题库试题16

二、基本操作题

在考生文件夹下的"samp1.accdb"数据库文件中已建立表对象"tVisitor",同时在考生文件夹下还有"exam.accdb"数据库文件。请按以下操作要求,完成表对象"tVisitor"的编辑和表对象"tLine"的导入:

(1) 设置"游客ID"字段为主键。

(2) 设置"姓名"字段为"必填"字段。

(3) 设置"年龄"字段的"有效性规则"为:大于等于10且小于等于60。

(4) 设置"年龄"字段的"有效性文本"为:"输入的年龄应在10岁到60岁之间,请重新输入。"

(5) 在编辑完的表中输入如下一条新记录,其中"照片"字段数据设置为考生文件夹下的"照片1.bmp"图像文件。

游客 ID	姓名	性别	年龄	电话	照片
001	李霞	女	20	123456	

(6) 将“exam. accdb”数据库文件中的表对象“tLine”导入到“samp1. accdb”数据库文件内，表名不变。

三、简单应用题

考生文件夹下有一个数据库文件“samp2. accdb”，其中存在已经设计好的两个表对象“tTeacher 1”和“tTeacher 2”及一个宏对象“mTest”。请按以下要求完成设计：

(1) 创建一个查询，查找并显示教师的“编号”“姓名”“性别”“年龄”和“职称”5 个字段内容，将查询命名为“qT1”。

(2) 创建一个查询，查找并显示没有在职的教师的“编号”“姓名”和“联系电话”3 个字段内容，将查询命名为“qT2”。

(3) 创建一个查询，将“tTeacher1”表中年龄小于等于 45 的党员教授或年龄小于等于 35 的党员副教授记录追加到“tTeacher2”表的相应字段中，将查询命名为“qT3”。

(4) 创建一个窗体，命名为“fTest”。将窗体“标题”属性设为“测试窗体”；在窗体的主体节区添加一个命令按钮，命名为“btnR”，标题为“测试”；设置该命令按钮的单击事件属性为给定的宏对象“mTest”。

四、综合应用题

考生文件夹下有一个数据库文件“samp3. accdb”，其中存在已经设计好的表对象“tBand”和“tLine”，同时还有以“tBand”和“tLine”为数据源的报表对象“rBand”。请在此基础上按照以下要求补充报表设计：

(1) 在报表的报表页眉节区添加一个标签控件，名称为“bTitle”，标题显示为“团队旅游信息表，字体为“宋体”，字号为 22，字体粗细为“加粗”，倾斜字体为“是”。

(2) 在“导游姓名”字段标题对应的报表主体区添加一个控件，显示出“导游姓名”字段值，并命名为“tName”。

(3) 在报表的报表页脚区添加一个计算控件，要求依据“团队 ID”来计算并显示团队的个数。计算控件放置在“团队数：”标签的右侧，计算控件命名为“bCount”。

(4) 将报表标题设置为“团队旅游信息表”。

注意：不能改动数据库文件中的表对象“tBand”和“tLine”；不能修改报表对象“rBand”中已有的控件和属性。

操作题真题库试题 17

二、基本操作题

在考生文件夹下，“samp1. accdb”数据库文件中已建立表对象“tVisitor”，同时在考生文件夹下还存有“exam. accdb”数据库文件。试按以下操作要求，完成表对象“tVisitor”的编辑和表对象“tLine”的导入：

(1) 设置“游客 ID”字段为主键。

(2) 设置“姓名”字段为“必填”字段。

(3) 设置“年龄”字段的“有效性规则”属性为：大于等于 10 且小于等于 60。

(4) 设置“年龄”字段的“有效性文本”属性为：“输入的年龄应在 10 岁到 60 岁之间，请重新输入。”。

(5) 在编辑完的表中输入如下一条新记录，其中“照片”字段数据设置为考生文件夹下的“照片 1. bmp”图像文件。

游客 ID	姓名	性别	年龄	电话	照片
001	李霞	女	20	123456	

(6) 将“exam. accdb”数据库文件中的表对象“tLine”导入到“samp1. accdb”数据库文件内，表名不变。

三、简单应用题

考生文件夹下存在一个数据库文件“samp2. accdb”，里面已经设计好“tTeacher1”和“tTeacher2”两个表对象及一个宏对象“mTest”。试按以下要求完成设计：

(1) 创建一个查询，查找并显示教师的“编号”“姓名”“性别”“年龄”和“职称”五个字段内容，所建查询命名为“qT1”。

（2）创建一个查询，查找并显示没有在职的教师的“编号”“姓名”和“联系电话”三个字段内容，所建查询命名为“qT2”。

（3）创建一个查询，将“tTeacher1”表中年龄小于等于45的党员教授或年龄小于等于35的党员副教授记录追加到“tTeacher2”表的相应字段中，所建查询命名为“qT3”。

（4）创建一个窗体，命名为“fTest”。将窗体“标题”属性设为“测试窗体”；在窗体的主体节区添加一个命令按钮，命名为“btnR”，按钮标题为“测试”；设置该命令按钮的单击事件属性为给定的宏对象“mTest”。

四、综合应用题

考生文件夹下存在一个数据库文件“samp3.accdb”，里面已经设计好表对象“tStud”和“tScore”，同时还设计出窗体对象“fStud”和子窗体对象“fScore子窗体”。请在此基础上按照以下要求补充“fStud”窗体和“fScore子窗体”子窗体的设计：

（1）在“fStud”窗体的“窗体页眉”中距左边2.5厘米、距上边0.3厘米处添加一个宽6.5厘米、高0.95厘米的标签控件（名称为bTitle），标签控件上的文字为“学生基本情况浏览”，颜色为“蓝色”（蓝色代码为16711680）、字体名称为“黑体”、字号大小为22。

（2）将“fStud”窗体边框改为“细边框”样式，取消窗体中的水平和垂直滚动条、最大化按钮和最小化按钮；取消子窗体中的记录选择器、浏览按钮（导航按钮）和分隔线。

（3）在“fStud”窗体中有一个年龄文本框和一个退出命令按钮，名称分别为“tAge”和“CmdQuit”。年龄文本框的功能是显示学生的年龄，对年龄文本框进行适当的设置，使之能够实现此功能；退出命令按钮的功能是关闭“fStud”窗体，请按照VBA代码中的指示将实现此功能的代码填入指定的位置中。

（4）假设“tStud”表中，“学号”字段的第5位和6位编码代表该生的专业信息，当这两位编码为“10”时表示“信息”专业，为其他值时表示“经济”专业。对“fStud”窗体中名称为“tSub”的文本框控件进行适当设置，使其根据“学号”字段的第5位和第6位编码显示对应的专业名称。

（5）在“fStud”窗体和“fScore子窗体”中各有一个平均成绩文本框控件，名称分别为“txtMAvg”和“txtAvg”，对两个文本框进行适当设置，使“fStud”窗体中的“txtMAvg”文本框能够显示出每名学生所选课程的平均成绩。

注意：不允许修改窗体对象“fStud”和子窗体对象“fScore子窗体”中未涉及的控件、属性和任何VBA代码；不允许修改表对象“tStud”和“tScore”。

只允许在“*****Add*****”与“*****Add*****”之间的空行内补充一条语句，不允许增删和修改其他位置已存在的语句。

操作题真题库试题18

二、基本操作题

（1）在考生文件夹下的“samp1.accdb”数据库文件中建立表“tBook”，表结构如下：

字段名称	数据类型	字段大小	格式
编号	文本	8	
教材名称	文本	30	
单价	数字	单精度型	小数位数2位
库存数量	数字	整型	
入库日期	日期/时间		短日期
需要重印否	是/否		是/否
简介	备注		

（2）判断并设置“tBook”表的主键。

（3）设置“入库日期”字段的默认值为系统当前日期的前一天的日期。

（4）在“tBook”表中输入以下2条记录：

编号	教材名称	单价	库存数量	入库日期	需要重打印否	简介
200401	VB入门	37.5	0	2004-4-1	√	考试用书
200402	英语六级强化	20.00	1000	2004-4-3	√	辅导用书

注:“单价”为 2 位小数显示。

(5) 设置“编号”字段的输入掩码为只能输入 8 位数字或字母形式。

(6) 在数据表视图中将“简介”字段隐藏起来。

三、简单应用题

考生文件夹下有一个数据库文件“samp2. accdb”,其中存在已经设计好的表对象“tAttend”“tEmployee”和“tWork”,请按以下要求完成设计:

(1) 创建一个查询,查找并显示“姓名”“项目名称”和“承担工作”3 个字段的内容,将查询命名为“qT1”。

(2) 创建一个查询,查找并显示项目经费在 10000 元以下(包括 10000 元)的“项目名称”和“项目来源”两个字段的内容,将查询命名为“qT2”。

(3) 创建一个查询,设计一个名为“单位奖励”的计算字段,计算公式为:单位奖励=经费 * 10%,并显示“tWork”表的所有字段内容和“单位奖励”字段,将查询命名为“qT3”。

(4) 创建一个查询,将所有记录的“经费”字段值增加 2000 元,将查询命名为“qT4”。

四、综合应用题

在考生文件夹下有一个数据库文件“samp3. accdb”,里面已经设计好表对象“tBorrow”“tReader”和“tRook”,查询对象“qT”,窗体对象“fReader”,报表对象“rReader”和宏对象“rpt”。请在此基础上按以下要求补充设计:

(1) 在报表的报表页眉节区内添加一个标签控件,其名称为“bTitle”,标题显示为“读者借阅情况浏览”,字体名称为“黑体”,字体大小为 22,同时将其安排在距上边 0.5 厘米、距左侧 2 厘米的位置上。

(2) 设计报表“rReader”的主体节区内“tSex”文本框控件依据报表记录源的“性别”字段值来显示信息。

(3) 将宏对象“rpt”改名为“mReader”。

(4) 在窗体对象“fReader”的窗体页脚节区内添加一个命令按钮,命名为“bList”,按钮标题为“显示借书信息”,其单击事件属性设置为宏对象“mReader”。

(5) 窗体加载时设置窗体标题属性为系统当前日期。窗体“加载”事件的代码已提供,请补充完整。

注意:不允许修改窗体对象“fReader”中未涉及的控件和属性;不允许修改表对象“tBorrow”、“tReader”和“tBook”及查询对象“qT”;不允许修改报表对象“rReader”的控件和属性。程序代码只能在“ ***** Add ***** ”与“ ***** Add ***** ”之间的空行内补充一行语句,完成设计,不允许增删和修改其他位置已存在的语句。

操作题真题库试题 19

二、基本操作题

在考生文件夹下的数据库文件“samp1. accdb”中已建立了表对象“tEmployee”。请按以下操作要求,完成表的建立和修改:

(1) 删除“tEmployee”表中 1949 年以前出生的雇员记录。

(2) 删除“简历”字段。

(3) 将“tEmployee”表中“联系电话”字段的“默认值”属性设置为“010-”。

(4) 建立一个新表,结构如表 1 所示,主关键字为“ID”,表名为“tSell”,将表 2 所示数据输入到“tSell”表相应字段中。

表 1

字段名称	数据类型
ID	自动编号
雇员 ID	文本
图书 ID	数字
数量	数字
售出日期	日期/时间

表 2

ID	雇员 ID	图书 ID	数量	售出日期
1	1	1	23	2006-1-4
2	1	1	45	2006-2-4
3	2	2	65	2006-1-5
4	4	3	12	2006-3-1
5	2	4	1	2006-3-4

(5) 将“tSell”表中“数量”字段的有效性规则设置为：大于等于 0，并在输入数据出现错误时，提示“数据输入有误，请重新输入”的信息。

(6) 建立“tEmployee”和“tSell”两表之间的关系，并实施参照完整性。

三、简单应用题

在考生文件夹下有一个数据库文件“samp2. accdb”，在 samp2. accdb 数据库中有“档案表”和“工资表”两张表，试按以下要求完成设计：

(1) 建立表对象“档案表”和“工资表”的关系，创建一个选择查询，显示职工的“姓名”、“性别”和“基本工资”3 个字段内容，将查询命名为“qT1”。

(2) 创建一个选择查询，查找职称为“教授”或者“副教授”档案信息，并显示其“职工号”、“出生日期”及“婚否” 3 个字段内容，将查询命名为“qT2”。

(3) 创建一个参数的查询，要求：当执行查询时，屏幕提示“请输入要查询的姓名”。查询结果显示姓名、性别、职称、工资总额，其中“工资总额” 是一个计算字段，由“基本工资＋津贴－住房公积金－失业保险” 计算得到。将查询命名为“qT3”。

(4) 创建一个查询，查找有档案信息但无工资信息的职工，显示其“职工号” 和“姓名” 两个字段的信息。将查询命名为“qT4”。

四、综合应用题

在考生文件夹下，有一个图像文件“test. bmp” 和一个数据库文件“samp3. accdb”。“samp3. accdb” 数据库中已经设计了表对象“tEmp” 和 “tTemp”、窗体对象“fEemp”、报表对象“rEmp” 和宏对象“mEmp”。请在此基础上按照以下要求补充设计。

(1) 将表“tTemp” 中年龄小于 30 岁(不含 30)、职务为职员的女职工记录选出，并添加进空白表“tEmp” 里。

(2) 将窗体“fEmp” 的窗体标题设置为“信息输出”；将窗体上名为“btnP” 命令按钮的外观设置为图片显示，图片选择考生文件夹下的“test. bmp” 图像文件；将“btnP” 命令按钮的单击事件设置为窗体代码区已经设计好的事件过程 btnP_Click。

(3) 将报表“rEmp” 的主题节区内“tName” 文本框控件设置为“姓名” 字段内容显示；将宏“mEmp” 重名为自动执行的宏。

注意：不能修改数据库中的表对象“tTemp”；不能修改宏对象“mEmp” 里的内容；不能修改窗体对象“fEmp” 和报表对象“rEmp” 中为涉及的控件和属性。

操作题真题库试题 20

二、基本操作题

在考生文件夹下，“samp1. accdb” 数据库文件中已建立两个表对象(名为“员工表” 和“部门表”)。试按以下要求，完成表的各种操作：

(1) 分析两个表对象“员工表” 和“部门表” 的构成，判断其中的外键属性，将其属性名称作为“员工表” 的对象说明内容进行设置。

(2) 将“员工表” 中有摄影爱好的员工其“备注” 字段的值设为 True(即复选框里打上钩)。

(3) 删除员工表中年龄超过 55 岁(不含 55)的员工纪录。

(4) 将考生文件夹下文本文件 Test. txt 中的数据导入追加到当前数据库的“员工表” 相应字段中。

(5) 设置相关属性，使表对象"员工表" 中密码字段最多只能输入五位 0～9 的数字。

(6) 建立"员工表" 和"部门表" 的表间关系，并实施参照完整。

三、简单应用题

考生文件夹下存在一个数据库文件"samp2. accdb"，里面已经设计好三个关联表对象"tStud"、"tCourse"、"tScore" 和一个临时表对象"tTemp"。试按以下要求完成设计：

(1) 创建一个查询，按所属院系统计学生的平均年龄，字段显示标题为"院系" 和"平均年龄"，所建查询命名为"qT1"。

(2) 创建一个查询，查找选课学生的"姓名" 和"课程名" 两个字段内容，所建查询命名为"qT2"。

(3) 创建一个查询，查找有先修课程的课程相关信息，输出其 "课程名" 和"学分" 两个字段内容，所建查询命名为"qT3"。

(4) 创建删除查询，将表对象"tTemp" 中年龄值高于平均年龄(不含平均年龄)的学生记录删除，所建查询命名为"qT4"。

四、综合应用题

考生文件夹下存在一个数据库文件"samp3. accdb"，里面已经设计了表对象"tEmp"、窗体对象"fEmp"、报表对象"rEmp" 和宏对象"mEmp"。同时，给出窗体对象"fEmp" 的若干事件代码，试按以下功能要求补充设计。功能：

(1) 将报表纪录数据按姓氏分组升序排列，同时要求在相关组页眉区域添加一个文本框控件(命名为"tnum")，设置其属性输出显示各姓氏员工的人数来。注意：这里不用考虑复姓情况。所有姓名的第一个字符视为其姓氏信息。而且，要求用 * 号或"编号" 字段来统计各姓氏人数。

(2) 设置相关属性，将整个窗体的背景显示为考生文件夹内的图像文件"bk. bmp"。

(3) 在窗体加载事件中实现代码重置窗体标题为" * * 年度报表输出" 显示，其中 * * 为两位的当前年显示，要求用相关函数获取。

(4) 单击"报表输出" 按钮(名为"bt1")，调用事件代码先设置"退出" 按钮标题为粗体显示，然后以预览方式打开报表"rEmp"；单击"退出" 按钮(名为"bt2")，调用设计好的宏"mEmp" 来关闭窗体。

注意：不允许修改数据库中的表对象"tEmp" 和宏对象"mEmp"；不允许修改窗体对象"fEmp" 和报表对象"rEmp" 中未涉及的控件和属性；已给事件过程，只允许在" ***** Add ***** " 与" ***** Add ***** " 之间的空行内补充语句、完成设计，不允许增删和修改其他位置已存在的语句。

操作题真题库试题 21

二、基本操作题

(1) 在考生文件夹下的"samp1. accdb" 数据库中建立表"tTeacher"，表结构如下：

(2) 根据"tTeacher" 表的结构，判断并设置主键。

字段名称	数据类型	字段大小	格式
编号	文本	5	
姓名	文本	4	
性别	文本	1	
年龄	数字	整型	
工作时间	日期/时间	短日期	
学历	文本	5	
职称	文本	5	
邮箱密码	文本	6	
联系电话	文本	8	
在职否	是/否		是/否

(3) 设置"工作时间" 字段的有效性规则为：只能输入上一年度五月一日以前(含)的日期(规定：本年度年号必须用函数获取)。

(4) 将"在职否" 字段的默认值设置为真值，设置"邮箱密码" 字段的输入掩码为将输入的密码显示为 6 位星号(密码），设置“联系电话”字段的输入掩码，要求前4位为“010-”，后8位为数字。

（5）将“性别”字段值的输入设置为“男”“女”列表选择。

（6）在“tTeacher”表中输入以下两条记录：

三、简单应用题

考生文件夹下有一个数据库文件“samp2.accdb”，其中存在已经设计好的两个表对象“tEmployee”和“tGroup”。请按以下要求完成设计：

（1）创建一个查询，查找并显示没有运动爱好的职工的“编号”、“姓名”、“性别”、“年龄”和“职务”5个字段内容，将查询命名为“qT1”。

（2）建立“tGroup”和“tEmployee”两表之间的一对多关系，并实施参照完整性。

（3）创建一个查询，查找并显示聘期超过5年（使用函数）的开发部职工的“编号”“姓名”“职务”和“聘用时间”4个字段内容，将查询命名为“qT2”。

（4）创建一个查询，检索职务为经理的职工的“编号”和“姓名”信息，然后将两列信息合二为一输出（比如，编号为“000011”、姓名为“吴大伟”的数据输出形式为“000011吴大伟”），并命名字段标题为“管理人员”，将查询命名为“qT3”。

四、综合应用题

考生文件夹下有一个数据库文件“samp3.accdb”，其中存在已经设计好的窗体对象“fTest”及宏对象“ml”。请在此基础上按照以下要求补充窗体设计：

（1）在窗体的窗体页眉节区添加一个标签控件，名称为“bTitle”，标题为“窗体测试样例”。

（2）在窗体主体节区添加两个复选框选控件，复选框选项按钮分别命名为“opt1”和“opt2”，对应的复选框标签显示内容分别为“类型a”和“类型b”，标签名称分别为“bopt1”和“bopt2”。

（3）分别设置复选框选项按钮opt1和opt2的“默认值”属性为假值。

（4）在窗体页脚节区添加一个命令按钮，命名为“bTest”，按钮标题为“测试”。

（5）设置命令按钮bTest的单击事件属性为给定的宏对象m1。

（6）将窗体标题设置为“测试窗体”。

注意：不能修改窗体对象fTest中未涉及的属性；不能修改宏对象m1。

操作题真题库试题22

二、基本操作题

考生文件夹下有一个数据库文件“samp1.accdb”，其中存在已经设计好的表对象“tStud”。请按照以下要求，完成对表的修改：

（1）设置数据表显示的字体大小为14、行高为18。

（2）设置“简历”字段的设计说明为“自上大学起的简历信息”。

（3）将“入校时间”字段的显示形式设置为中日期形式。

（4）将学号为“20011002”的学生的“照片”字段数据设置成考生文件夹下的“photo.bmp”图像文件。

（5）将冻结的“姓名”字段解冻。

（6）完成上述操作后，将“备注”字段删除。

三、简单应用题

考生文件夹下有一个数据库文件“samp2.accdb”，其中存在已经设计好的两个表对象“tStud”和“tScore”。请按照以下要求完成设计：

（1）创建一个查询，计算并输出学生中最大年龄与最小年龄的差值，显示标题为“s_data”，将查询命名为“qStud1”；

（2）建立“tStud”和“tScore”两表之间的一对一关系；

（3）创建一个查询，查找并显示数学成绩不及格的学生的“姓名”“性别”和“数学”3个字段内容，所建查询命名为“qStud2”；

（4）创建一个查询，计算并显示“学号”和“平均成绩”两个字段内容，其中平均成绩是计算数学、计算机和英语3门课成绩的平均值，将查询命名为“qStud3”。

注意：不能修改表对象“tStud”和“tScore”的结构及记录数据的值；选择查询只返回选了课的学生的相关信息。

四、综合应用题

考生文件夹下有一个数据库文件“samp3.accdb”，其中存在已经设计好的窗体对象“fStaff”。请在此基础上按照以下要求补充窗体设计：

（1）在窗体的窗体页眉节区添加一个标签控件，其名称为“bTitle”，标题为“员工信息输出”。

（2）在主体节区添加一个选项组控件，将其命名为“opt”，选项组标签显示内容为“性别”，名称为“bopt”。

（3）在选项组内放置两个单选按钮控件，选项按钮分别命名为“opt1”和“opt2”，选项按钮标签显示内容分别为“男”和“女”，名称分别为“bopt1”和“bopt2”。

（4）在窗体页脚节区添加两个命令按钮，分别命名为“bOk”和“bQuit”，按钮标题分别为“确定”和“退出”。

（5）将窗体标题设置为“员工信息输出”。

注意：不能修改窗体对象“fStaff”中已经设置好的属性。

操作题真题库试题 23

二、基本操作题

（1）在考生文件夹下的“samp1.accdb”数据库文件中建立表“tCourse”，表结构如下：

字段名称	数据类型	字段大小	格式
课程编号	文本	8	
课程名称	文本	20	
学时	数字	整型	
学分	数字	单精度型	
开课日期	日期/时间		短日期
必修否	是/否		是/否
简介	备注		

（2）根据表“tCourse”的结构，判断并设置主键。

（3）设置“学时”字段的相关属性，使其输入的数据必须大于0。

（4）设置“开课日期”字段的输入掩码为“短日期”，默认值为本年度的九月一日（规定：本年度年号必须由函数获取）。

（5）在表“tCourse”中输入以下两条记录：

课程编号	课程名称	学时	学分	开课日期	必修否	简介
2004001	C语言程序设计	64	3.5	2004－9－1	√	专业基础课程
2004002	数据结构	72	4	2004－10－8	√	核心课程

（6）在数据表视图中冻结“课程名称”字段。

三、简单应用题

考生文件夹下有一个数据库文件“samp2. accdb”，其中存在已经设计好的表对象“tCourse”“tSinfo”“tGrade”和“tStudent”，请按以下要求完成设计：

(1) 创建一个查询，查找并显示“姓名”“政治面貌”“课程名”和“成绩”等4个字段的内容，将查询命名为“qT1”；

(2) 创建一个查询，计算每名学生所选课程的学分总和，并显示“姓名”和“学分”，其中“学分”为计算出的学分总和，将查询命名为“qT2”；

(3) 创建一个查询，查找年龄小于平均年龄的学生，并显示其“姓名”，将查询命名为“qT3”；

(4) 创建一个查询，将所有学生的“班级编号”“姓名”“课程名”和“成绩”等值填入“tSinfo”表的相应字段中，其中“班级编号”值是“tStudent”表中“学号”字段的前6位，将查询命名为“qT4”。

四、综合应用题

考生文件夹下有一个图像文件“test. bmp”和一个数据库文件“samp3. accdb”。“samp3. accdb”数据库中已经设计了表对象“tEmp”和“tTemp”、窗体对象“fEmp”、报表对象“rEmp”和宏对象“mEmp”。请在此基础上按照以下要求补充设计：

(1) 将表“tTemp”中年龄小于30岁(不含30)、职务为职员的女职工记录选出并添加进空白表“tEmp”里。

(2) 将窗体“fEmp”的窗体标题设置为“信息输出”；将窗体上名为“btnP”命令按钮的外观设置为图片显示，图片选择考生文件夹下的“test. bmp”图像文件；将“btnP”命令按钮的单击事件设置为窗体代码区已经设计好的事件过程 btnP_Click。

(3) 将报表“rEmp”的主体节区内“tName”文本框控件设置为“姓名”字段内容显示；将宏“mEmp”重命名保存为自动执行的宏。

注意：不能修改数据库中的表对象“tTemp”；不能修改宏对象“mEmp”里的内容；不能修改窗体对象“fEmp”和报表对象“rEmp”中未涉及的控件和属性。

操作题真题库试题 24

二、基本操作题

(1) 在考生文件夹下的“samp1. accdb”数据库文件中建立表“tTeacher”，表结构如下：

字段名称	数据类型	字段大小	格式
编号	文本	8	
姓名	文本	6	
性别	文本	1	
年龄	数字	整型	
工作日期	日期/时间		短日期
职称	文本	6	
退休否	是/否		是/否

(2) 设置“编号”字段为主键。

(3) 将“职称”字段的默认值属性设置为“讲师”。

(4) 在“tTeacher”表中输入以下2条记录：

编号	姓名	性别	年龄	工作日期	职称	退休否
9851	张军	男	28	1998-9-1	讲师	
0015	李丽	女	62	1958-9-3	教授	√

三、简单应用题

考生文件夹下有一个数据库文件“samp2. accdb”,其中存在已经设计好的两个表对象“tStudl” 和“tStud2”。请按照以下要求完成设计:

(1) 创建一个查询,查找并显示“编号”“姓名”“性别”“年龄” 和“团员否” 5 个字段内容,将查询命名为“qStud1”。

(2) 创建一个查询,查找并显示所有“李” 姓学生的“编号”“姓名” 和“性别” 3 个字段内容,将查询命名为“qStud2”。

(3) 创建一个查询,删除“tSud2” 表中性别为男的记录,所建查询命名为“qStud3”。

(4) 创建一个窗体,并命名为“fs”。设置窗体的“浏览按钮” 属性为“否”,并将窗体的“标题” 属性设置为“测试窗体”;在窗体的主体节区添加两个命令按钮,分别命名为“btnR1” 和“btnR2”,标题为“打开窗体” 和“关闭”。

四、综合应用题

考生文件夹下有一个数据库文件“samp3. accdb”,其中存在已经设计好的表对象“tEmployee”“tSell”“tBook” 和宏对象“m1”,同时还有窗体对象“fBook” 和“fEmployee”、子窗体“fSell”。请在此基础上按照以下要求补充“fEmployee” 窗体的设计:

(1) 在窗体页脚节区添加一个命令按钮,命名为“bList”,按钮标题为“显示图书信息”。

(2) 设置命令按钮 bList 的单击事件属性为运行宏对象 m1。

(3) 在窗体的窗体页眉节区添加一个标签控件,其名称为“bTitle”,初始化标题显示为“雇员售书情况浏览”,字体为“黑体”,字体粗细为“加粗”,字号为 22。

(4) 设置主窗体标题栏的显示标题为“雇员售书情况”。

(5) 设置窗体的相关属性使其在窗体视图中不显示记录选择器和浏览按钮。

注意:不能修改窗体对象“fEmployee”“fSell”“fBook” 和宏对象“m1” 中未涉及的控件和属性;不能修改表对象“tEmployee”“tSell” 和“tBook”。

操作题真题库试题 25

二、基本操作题

在考生文件夹下的“samp1. accdb” 数据库文件中已建立了 3 个关联表对象(名为“职工表”“物品表” 和“销售业绩表”)、一个表对象(名为“tTemp”)、一个窗体对象(名为“fTest”)和一个宏对象(名为“mTest”)。请按以下要求,完成表和窗体的各种操作:

(1) 重命名表对象“物品表” 中“研制时间” 字段为“研制日期” 字段,异将其“短日期” 显示格式改为“长日期” 显示。

(2) 分析表对象“销售业绩表” 的构成,判断并设置其主键。

(3) 将考生文件夹下文本文件“Test. txt” 中的数据导入追加到当前数据库的数据表“tTemp” 中。

(4) 建立表对象“职工表”“物品表” 和“销售业绩表” 的表间关系,实施参照完整。

(5) 在窗体 fTest 中,以命令按钮“bt1” 为基准(这里按钮“bt1” 和“bt3” 尺寸相同、左边对齐),调整命令按钮“bt2” 的大小与位置。要求:按钮“bt2” 的大小尺寸与按钮“bt1” 相同、左边界与按钮“bt1” 左对齐、竖直方向位于按钮“bt1” 和“bt3” 的中间位置。

(6) 将宏对象 mTest 重命名为自动运行的宏。

三、简单应用题

考生文件夹下有一个数据库文件“samp2. accdb”,其中存在已经设计好的表对象“tTeacher”“tCourse”“tStud” 和“tGrade”,请按以下要求完成设计:

(1) 创建一个查询,按输入的教师姓名查找教师的授课情况,并按“上课日期” 字段降序显示“教师姓名”“课程名称”

“上课日期” 3 个字段的内容，将查询名命为“qT1”；当运行该查询时，应显示参数提示信息：“请输入教师姓名”。

（2）创建一个查询，查找学生的课程成绩大于等于 80 且小于等于 100 的学生情况，显示“学生姓名”“课程名称” 和 “成绩” 3 个字段的内容，将查询命名为“qT2”。

（3）对表“tGrade” 创建一个分组总计查询，假设学号字段的前 4 位代表年级，要统计各个年级不同课程的平均成绩，显示“年级”“课程 ID” 和“成绩之 Avg”，并按“年级” 降序排列，将查询命名为“qT3”。

（4）创建一个查询，按“课程 ID” 分类统计最高分成绩与最低分成绩的差，并显示“课程名称”“最高分与最低分的差” 等内容。其中，最高分与最低分的差由计算得到，将查询命名为“qT4”。

四、综合应用题

考生文件夹下存在一个数据库文件“samp3. accdb”，里面已经设计好表对象“tStud” 和“tScore”，同时还设计出窗体对象“fStud” 和子窗体对象“fScore 子窗体”。请在此基础上按照以下要求补充“fStud” 窗体和“fScore 子窗体”。子窗体的设计：

（1）在“fStud” 窗体的“窗体页眉” 中距左边 2.5 厘米、距上边 0.3 厘米处添加一个宽 6.5 厘米、高 0.95 厘米的标签控件（名称：bTitle），标签控件上的文字为“学生基本情况浏览”，颜色为“蓝色”（蓝色代码为 16711680）、字体名称为“黑体”、字体大小为 22。

（2）将“fStud” 窗体边框改为“细边框” 样式，取消窗体中的水平和垂直滚动条、最大化和最小化按钮；取消子窗体中的记录选定器、浏览按钮（导航按钮）和分隔线。

（3）在“fStud” 窗体中有一个年龄文本框和一个退出命令按钮，名称分别为“tAge” 和“CmdQuit”。年龄文本框的功能是显示学生的年龄，对年龄文本框进行适当的设置，使之能够实现此功能；退出命令按钮的功能是关闭“fStud” 窗体，请按照 VBA 代码中的指示将实现此功能的代码填入指定的位置中。

（4）假设“tStud” 表中，“学号” 字段的第 5 位和 6 位编码代表该生的专业信息，当这两位编码为“10” 时表示“信息” 专业，为其他值时表示“经济” 专业。对“fStud” 窗体中名称为“tSub” 的文本框控件进行适当设置，使其根据“学号” 字段的第 5 位和第 6 位编码显示对应的专业名称。

（5）在“fStud” 窗体和“fScore 子窗体” 子窗体中各有一个平均成绩文本框控件，名称分别为“txtMAvg” 和“txtAvg”，对两个文本框进行适当设置，使“fStud” 窗体中的“txtMAvg” 文本框能够显示出每名学生所选课程的平均成绩。

注意：不允许修改窗体对象“fStud” 和子窗体对象“fScore 子窗体” 中未涉及的控件、属性和任何 VBA 代码；不允许修改表对象“tStud” 和“tScore”。

操作题真题库试题 26

二、基本操作题

在考生文件夹下，“samp1. accdb”数据库文件中已建立表对象“tNorm”。试按以下操作要求，完成表的编辑：

（1）根据“tNorm”表的结构，判断并设置主键。

（2）将“单位”字段的默认值属性设置为“只”、字段大小属性改为 1；将“最高储备”字段大小改为长整型，“最低储备”字段大小改为整型；删除“备注”字段；删除“规格”字段值为“220 V—4 W”的记录。

（3）设置表“tNorm”的有效性规则和有效性文本，有效性规则为“最低储备”字段的值必须小于“最高储备”字段的值，有效性文本为“请输入有效数据”。

（4）将“出厂价”字段的格式属性设置为货币显示形式。

（5）设置“规格”字段的输入掩码为 9 位字母、数字和字符的组合。其中，前三位只能是数字，第 4 位为大写字母“V”，第 5 位为字符“－”，最后一位为大写字母“W”，其他位为数字。

（6）在数据表视图中隐藏“出厂价”字段。

三、简单应用题

考生文件夹下存在一个数据库文件“samp2. accdb”，里面已经设计好“tStud”“tCourse”“tScore”三个关联表对象和一个空表“tTemp”。试按以下要求完成设计：

(1) 创建一个查询，查找并显示有书法或绘画爱好学生的“学号”“姓名”“性别”和“年龄”四个字段内容，所建查询命名为“qT1”。

(2) 创建一个查询，查找成绩低于所有课程总平均分的学生信息，并显示“姓名”“课程名”和“成绩”三个字段内容，所建查询命名为“qT2”。

(3) 以表对象“tScore”和“tCourse”为基础，创建一个交叉表查询。要求：选择学生的“学号”为行标题、“课程号”为列标题来统计输出学分小于3分的学生平均成绩，所建查询命名为“qT3”。注意：交叉表查询不做各行小计。

(4) 创建追加查询，将表对象“tStud”中“学号”“姓名”“性别”和“年龄”四个字段内容追加到目标表“tTemp”的对应字段内，所建查询命名为“qT4”。(规定：“姓名”字段的第一个字符为姓，剩余字符为名。将姓名分解为姓和名两部分，分别追加到目标表的“姓”“名”两个字段中)

四、综合应用题

考生文件夹下存在一个数据库文件“samp3. accdb”，里面已经设计好表对象“tNorm”和“tStock”、查询对象“qStock”和宏对象“m1”，同时还设计出以“tNorm”和“tStock”为数据源的窗体对象“fStock”和“fNorm”。试在此基础上按照以下要求补充窗体设计：

(1) 在“fStock”窗体对象的窗体页眉节区位置添加一个标签控件，其名称为“bTitle”，初始化标题显示为“库存浏览”，字体名称为“黑体”，字号大小为18，字体粗细为“加粗”。

(2) 在“fStock”窗体对象的窗体页脚节区位置添加一个命令按钮，命名为“bList”，按钮标题为“显示信息”。

(3) 设置所建命令按钮 bList 的单击事件属性为运行宏对象 m1。

(4) 将“fStock”窗体的标题设置为“库存浏览”。

(5) 将“fStock”窗体对象中的“fNorm”子窗体的导航按钮去掉。

注意：不允许修改窗体对象中未涉及的控件和属性；不允许修改表对象“tNorm”“tStock”和宏对象“m1”。

操作题真题库试题 27

二、基本操作题

在考生文件夹下的“samp1. accdb”数据库中已经建立表对象“tEmployee”。请按以下操作要求，完成表的编辑：

(1) 根据“tEmployee”表的结构，判断并设置主键。

(2) 删除表中的“所属部门”字段；设置“年龄”字段的有效性规则为：只能输入大于16的数据。

(3) 在表结构中的“年龄”与“职务”两个字段之间增加一个新的字段：字段名称为“党员否”，字段类型为“是/否”型；删除表中职工编号为“000014”的一条记录。

(4) 使用查阅向导建立“职务”字段的数据类型，向该字段输入的值为“职员”“主管”或“经理”等固定常数。

(5) 设置“聘用时间”字段的输入掩码为“短日期”。

(6) 在编辑完的表中追加一条新记录如下：

编号	姓名	性别	年龄	是否党员	职务	聘用时间	简历
000031	王涛	男	35	√	主管	2004-9-1	熟悉系统维护

三、简单应用题

考生文件夹下有一个数据库文件“samp2. accdb”，其中存在已经设计好的表对象“tStud”和“tTemp”。tStud 表是学校历年来招收的学生名单，每名学生均有身份证号。对于现在正在读书的“在校学生”，均有家长身份证号，对于已经毕业的学生，家长身份证号为空。

例如，表中学生“张春节”没有家长身份证号，表示张春节已经从本校毕业，是“校友”。

表中，学生“李强”的家长身份证号为“110107196201012370”，表示李强为在校学生。由于在 tStud 表中身份证号“110107196201012370”对应的学生姓名是“李永飞”，表示李强的家长是李永飞，而李永飞是本校校友。

“张天”的家长身份证号为“110108196510015760”，表示张天是在校学生；由于在 tStud 表中身份证号“110108196510015760”没有对应的记录，表示张天的家长不是本校的校友。

请按下列要求完成设计：

(1) 创建一个查询，要求显示在校学生的“身份证号”和“姓名”两列内容，所建查询命名为“qT1”。

(2) 创建一个查询，要求按照身份证号码找出所有学生家长是本校校友的学生记录。输出学生身份证号、姓名及家长身份证号 3 列内容，标题显示为“身份证号”“姓名”和“家长身份证号”，将查询命名为“qT2”。

(3) 创建一个查询，要求检索出数学成绩为 100 分的学生的人数，标题显示为“num”，将查询命名为“qT3”。

这里规定，使用“身份证号”字段进行计数统计。

(4) 创建一个查询，要求将表对象“tStud”中总分成绩超过 270 分(含 270)的学生信息追加到空表“tTemp”中。其中，“tTemp”表的入学成绩为学生总分，将查询命名为“qT4”。

四、综合应用题

考生文件夹下有一个数据库文件“samp3. accdb”，其中存在已经设计好的表对象“tTeacher”、窗体对象“fTest”、报表对象“rTeacher”和宏对象“m1”。请在此基础上按照以下要求补充窗体设计和报表设计：

(1) 将报表对象 rTeacher 的报表主体节区中名为“性别”的文本框显示内容设置为“性别”字段值，并将文本框名称修改为“tSex”。

(2) 在报表对象 rTeacher 的报表页脚节区位置添加一个计算控件，计算并显示教师的平均年龄。计算控件放置在距上边 0.3 厘米、距左侧 3.6 厘米的位置，命名为“tAvg”。

(3) 设置窗体对象 fTest 上名为“btest”的命令按钮的单击事件属性为给定的宏对象 m1。

注意：不能修改数据库中的表对象“tTeacher”和宏对象“m1”；不能修改窗体对象“fTest”和报表对象“rTeacher”中未涉及的控件和属性。

操作题真题库试题 28

二、基本操作题

在考生文件夹下有一个数据库文件“samp1. accdb”，里边已建立两个表对象“tGrade”和“tStudent”；同时还存在一个 Excel 文件“tCourse. xls”。请按以下操作要求，完成表的编辑：

(1) 将 Excel 文件“tCourse. xls”导入到“samp1. accdb”数据库文件中，表名不变，设“课程编号”字段为主键。

(2) 对“tGrade”表进行适当的设置，使该表中的“学号”为必填字段，“成绩”字段的输入值为非负数，并在输入出现错误时提示“成绩应为非负数，请重新输入！”信息。

(3) 将“tGrade”表中成绩低于 60 分的记录全部删除。

(4) 设置“tGrade”表的显示格式，使显示表的单元格显示效果为“凹陷”、文字字体为“宋体”、字号为 11。

(5) 建立“tStudent”“tGrade”和“tCourse”3 表之间的关系，并实施参照完整性。

三、简单应用题

考生文件夹下有一个数据库文件“samp2. accdb”，其中存在已经设计好的两个关联对象“tEmp” 和“tGrp” 及表对象“tBmp”。请按以下要求完成设计：

(1) 以表对象“tEmp” 为数据源创建一个查询，查找并显示姓“王” 的职工的“编号”“姓名”“性别”“年龄” 和“职务” 5 个字段内容，将查询命名为“qT1”。

(2) 创建一个查询，查找并显示职务为“主管” 和“经理” 的职工的“编号”“姓名”“所属部门” 和所属部门的“名称” 4 个字段内容，将查询命名为“qT2”。

(3) 创建一个查询，按输入的职工职务，查找并显示职工的“编号”“姓名”“职务” 和“聘用时间” 4 个字段内容，运行该查询时，显示参数提示信息：“请输入职工的职务”，将查询命名为“qT3”。

(4) 创建一个查询，将表“tBmp” 中“年龄” 字段值加 1，将查询命名为“qT4”。

四、综合应用题

考生文件夹下有一个数据库文件“samp3. accdb”，其中存在已经设计好的表对象“tEmp”、窗体对象“fEmp”、报表对象“rEmp” 和宏对象“memp”。请在此基础上按照以下要求补充设计：

(1) 将表对象“tEmp” 中“简历” 字段的数据类型改为备注型，同时在表对象“tEmp” 的表结构里调换“所属部门” 和”聘用时间“两个字段的位置。

(2) 设计报表“rEmp” 的主体节区内“tOpt” 复选框控件依据报表记录源的“性别” 字段和“年龄” 字段的值来显示状态信息：性别为“男” 且年龄小于 20 时显示为选中的打钩状态，否则显示为不选中的空白状态。

(3) 将“fEmp” 窗体上名为“bTitle” 的标签文本颜色改为红色。同时，将窗体按钮“btnP” 的单击事件属性设置为宏“mEmp”，以完成单击按钮打开报表的操作。

注意：不能修改数据库中的宏对象“mEmp”；不能修改窗体对象“fEmp” 和报表对象“rEmp” 中未涉及的控件和属性；不能修改表对象“tEmp” 中未涉及的字段和属性。

操作题真题库试题 29

二、基本操作题

在考生文件夹下的“samp1. accdb” 数据库文件中已建立表对象“tNorm”。请按以下操作要求，完成表的编辑：

(1) 根据“tNorm” 表的结构，判断并设置主键。

(2) 将“单位” 字段的默认属性设置为“只”、字段大小属性改为 1；将“最高储备” 字段大小改为长整型，“最低储备” 字段大小改为整型；删除“备注” 字段；删除“规格” 字段值为“220V－40W” 的记录。

(3) 设置表“tNorm” 的有效性规则和有效性文本，有效性规则为：“最低储备” 字段的值必须小于“最高储备” 字段的值，有效性文本为“请输入有效数据”。

(4) 将“出厂价” 字段的格式属性设置为货币显示形式。

(5) 设置“规格” 字段的输入掩码为 9 位字母、数字和字符的组合。其中，前 3 位只能是数字，第 4 位为大写字母“V”，第 5 位为字符“－”，最后一位为大写字母“W”，其他位为数字。

(6) 在数据表视图中隐藏“出厂价” 字段。

三、简单应用题

考生文件夹下存在一个数据库文件“samp2. accdb”，里面已经设计好三个关联表对象“tCourse”“tGrade”“tStudent”和一个空表“tSinfo”，同时还有两个窗体“tStudent”和“tGrade 子窗体”，试按以下要求完成设计。

(1) 创建一个查询，查找年龄小于所有学生平均年龄的男学生，并显示其“姓名”，所建查询名为“qT1”。

(2) 创建一个查询,计算"北京五中"每名学生的总成绩和所占全部学生总成绩的百分比,并显示"姓名""成绩合计"和"所占百分比",所建查询命名为"qT2"。

注意:"成绩合计"和"所占百分比"为计算得到。

要求:将计算出的"所占百分比"设置为百分比显示格式,小数位数为2。

(3) 创建一个查询,将所有学生的"班级编号""学号""课程名"和"成绩"等值填入"tSinfo"表相应字段中,其中"班级编号"值是"tStudent"表中"学号"字段的前6位,所建查询名为"qT3"。

(4) 窗体"tStudent"和"tGrade 子窗体"中各有一个文本框控件,名称分别为"tCountZ"和"tCount"。对两个文本框进行设置,能够在"tCountZ"文本框中显示出每名学生的所选课程数。

注意:不允许修改窗体对象"tStudent"和"tGrade 子窗体"中未涉及的控件和属性。

四、综合应用题

考生文件夹下有一个数据库文件"samp3. accdb",其中存在已经设计好的表对象"tNorm" 和"tStock",查询对象"qStock" 和宏对象"m1",同时还有以"tNorm" 和"tStock" 为数据源的窗体对象"fStock" 和"fNorm"。请在此基础上按照以下要求补充窗体设计:

(1) 在"fStock" 窗体对象的窗体页眉节区添加一个标签控件,名称为"bTitle",初始化标题显示为"库存浏览",字体为"黑体",字号为18,字体粗细为"加粗"。

(2) 在"fStock" 窗体对象的窗体页脚节区添加一个命令按钮,命名为"bList",按钮标题为"显示信息"。

(3) 设置命令按钮 bList 的单击事件属性为运行宏对象 m1。

(4) 将"fStock" 窗体的标题设置为"库存浏览"。

(5) 将"fStock" 窗体对象中的"fNorm" 子窗体的浏览按钮去掉。

注意:不能修改窗体对象中未涉及的控件和属性;不能修改表对象"tNorm"、"tStock" 和宏对象"m1"。

操作题真题库试题 30

二、基本操作题

在考生文件夹下,"samp1. accdb" 数据文件中已建立两个表对象(名为"员工表" 和"部门表")和一个报表对象(名为"rEmp")。试按以下要求顺序,完成表及报表的各种操作:

(1) 设置"员工表" 的职务字段有效性规则为只能输入"经理""主管" 和"职员" 三者之一;同时设置相应有效性文本为"请输入有效职务"。

(2) 分析员工的聘用时间,将截止到2008年聘用期在10年(含10年)以上的员工其"说明" 字段的值设置为"老职工"。

要求:以2008年为截止期判断员工的聘用期,不考虑月日因素。比如,聘用时间在2000年的员工,其聘用期为8年。

(3) 删除员工表中姓名含"钢" 字的员工记录。

(4) 将"员工表" 中的女职工的前四列信息(编号、姓名、性别、年龄)导出到考生文件夹下,以文本文件形式保存,命名 Test. txt。

(5) 建立表对象"员工表" 和"部门表" 的表间关系,并实施参照完整。

(6) 将报表对象"rEmp" 的记录源设置为表对象"员工表"。

三、简单应用题

考生文件夹下存在一个数据库文件"samp2. accdb",里面已经设计好三个关联表对象"tStud""tCourse""tScore" 和一个空表"tTemp"。试按以下要求完成设计:

(1) 创建一个查询,查找并输出姓名是三个字的男女学生各自的人数,字段显示标题为"性别" 和"NUM",所建查询命名为"qT1"。

注意:要求按照学号来统计人数。

(2) 创建一个查询,查找“02”院系的选课学生信息,输出其“姓名”“课程名”和“成绩”三个字段内容,所建查询命名为“qT2”。

(3) 创建一个查询,查找还未被选修的课程的名称,所建查询命名为“qT2”。

(4) 创建追加查询,将前5条记录的学生信息追加到表“tTemp”的对应字段中,所建查询命名为“qT4”。

四、综合应用题

考生文件夹下存在一个数据库文件“samp3. accdb”,里面已经设计了表对象“tEmp”、窗体对象“fEmp”、报表对象“rEmp”和宏对象“mEmp”。试在此基础上按照以下要求补充设计:

(1) 设置报表“rEmp”按照“年龄”字段升序排列输出;将报表页面页脚区域内名为“tPage”的文本框控件设置为“页码/总页数”形式的页码显示(如1/15、2/15、……)。

(2) 设置窗体对象“fEmp”背景图像为考生文件夹下的图像文件“photo. bmp”。

(3) 在窗体加载事件中实现代码重置窗体标题为标签“bTitle”的标题内容。

(4) 在“fEmp”窗体上单击“输出”命令按钮(名为btnP),实现以下功能:计算满足表达式 $1+2+3+\cdots\cdots+n<=30000$ 的最大 n 值,将 n 的值显示在窗体上名为tData的文本框内并输出到外部文件保存。

单击“打开表”命令按钮(名为btnQ),代码调用宏对象“mEmp”以打开数据表“tEmp”。

试根据上述功能要求,对已给的命令按钮事件过程进行代码补充并调试运行。

注意:不允许修改数据库中的表对象“tEmp”和宏对象“mEmp”;不允许修改窗体对象“fEmp”和报表对象“rEmp”中未涉及的控件和属性;只允许在“*****Add*****”与“****Add*****”之间的空行内补充语句、完成设计,不允许增删和修改其他位置已存在的语句。

操作题真题库试题31

二、基本操作题

在考生文件夹下的“samp1. accdb”数据库文件中已经建立表对象“tStud”。请按以下操作要求,完成表的编辑修改:

(1) 将“编号”字段改名为“学号”,并设置为主键。

(2) 设置“入校时间”字段的有效性规则为:2005年之前的时间(不含2005年)。

(3) 删除表结构中的“照片”字段。

(4) 删除表中学号为“000003”和“000011”的两条记录。

(5) 设置“年龄”字段的默认值为23。

(6) 完成上述操作后,将考生文件夹下文本文件tStud. txt中的数据导入并追加保存在表“tStud”中。

三、简单应用题

考生文件夹下有一个数据库文件“samp2. accdb”,其中存在已经设计好的表对象“tStaff”和“tTemp”及窗体对象“fTest”。请按以下要求完成设计:

(1) 创建一个查询,查找并显示具有研究生学历的教师的“编号”“姓名”“性别”和“政治面目”4个字段的内容,将查询命名为“qT1”。

(2) 创建一个查询,查找并统计按照性别进行分类的教师的平均年龄,然后显示出标题为“性别”和“平均年龄”两个字段的内容,将查询命名为“qT2”。

(3) 创建一个参数查询,查找教师的“编号”“姓名”“性别”和“职称”4个字段的内容。其中“性别”字段的准则条件为参数,要求引用窗体对象“fTest”上控件“tSex”的值,将查询命名为“qT3”。

(4) 创建一个查询,删除表对象“tTemp”中所有姓“李”的记录,将查询命名为“qT4”。

四、综合应用题

在考生文件夹下有一个数据库文件“samp3. accdb”,已建立两个关联表对象(“档案表”和“工资表”)和一个查询对象(“qT”),请按以下要求,完成报表的各种操作。

(1) 创建一个名为“eSalary”的报表,按表格布局显示查询“qT”的所有信息。

(2) 设置报表的标题属性为“工资汇总表”。

(3) 按职称汇总出“基本工资”的平均值和总和。“基本工资”的平均值计算控件名称为“savg”、“总和”计算控件名称为“ssum”。注意:请在组页脚处添加计算控件。

(4) 在“eSalary”报表的主体节上添加两个计算控件:名为“sSalary”的控件用于计算输出实发工资;名为“ySalary”的控件用于计算输出应发工资。

计算公式为:应发工资:基本工资+津贴+补贴;

实发工资:基本工资+津贴+补贴-住房基金-失业保险

操作题真题库试题 32

二、基本操作题

考生文件夹下的“samp1. accdb”数据库文件中已建立表对象“tEmp”。请按以下操作要求,完成对表“tEmp”的编辑修改和操作:

(1) 将“编号”字段改名为“工号”,并设置为主键。

(2) 设置“年龄”字段的有效性规则为:不能是空值。

(3) 设置“聘用时间”字段的默认值为系统当前年 1 月 1 号。

(4) 删除表结构中的“简历”字段。

(5) 将考生文件夹下“samp0. accdb”数据库文件中的表对象“tTemp”导入到“samp1. accdb”数据库文件中。

(6) 完成上述操作后,在“samp1. accdb”数据库文件中对表对象“tEmp”的备份,命名为“tEL”。

三、简单应用题

考生文件夹下有一个数据库文件“samp2. accdb”,其中存在已经设计好的两个表对象“tTeacher1”和“tTeacher2”。请按以下要求完成设计:

(1) 创建一个查询,查找并显示在职教师的“编号”“姓名”“年龄”和“性别”4 个字段内容,将查询命名为“qT1”。

(2) 创建一个查询,查找教师的“编号”“姓名”和“联系电话”3 个字段内容,然后将其中的“编号”与“姓名”两个字段合二为一,这样,查询的 3 个字段内容以两列形式显示,标题分别为“编号姓名”和“联系电话”,将查询命名为“qT2”。

(3) 创建一个查询,按输入的教师的“年龄”查找并显示教师的“编号”“姓名”“年龄”和“性别”4 个字段内容,当运行该查询时,应显示参数提示信息:“请输入教工年龄”,将查询命名为“qT3”。

(4) 创建一个查询,将“tTeacher1”表中的党员教授的记录追加到“tTeacher2”表相应的字段中,将查询命名为“qT4”。

四、综合应用题

表对象“tEmp”、窗体对象“fEmp”、报表对象“rEmp”和宏对象“mEmp”。请在此基础上按照以下要求补充设计:

(1) 将报表“rEmp”的报表页眉区内名为“bTitle”标签控件的标题文本在标签区域中居中显示,同时将其放在距上边 0.5 厘米、距左侧 5 厘米处。

(2) 设计报表“rEmp”的主体节区内“tSex”文本框件控件依据报表记录源的“性别”字段值来显示信息:性别为 1,显示“男”;性别为 2,显示“女”。

(3) 将“fEmp”窗体上名为“bTitle”的标签文本颜色改为红色。同时,将窗体按钮“btnP”的单击事件属性设置为宏“mEmp”,以完成单击按钮打开报表的操作。

注意:不允许修改数据库中的表对象“tEmp”和宏对象“mEmp”;不允许修改窗体对象“fEmp”和报表对象“rEmp”中未涉及的控件和属性。

操作题真题库试题 33

二、基本操作题

考生文件夹下，“samp1. accdb”数据库文件中已建立表对象“tEmp”。试按以下操作要求，完成对表“tEmp”的编辑修改和操作：

(1) 将“编号”字段改名为“工号”，并设置为主键。

(2) 设置“年龄”字段的有效性规则为不能是空值。

(3) 设置“聘用时间”字段的默认值为系统当前年 1 月 1 号。

(4) 删除表结构中的“简历”字段。

(5) 将考生文件夹下“samp0. accdb”数据库文件中的表对象“tTemp”导入到“samp1. accdb”数据库文件中。

(6) 完成上述操作后，在“samp1. accdb”数据库文件中做一个表对象“tEmp”的备份，命名为“tEL”。

三、简单应用题

考生文件夹下存在一个数据库文件“samp2. accdb”，里面已经设计好“tTeacher1”和“tTeacher2”两个表对象。试按以下要求完成设计：

(1) 创建一个查询，查找并显示在职教师的“编号”“姓名“年龄”和“性别”四个字段内容，所建查询命名为“qT1”。

(2) 创建一个查询，查找教师的“编号”“姓名”和“联系电话”三个字段内容，然后将其中的“编号”与“姓名”两个字段合二为一，这样，查询的三个字段内容以两列形式显示，标题分别为“编号姓名”和“联系电话”，所建查询命名为“qT2”。

(3) 创建一个查询，按输入的教师的“年龄”查找并显示教师的“编号”“姓名”“年龄”和“性别”四个字段内容，当运行该查询时，应显示参数提示信息：“请输入教工年龄”，所建查询命名为“qT3”。

(4) 创建一个查询，将“tTeacher1”表中的党员教授的记录追加到“tTeacher2”表相应的字段中，所建查询命名为“qT4”。

四、综合应用题

考生文件夹下存在一个数据库文件“samp3. accdb”，里面已经设计了表对象“tEmp”、窗体对象“fEmp”、报表对象“rEmp”和宏对象“mEmp”。试在此基础上按照以下要求补充设计：

(1) 将报表“rEmp”的报表页眉区域内名为“bTitle”标签控件的标题文本在标签区域中居中显示，同时将其安排在距上边 0.5 厘米、距左侧 5 厘米的位置。

(2) 设计报表“rEmp”的主体节区内“tSex”文本框件控件依据报表记录源的“性别”字段值来显示信息：性别为 1，显示“男”；性别为 2，显示“女”。

(3) 将“fEmp”窗体上名为“bTitle”的标签文本颜色改为红色(代码：255)显示。同时，将窗体按钮“btnP”的单击事件属性设置为宏“mEmp”，以完成按钮单击打开报表的操作。

注意：不允许修改数据库中的表对象“tEmp”和宏对象“mEmp”；不允许修改窗体对象“fEmp”和报表对象“rEmp”中未涉及的控件和属性。

操作题真题库试题 34

二、基本操作题

(1) 有一个名为 samp1. accdb 数据库。修改职工表“employee”，增加“姓名” 字段。其数据类型为文本型，长度为 6，并对应职工号添加其姓名，见下表。

职工号	63114	44011	69088	52030	72081	62217	75078	59088
姓名	郑明	萧柏特	陈露露	曾杨	陈文革	刘芳	王冬梅	杨骏一

(2) 判断并设置表“employee”的主键，同时将上面增加的“姓名”字段隐藏。

(3) 设置表“employee”的“基本工资”字段的默认值为1000。

(4) 在当前数据库中，对表“employee”做一个备份，并命名为表“tEmp”。

(5) 设置表“employee”的有效性规则为：“津贴”字段的值必须小于等于“基本工资”字段值。

(6) 将已有的“水费.xls”文件导入到samp1.accdb数据库中，并导入的表命名为“水费记录”。“水费记录”表结构如下表所示。

字段名称	数据类型	字段属性	
		常规	
		字段大小	索引
职工号	文本	5	有(有重复)
上月水	数字	整型	
本月水	数字	整型	
水费	货币		

三、简单应用题

考生文件夹下存在一个数据库文件“samp2.accdb”，里面已经设计好三个关联表对象“tStud”“tCourse”“tScore”和一个空表“tTemp”。试按以下要求完成设计：

(1) 创建一个查询，查找并输出姓名是三个字的男女学生各自的人数，字段显示标题为“性别”和“NUM”，所建查询命名为“qT1”。注意：要求按照学号来统计人数。

(2) 创建一个查询，查找“02”院系的选课学生信息，输出其“姓名”“课程名”和“成绩”三个字段内容，所建查询命名为“qT2”。

(3) 创建一个查询，查找还未被选修的课程的名称，所建查询命名为“qT3”。

(4) 创建追加查询，将前5条记录的学生信息追加到表“tTemp”的对应字段中，所建查询命名为“qT4”。

四、综合应用题

在考生文件夹下有一个数据库文件“samp3.accdb”，里面已经设计好表对象“产品”“供应商”，查询对象“按供应商查询”和宏对象“打开产品表”“运行查询”“关闭窗口”。请按以下要求完成设计：

创建一个名为“menu”的窗体，要求如下：

(1) 对窗体进行如下设置：在距窗体左边1厘米、距上边0.6厘米处，依次水平放置3个命令按钮：“显示修改产品表”(名为“bt1”)“查询”(名为“bt2”)和“退出”(名为“bt3”)，命令按钮的宽度均为2厘米，高度为1.5厘米，每个命令按钮相隔1厘米。

(2) 设置窗体标题为“主菜单”。

(3) 当单击“显示修改产品表”命令按钮时，运行宏“打开产品表”，即可浏览“产品”表。

(4) 当单击“查询”命令按钮时，运行宏“运行查询”，即可启动查询“按供应商查询”。

(5) 当单击“退出”命令按钮时，运行宏“关闭窗口”，关闭“menu”窗体，返回到数据库窗口。

操作题真题库试题35

二、基本操作题

在考生文件夹下有一个数据库文件“samp1.accdb”，里边已建立两个表对象“tGrade”和“tStudent”；同时还存在一个Excel文件“tCourse.xls”。请按以下操作要求，完成表的编辑：

(1) 将Excel文件“tCourse.xls”链接到“samp1.accdb”数据库文件中，链接表名称不变，要求：数据中的第一行作为字段名。

（2）将“tGrade”表中隐藏的列显示出来。

（3）将“tStudent”表中“政治面貌”字段的默认值属性设置为“团员”，并将该字段在数据表视图中的显示标题改为“政治面目”。

（4）设置“tStudent”表的显示格式，使表的背景颜色为“蓝色”、网格线为“白色”、文字字号为 11。

（5）建立“tGrade”和“tStudent”两表之间的关系。

三、简单应用题

在考生文件夹下有一个数据库文件“samp2. accdb”，里面已经设计好 3 个关联表对象（名为“tStud”“tCourse”“tScore”、一个空表（名为“tTemp”）和一个窗体对象（名为“fTemp”）。请按以下要求完成设计：

（1）创建一个选择查询，查找没有绘画爱好学生的“学号”“姓名”“性别”和“年龄”4 个字段内容，所建查询命名为“qT1”。

（2）创建一个选择查询，查找学生的“姓名”“课程名”和“成绩”3 个字段内容，将查询命名为“qT2”。

（3）创建一个参数查询，查找学生的“学号”“姓名”“年龄”和“性别”4 个字段内容。其中设置“年龄”字段为参数，参数值要求引用窗体 fTemp 上控件 tAge 的值，将查询命名为“qT3”。

（4）创建追加查询，将表对象“tStud”中“学号”“姓名”“性别”和“年龄”4 个字段内容追加到目标表“tTemp”的对应字段内，将查询命名为“qT4”。（规定：“姓名”字段的第一个字符为姓。要求将学生学号和学生的姓组合在一起，追加到目标表的“标识”字段中）。

四、综合应用题

考生文件夹下存在一个数据库文件“samp3. accdb”，里面已经设计好表对象“tStud”，同时还设计出窗体对象“fStud”和子窗体对象“fDetail”。请在此基础上按照以下要求补充“fStud”窗体的设计。

（1）将窗体标题改为“学生查询”。

（2）将窗体的边框样式改为“细边框”，取消窗体中水平和垂直滚动条、记录选定器、浏览按钮（导航按钮）和分割线；将子窗体边框样式改为“细边框”，取消子窗体中的记录选定器、浏览按钮（导航按钮）和分割线。

（3）在窗体中有两个标签控件，名称分别为“Label1”和“Label2”，将这两个标签上的文字颜色改为白色，背景颜色改为紫蓝色（紫蓝色代码为 8388608）。

（4）将窗体主体节中控件的 Tab 次序改为：

″CItem″→″TxtDetail″→″CmdRefer″→″CmdList″→″CmdClear″→″fDtail″→″简单查询→″Frame18″。

（5）按照以下窗体功能，补充事件代码设计。在窗体中有一个组合框控件和一个文本框控件，名称分别为“CItem”和“TxtDetail”；有两个标签控件，名称分别为“Label3”和“Ldetail”；还有三个命令按钮，名称分别为“CmdList”“CmdRefer”和“CmdClear”。在“CItem”组合框中选择某一项目后，“Ldetail”标签控件将显示出所选项目名加上“内容：”。在“TxtDetail”文本框中输入具体项目值后，单击“CmdRefer”命令按钮，如果“CItem”和“TxtDetail”两个控件中均有值，则在子窗体中显示找出的相应记录，如果两个控件中不全有值，显示消息框，消息框标题为“注意”，提示文字为“查询项目和查询内容不能为空!!!”，消息框中只有一个“确定”按钮；单击“CmdList”命令按钮，在子窗体中显示“tStud”表中的全部记录；单击“CmdClear”命令按钮，将“CItem”和“TxtDetail”两个控件中的值清空。

操作题真题库试题 36

二、基本操作题

在考生文件夹下的“samp1. accdb”数据库文件中已建立表对象“tEmployee”。请按以下操作要求，完成表的编辑：

（1）判断并设置“tEmployee”表的主键。

（2）设置“性别”字段的默认值为“男”。

(3) 删除表中 1949 年以前出生的雇员记录。

(4) 删除“照片”字段。

(5) 设置“雇员编号”字段的输入掩码为只能输入 10 位数字或空格形式。

(6) 在编辑完的表中追加如下新记录：

雇员编号	姓名	性别	出生日期	职务	简历	联系电话
0005	刘洋	男	1967—10—9	职员	1985 年中专毕业，现为销售员	65976421

三、简单应用题

在考生文件夹下有一个数据库文件“samp2. accdb”，其中存在已经设计好的 3 个关联表对象“tStud”“tCourse”和“tScore”及一个临时表对象“tTmp”。请按以下要求完成设计：

(1) 创建一个查询，查找并显示照片信息为空的男同学的“学号”“姓名”“性别”和“年龄”4 个字段的内容，将查询命名为“qT1”。

(2) 创建一个查询，查找并显示选课学生的“姓名”和“课程名”两个字段内容，将查询命名为“qT2”。

(3) 创建一个查询，计算选课学生的平均分数，显示为“学号”和“平均分”两列信息，要求按照平均分降序排列，将查询命名为“qT3”。

(4) 创建一个查询，将临时表对象“tTmp”中女员工编号的第一个字符更改为“1”，所建查询命名为“qT4”。

四、综合应用题

考生文件夹下有一个数据库文件“samp3. accdb”，其中存在已经设计好的表对象“tEmployee”和查询对象“qEmployee”，同时还设计出以“qEmployee”为数据源的报表对象“rEmployee”。请在此基础上按照以下要求补充报表设计：

(1) 报表的报表页眉节区添加一个标签控件，标题为“职员基本信息表”，并命名为“bTitle”。

(2) 将报表主体节区中名为“tDate”的文本框显示内容设置为“聘用时间”字段值。

(3) 在报表的页面页脚区添加一个计算控件，以输出页码。计算控件放置在距上边 0.25 厘米、距左侧 14 厘米的位置，并命名为“tPage”。规定页码显示格式为“当前页/总页数”，如 1/20、2/20、…、20/20 等。

注意：不能修改数据库中的表对象“tEmployee”和查询对象“qEmployee”；不能修改报表对象“rEmployee”中未涉及的控件和属性。

操作题真题库试题 37

二、基本操作题

在考生文件夹下，存在一个数据库文件“samp1. accdb”。在数据库文件中已经建立了一个表对象“学生基本情况”。试按以下操作要求，完成各种操作：

(1) 将“学生基本情况”表名称更改为“tStud”。

(2) 设置“身份 ID”字段为主键，并设置“身份 ID”字段的相应属性，使该字段在数据表视图中的显示标题为“身份证”。

(3) 将“姓名”字段设置为有重复索引。

(4) 在“家长身份证号”和“语文”两字段间增加一个字段，名称为“电话”，类型为文本型，大小为 12。

(5) 将新增“电话”字段的输入掩码设置为“010-***** * * *”形式。其中，“010-”部分自动输出，后八位为0～9 的数字显示。

(6) 在数据表视图中将隐藏的“编号”字段重新显示出来。

三、简单应用题

数据库文件“samp2. accdb”，里面已经设计好表对象“tCourse”“tScore”和“tStud”，试按以下要求完成设计：

(1) 创建一个查询,查找党员记录,并显示"姓名""性别"和"入校时间"三列信息,所建查询命名为"qT1"。

(2) 创建一个查询,当运行该查询时,屏幕上显示提示信息:"请输入要比较的分数:",输入要比较的分数后,该查询查找学生选课成绩的平均分大于输入值的学生信息,并显示"学号"和"平均分"两列信息,所建查询命名为"qT2"。

(3) 创建一个交叉表查询,统计并显示各班每门课程的平均成绩,统计显示结果如下图所示(要求:直接用查询设计视图建立交叉表查询,不允许用其他查询做数据源),所建查询命名为"qT3"。

说明:"学号"字段的前 8 位为班级编号,平均成绩取整要求用 Round 函数实现。

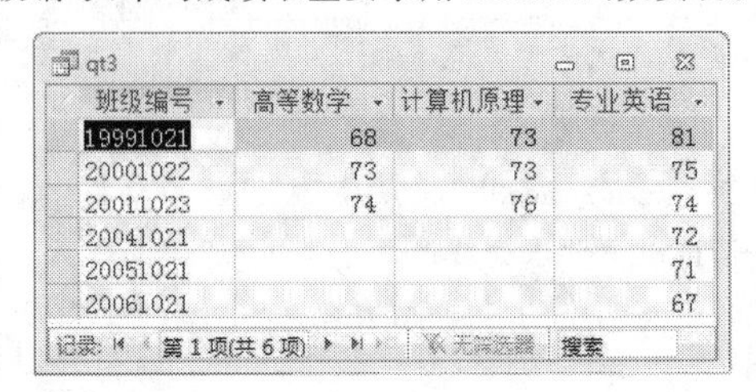

qt3

班级编号	高等数学	计算机原理	专业英语
19991021	68	73	81
20001022	73	73	75
20011023	74	76	74
20041021			72
20051021			71
20061021			67

记录: 第 1 项(共 6 项) 无筛选器 搜索

(4) 创建一个查询,运行该查询后生成一个新表,表名为"tNew",表结构包括"学号""姓名""性别""课程名"和"成绩"五个字段,表内容为 90 分以上(包括 90 分)或不及格的所有学生记录,并按课程名降序排序,所建查询命名为"qT4"。要求创建此查询后,运行该查询,并查看运行结果。

四、综合应用题

考生文件夹下存在一个数据库文件"samp3. accdb",里面已经设计好表对象"tStud"和查询对象"qStud",同时还设计出以"qStud"为数据源的报表对象"rStud"。试在此基础上按照以下要求补充报表设计:

(1) 在报表的报表页眉节区位置添加一个标签控件,其名称为"bTitle",标题显示为"97 年入学学生信息表"。

(2) 在报表的主体节区添加一个文本框控件,显示"姓名"字段值。该控件放置在距上边 0.1 厘米、距左边3.2厘米处,并命名为"tName"。

(3) 在报表的页面页脚节区添加一个计算控件,显示系统年月,显示格式为:××××年××月(注:不允许使用格式属性)。计算控件放置在距上边 0.3 厘米、距左边 10.5 厘米处,并命名为"tDa"。

(4) 按"编号"字段前四位分组统计每组记录的平均年龄,并将统计结果显示在组页脚节区。计算控件命名为"tAvg"。

注意:不允许改动数据库中的表对象"tStud"和查询对象"qStud",同时也不允许修改报表对象"rStud"中已有的控件和属性。

操作题真题库试题 38

二、基本操作题

在考生文件夹下有一个数据库文件"samp1. accdb" 和一个图像文件"photo. bmp"。在数据库文件中已经建立了一个表对象"tStud"。请按以下操作要求,完成各种操作:

(1) 设置"ID" 字段为主键;并设置"ID" 字段的相应属性,使该字段在数据表视图中的显示名称为"学号"。

(2) 删除"备注" 字段。

(3) 设置"入校时间" 字段的有效性规则和有效性文本,具体规则是:输入日期必须在 2000 年 1 月 1 日之后(不包括 2000 年 1 月 1 日);有效性文本内容为:"输入的日期有误,重新输入"。

(4) 将学号为"20011002" 学生的"照片" 字段值设置为考生文件夹下的"photo. bmp" 图像文件(要求使用"由文件创建" 方式)。

(5) 将冻结的"姓名" 字段解冻;并确保"姓名" 字段列显示在"学号" 字段列的后面。

(6) 将"tStud" 表中的数据导出到文本文件中,并以"tStud. txt" 文件名保存到考生文件夹下。

三、简单应用题

在考生文件夹下有一个数据库文件“samp2. accdb”，里面已经设计好了个关联的表对象“tStud”、“tScore”、“tCourse”和一个空表“tTemp”，请按以下要求完成设计：

(1) 创建一个查询，查找并显示年龄在18到20之间(包括18岁和20岁)的学生“姓名”“性别”“年龄”和“入校时间”，所建查询名为“qT1”。

(2) 创建一个查询，将所有学生设置为非党员，所建查询名为“qT2”。

(3) 创建一个交叉表查询，要求能够显示各门课程男女生不及格人数，结果如下图所示，所建查询名为“qT3”。

要求：直接用查询设计视图建立交叉表查询，不允许用其他查询做数据源。交叉表查询不做各行小计。

(4) 创建一个查询，将有不及格成绩的学生的“姓名”“性别”“课程名”和“成绩”等信息追加到“tTemp”表的对应字段中，并确保“tTemp”表中男生记录在前、女生记录在后，所建查询名为“qT4”；要求创建此查询后运行该查询，并查看运行结果。

四、综合应用题

在考生文件夹下有一个数据库文件“samp3. accdb”，里面已经设计好表对象“tAddr”和“tUser”，同时还设计出窗体对象“fEdit”和“fEuser”。请在此基础上按以下要求补充“fEdit”窗体的设计：

(1) 将窗体中名称“1Remark”的标签控件上的文字颜色改为“蓝色”(蓝色代码为16711680)、字体粗细改为“加粗”。

(2) 将窗体标题设置为“显示/修改用户口令”。

(3) 将窗体边框改为“细边框”样式，取消窗体中的水平和垂直滚动条、记录选择器、浏览按钮和分隔线；保留窗体的关闭按钮。

(4) 将窗体中“退出”命令按钮(名称为“cmdquit”)上的文字颜色改为棕色(棕色代码为128)、字体粗细改为“加粗”，并在文字下方加下划线。

(5) 在窗体中还有“修改”和“保存”两个命令按钮，名称分别为“CmdEdit”和“CmdSave”，其中“保存”命令按钮在初始状态为不可用，当单击“修改”按钮后，“保存”按钮变为可用，同时在窗体的左侧显示出相应的信息和可修改的信息。如果在“口令”文本框中输入的内容与在“确认口令”文本框中输入的内容不相符，当单击“保存”按钮后，屏幕上应弹出“请重新输入口令”所示的提示框。现已编写了部分VBA代码，请按照VBA代码中的指示将代码补充完整。

操作题真题库试题 39

二、基本操作题

在考生文件夹下，“samp1. accdb”数据库文件中已建立3个关联表对象(名为“线路”“游客”和“团队”)和窗体对象“brow”。试按以下要求，完成表和窗体的各种操作：

(1) 按照以下要求修改表的属性：

“线路”表：设置“线路ID”字段为主键、“线路名”字段为必填字段。

“团队”表：设置“团队ID”字段为有索引(无重复)、“导游姓名”字段为必填字段。

按照以下要求修改表结构：

向“团队”表增加一个字段，字段名称为“线路ID”，字段类型为文本型，字段大小为8。

(2) 分析“团队”表的字段构成、判断并设置主键。

(3) 建立“线路”和“团队”两表之间的关系并实施参照完整。

(4) 将考生文件夹下Excel文件“Test. xls”中的数据链接到当前数据库中。要求：数据中的第一行作为字段名，链接表对象命名为“tTest”。

(5) 删除“游客”表对象。

(6) 修改“brow”窗体对象的属性，取消“记录选择器”和“分隔线”显示，将窗体标题栏的标题改为“线路介绍”。

三、简单应用题

在考生文件夹下有一个数据库文件“samp2. accdb”，里面已经设计好两个表对象住宿登记“tA” 和住房信息表“tB”。请按以下要求完成设计：

(1) 创建一个查询，查找并显示客人的“姓名”“入住日期” 和“价格” 3 个字段内容，将查询命名为“qT1”。

(2) 创建一个参数查询，显示客人的“姓名”“房间号” 和“入住日期” 3 个字段信息。将“姓名” 字段作为参数，设定提示文本为“请输入姓名”，所建查询命名为“qT2”。

(3) 以表对象“tB” 为基础，创建一个交叉表查询。要求：选择楼号为行标题列名称显示为“楼号”，“房间类别” 为列标题来统计输出每座楼房的各类房间的平均房价信息。所建查询命名为“qT3”。

注：房间号的前两位为楼号。

交叉表查询不做各行小计。

(4) 创建一个查询，统计出各种类别房屋的数量。所建查询显示两列内容，列名称分别为“type” 和“num”，所建查询命名为“qT4”。

四、综合应用题

在考生文件夹下有一个数据库文件“samp3. accdb”，里面已经设计了表对象“tEmp”、窗体对象“fEmp”、报表对象“rEmp” 和宏对象“mEmp”。试在此基础上按照以下要求补充设计：

(1) 设置表对象“tEmp” 中“年龄” 字段的有效性规则为：年龄值在 20 到 50 之间(不含 20 和 50)，相应有效性文本设置为“请输入有效年龄”。

(2) 设置报表“rEmp” 按照“性别” 字段降序(先女后男)排列输出；将报表页面页脚区域内名为“tPage” 的文本框控件设置为“第 N 页/共 M 页” 形式显示。

(3) 将“fEmp” 窗体上名为“btnP” 的命令按钮由灰色无效状态改为有效状态。设置窗体标题为“职工信息输出”。

(4) 根据以下窗体功能要求，对已给的命令按钮事件过程进行补充和完善。在“fEmp” 窗体上单击“输出” 命令按钮(名为“btnP”)，弹出一个输入对话框，其提示文本为“请输入大于 0 的整数值”。

输入 1 时，相关代码关闭窗体(或程序)。

输入 2 时，相关代码实现预览输出报表对象“rEmp”。

输入＞＝3 时，相关代码调用宏对象“mEmp” 以打开数据表“tEmp”。

注意：不要修改数据库中的宏对象“mEmp”；不要修改窗体对象“fEmp” 和报表对象“rEmp” 中未涉及的控件和属性；不要修改表对象“tEmp” 中未涉及的字段和属性。

程序代码只允许在“*****Add*****” 与“*****Add*****” 之间的空行内补充一行语句、完成设计，不允许增删和修改其他位置已存在的语句。

操作题真题库试题 40

二、基本操作题

在考生文件夹下，已有“samp1. accdb”数据库文件和 Stab. xls 文件，“samp1. accdb”中已建立表对象“student”和“grade”，试按以下要求，完成表的各种操作：

(1) 将考生文件夹下的 Stab. xls 文件导入到“student”表中。

(2) 将“student”表中 1975 年到 1980 年之间(包括 1975 年和 1980 年)出生的学生记录删除。

(3) 将“student”表中“性别”字段的默认值属性设置为“男”。

(4) 将“student”表拆分为两个新表，表名分别为“tStud”和“tOffice”。其中“tStud”表结构为：学号，姓名，性别，出生日期，院系，籍贯，主键为学号；“tOffice”表结构为：院系，院长，院办电话，主键为“院系”。要求：保留“student”表。

(5) 建立“student”和“grade”两表之间的关系。

三、简单应用题

考生文件夹下存在一个数据库文件“samp2. accdb”，里面已经设计好一个表对象“tTeacher”。试按以下要求完成设计：

(1) 创建一个查询，计算并输出教师最大年龄与最小年龄的差值，显示标题为“m_age“，所建查询命名为“qT1”。

（2）创建一个查询，查找并显示具有研究生学历的教师的“编号”“姓名”“性别”和“系别”四个字段内容，所建查询命名为“qT2”。

（3）创建一个查询，查找并显示年龄小于等于38、职称为副教授或教授的教师的“编号”“姓名”“年龄”“学历”和“职称”五个字段内容，所建查询命名为“qT3”。

（4）创建一个查询，查找并统计在职教师按照职称进行分类的平均年龄，然后显示出标题为“职称”和“平均年龄”的两个字段内容，所建查询命名为“qT4”。

四、综合应用题

考生文件夹下存在一个数据库文件“samp3. accdb”，里面已经设计好表对象“tEmployee”和“tGroup”及查询对象“qEmployee”，同时还设计出以“qEmployee”为数据源的报表对象“rEmployee”。试在此基础上按照以下要求补充报表设计：

（1）在报表的报表页眉节区位置添加一个标签控件，其名称为“bTitle”，标题显示为“职工基本信息表”。

（2）在“性别”字段标题对应的报表主体节区距上边0.1厘米、距左侧5.2厘米位置添加一个文本框，显示出“性别”字段值，并命名为“tSex”。

（3）设置报表主体节区内文本框“tDept”的控件来源属性为计算控件。要求该控件可以根据报表数据源里的“所属部门”字段值，从非数据源表对象“tGroup”中检索出对应的部门名称并显示输出。（提示：考虑DLookup函数的使用。）

注意：不允许修改数据库中的表对象“tEmployee”和“tGroup”及查询对象“qEmployee”；不允许修改报表对象“qEmployee”中未涉及的控件和属性。

操作题真题库试题41

二、基本操作题

在考生文件夹下，存在两个数据库文件和一个照片文件，数据库文件名分别为“samp1. accdb” 和“dResearch. accdb”，照片文件名为“照片. bmp”。请按以下操作要求，完成表的建立和修改：

（1）将考生文件夹下“dResearch. accdb” 数据库中的“tEmployee” 表导入到samp1. accdb数据库中。

（2）创建一个名为“tBranch” 的新表，其结构如下：

字段名称	类型	字段大小
部门编号	文本	16
部门名称	文本	10
房间号	数字	整型

（3）判断并设置表“tBranch” 的主键。

（4）设置新表“tBranch” 中的“房间号” 字段的“有效性规则”，保证输入的数字在100到900之间（不包括100和900）。

（5）在“tBranch” 表中输入如下新记录：

部门编号	部门名称	房间号
001	数量经济	222
002	公共关系	333
003	商业经济	444

（6）在“tEmployee” 表中增加一个新字段，字段名为“照片”，类型为“OLE对象”。设置“李丽” 记录的“照片” 字段数据为考生文件夹下的“照片. BMP” 图像文件。

三、简单应用题

在考生文件夹下有一个数据库文件“samp2. accdb”，里面已经设计好表对象“tCourse”、“tGrade”和“tStudent”，请按以下要求完成设计：

（1）创建一个查询，查找并显示“姓名”、“政治面貌”和“毕业学校”等3个字段的内容，所建查询名为“qT1”。

（2）创建一个查询，计算每名学生的平均成绩，并按平均成绩降序依次显示“姓名”、“平均成绩”两列内容，其中“平均成绩”数据由统计计算得到，所建查询名为“qT2”。假设：所用表中无重名。

（3）创建一个查询，按输入的班级编号查找并显示“班级编号”“姓名”“课程名”和“成绩”的内容。其中“班级编号”数据由统计计算得到，其值为“tStudent”表中“学号”的前6位，所建查询名为“qT3”；当运行该查询时，应显示提示信息：“请输入班级编号：”。

（4）创建一个查询，运行该查询后生成一个新表，表名为“90分以上”，表结构包括“姓名”、“课程名”和“成绩”等3个字段，表内容为90分以上（含90分）的所有学生记录，所建查询名为“qT4”；要求创建此查询后运行该查询，并查看运行结果。

四、综合应用题

在考生文件夹下有一个数据库文件“samp3. accdb”，里面已经设计了表对象“tEmp”、窗体对象“fEmp”、报表对象“rEmp”和宏对象“mEmp”。请在此基础上按照以下要求补充设计：

（1）设置表对象“tEmp”中“聘用时间”字段的有效性规则为：1991年1月1日（含）以后的时间。相应有效性文本设置为“输入一九九一年以后的日期”。

（2）设置报表“rEmp”按照“性别”字段升序（先男后女）排列输出；将报表页面页脚区域内名为“tPage”的文本框控件设置为“-页码/总页数-”形式的页码显示（如-1/15-、-2/15-、…）。

（3）将“fEmp”窗体上名为“bTitle”的标签上移到距“btnP”命令按钮1厘米的位置（即标签的下边界距命令按钮的上边界1厘米），并设置其标题为“职工信息输出”。

（4）根据以下窗体功能要求，对已给的命令按钮事件过程进行补充和完善。在“fEmp”窗体上单击“输出”命令按钮（名为“btnP”），弹出一输入对话框，其提示文本为“请输入大于0的整数值”。

输入1时，相关代码关闭窗体（或程序）。

输入2时，相关代码实现预览输出报表对象“rEmp”。

输入＞＝3时，相关代码调用宏对象“mEmp”以打开数据表“tEmp”。

注意：不要修改数据库中的宏对象“mEmp”；不要修改窗体对象“fEmp”和报表对象“rEmp”中未涉及的控件和属性；不要修改表对象“tEmp”中未涉及的字段和属性。

操作题真题库试题42

二、基本操作题

在考生文件夹下，存在一个数据库文件“samp1. accdb”、一个Excel文件“tScore. xls”和一个图像文件“photo. bmp”。在数据库文件中已经建立了一个表对象“tStud”。试按以下操作要求，完成各种操作：

（1）将考生文件夹下的“tScore. xls”文件导入到“sampl. accdb”数据库文件中，表名不变；分析导入表的字段构成，判断并设置其主键。

（2）将“tScore”表中“成绩ID”字段的数据类型改为“文本”，字段大小改为5；设置该字段的相应属性，使其在数据表视图中显示的标题为“成绩编号”；修改“学号”字段的字段大小，使其与“tStud”表中相应字段的字段大小一致。

（3）将“tStud”表中“性别”字段的默认值属性设置为“男”；为“政治面目”字段创建查阅列表，列表中显示“党员”“团员”和“其他”等三个值；将学号为“20061001”学生的“照片”字段值设置为考生文件夹下的“photo. bmp”图像文件（要求使用“由文件创建”方式）。

（4）设置“tStud”表中“入校时间”字段的格式属性为“长日期”、有效性规则属性为：输入的入校时间必须为9月、有效性文本属性为：“输入的月份有误，请重新输入”。

（5）设置“tStud”表的显示格式，使表的背景颜色为“蓝色”、网格线为“白色”、文字字号为11。

（6）建立“tStud”和“tScore”两表之间的关系。

三、简单应用题

考生文件夹下有一个数据库文件“samp2. accdb”,其中存在已经设计好的两个关联表对象“tEmp”和“tGrp”及表对象“tBmp”和“tTmp”。请按以下要求完成设计:

(1) 以表对象“tEmp”为数据源,创建一个查询,查找并显示年龄大于等于40的男职工的“编号”“姓名”“性别”“年龄”和“职务”5个字段内容,将查询命名为“qT1”。

(2) 以表对象“tEmp”和“tGrp”为数据源,创建一个查询,按照部门名称查找职工信息,显示职工的“编号”“姓名”及“聘用时间”3个字段的内容。要求显示参数提示信息为:请输入职工所属部门名称,将查询命名为“qT2”。

(3) 创建一个查询,将表“tBmp”中所有“编号”字段值前面增加“05”两个字符,将查询命名为“qT3”。

(4) 创建一个查询,要求给出提示信息“请输入需要删除的职工姓名”,从键盘输入姓名后,删除表对象“tTmp”中指定姓名的记录,将查询命名为“qT4”。

四、综合应用题

考生文件夹下有一个数据库文件“samp3. accdb”,其中存在已经设计好的表对象“tEmp”、窗体对象“fEmp”、报表对象“rEmp”和宏对象“mEmp”。请在此基础上按照以下要求补充设计:

(1) 设置表对象“tEmp”中“姓名”字段为“必填字段”,同时设置其为“有重复索引”。将考生文件夹下图像文件“zs. bmp”作为表对象“tEmp”中编号为“000002”、名为张三的女职工的照片数据。

(2) 将报表“rEmp”的主体节区内“tAge”文本框控件改名为“tYear”,同时依据报表记录源的“年龄”字段值计算并显示出其4位的出生年信息。

注意:当前年必须用相关函数返回。

(3) 设置“fEmp”窗体上名为“bTitle”的标签文本显示为阴影特殊效果。同时,将窗体按钮“btnP”的单击事件属性设置为宏“mEmp”,以完成单击按钮打开报表的操作。

注意:不能修改数据库中的客观存在对象“mEmp”;不能修改窗体对象“fEmp”和报表对象“rEmp”中未涉及的控件和属性;不能修改表对象“tEmp”中未涉及的字段和属性。

操作题真题库试题 43

二、基本操作题

在考生文件夹下,已有“tTest. txt”文本文件和“samp1. accdb”数据库文件,“samp1. accdb”中已建立表对象“tStud”和“tScore”。试按以下要求,完成表的各种操作:

(1) 将表“tScore”的“学号”和“课程号”两个字段设置为复合主键。

(2) 设置“tStud”表中的“年龄”字段的有效性文本为“年龄值应大于16”;删除“tStud”表结构中的“照片”字段。

(3) 设置表“tStud”的“入校时间”字段有效性规则为只能输入1月(含)到10月(含)的日期。

(4) 设置表对象“tStud”的记录行显示高度为20。

(5) 完成上述操作后,建立表对象“tStud”和“tScore”的表间一对多关系,并实施参照完整。

(6) 将考生文件夹下文本文件 tTest. txt 中的数据链接到当前数据库中。要求:数据中的第一行作为字段名,链接表对象命名为 tTemp。

三、简单应用题

考生文件夹下存在一个数据库文件“samp2. accdb”,里面已经设计好“tEmp”和“tGrp”两个关联表对象及表对象“tBmp”和“tTmp”。试按以下要求完成设计:

(1) 以表对象“tEmp”为数据源,创建一个查询,查找并显示年龄大于等于40的职工的“编号”“姓名”“性别”“年龄”和

"职务"五个字段内容,所建查询命名为"qT1"。

(2) 建立表对象"tEmp"的"所属部门"和"tGrp"的"部门编号"之间的多对一关系并实施参照完整性。创建一个查询,按照部门名称查找职工信息,显示职工的"编号""姓名"及"聘用时间"三个字段的内容。要求显示参数提示信息为"请输入职工所属部门名称",所建查询命名为"qT2"。

(3) 创建一个操作查询,将表"tBmp"中"编号"字段值均在前面增加"05"两个字符,所建查询命名为"qT3"。

(4) 创建一个查询,删除表对象"tTmp"里所有姓名含有"红"字的记录,所建查询命名为"qT4"。

四、综合应用题

考生文件夹下存在一个数据库文件"samp3. accdb",里面已经设计好表对象"tEmployee"、"tAttend"和"tWork",查询对象"qT",宏对象"m1",同时还设计出以"tEmployee"为数据源的窗体对象"fEmployee"和以"qT"为数据源的窗体对象"fList"。其中,"fEmployee"窗体对象中含有一个子窗体,名称为"list"。请在此基础上按照以下要求补充"fEmployee"窗体设计:

(1) 在窗体"fEmployee"的窗体页眉节区位置添加一个标签控件,其名称为"bTitle",标题显示为"职工基本信息",字体名称为"黑体",字号大小为 24。

(2) 在窗体"fEmployee"的窗体页脚节区位置添加一个命令按钮,命名为"bList",按钮标题为"显示职工科研情况"。

(3) 设置所建命令按钮 bList 的单击事件属性为运行宏对象 m1。

(4) 取消主窗体和子窗体中的导航按钮。

注意:不允许修改窗体对象"fEmployee"中未涉及的控件和属性;不允许修改表对象"tEmployee"、"tAttend"和"tWork",也不允许修改查询对象"qT"。

2.3 选择题部分答案解析

选择题真题库试题 1 答案解析

(1)【解析】算法的复杂度是指运行该算法所需要的计算机资源的多少,所需的资源越多,该算法的复杂度越高;反之,所需资源越少,复杂度越低。算法复杂度包括算法的时间复杂度和算法的空间复杂度,算法的时间复杂度是指执行算法所需要的计算工作量,算法空间复杂度指执行这个算法所需要的内存空间。

【答案】D

(2)【解析】由于线性单链表的每个结点只有一个指针域,由这个指针只能找到其后件结点,但不能找到其前件结点。也就是说,只能顺着指针向链尾方向进行扫描,因此必须从头指针开始,才能访问到所有的结点。循环链表的最后一个结点的指针域指向表头结点,所有结点的指针构成了一个环状链,只要指出表中任何一个结点的位置就可以从它出发访问到表中其他所有的结点。双向链表中的每个结点设置有两个指针,一个指向其前件,一个指向其后件,这样从任意一个结点开始,既可以向前查找,也可以向后查找,在结点的访问过程中一般从当前结点向链尾方向扫描,如果没有找到,则从链尾向头结点方向扫描,这样部分结点就要被遍历两次,因此不符合题意。二叉链表是二叉树的一种链式存储结构,每个结点有两个指针域,分别指向左右子结点,可见,二叉链表只能由根结点向叶子结点的方向遍历。

【答案】B

(3)【解析】循环队列是队列的一种顺序存储结构,用队尾指针 rear 指向队列中的队尾元素,用排头指针指向排头元素的前一个位置。循环队列长度为 50,由初始状态为 front=rear=50 可知此时循环队列为空。入队运算时,首先队尾指针进 1(即 rear+1),然后在 rear 指针指向的位置插入新元素。特别的,当队尾指针 rear=50+1 时,置 rear=1。退队运算时,排头指针进 1(即 front+1),然后删除 front 指针指向的位置上的元素,当排头指针 front=50+1 时,置 front=1。

若经过运算,front=rear=1 可知队列空或者队列满。此后又正常地插入了两个元素说明插入前队列为空,则插入后队列元素个数为 2。

【答案】A

(4)【解析】软件是一种逻辑实体,而不是物理实体。既然不是物理尸体,软件在运行、使用期间就不存在磨损、老化问题。

【答案】D

(5)【解析】等价类划分法是一种典型的、重要的黑盒测试方法,它将程序所有可能的输入数据(有效的和无效的)划分成若干个等价类,然后从每个等价类中选取数据作为测试用例。其他黑盒测试方法还有边界值分析法、错误推测法、因果图法。

【答案】B

(6)【解析】软件设计是一个把软件需求转换为软件表示的过程。从技术观点看,软件设计包括软件结构设计、数据设计、接口设计、过程设计。软件的功能确定是需求分析阶段的任务。

【答案】A

(7)【解析】数据库管理系统负责数据库中的数据组织、数据操纵、数据维护、控制及保护和数据服务等,它是一种系统软件。系统软件是指控制和协调计算机及外部设备,支持应用软件开发和运行的系统,是无须用户干预的各种程序的集合。系统软件使得计算机使用者和其他软件将计算机当作一个整体而不需要顾及到底层每个硬件是如何工作的。系统软件主要包括如下几个方面:

- 操作系统软件。
- 各种语言的解释程序和编译程序。
- 各种服务性程序。
- 各种数据库管理系统。

【答案】B

(8)【解析】实体、属性和联系是 E-R 模型的三要素,在 E-R 图中分别用矩形、椭圆和菱形表示。

【答案】A

(9)【解析】关系 T 由关系 R 的 A、C 两列组成,显然这是投影运算的结果。投影是从表中选出指定的属性值组成新表,是单目运算。

【答案】C

(10)【解析】关键字是能唯一标识元组的最小属性集。一本书的 ISBN 号是唯一的,能够唯一地标识这本书,可以作为关键字。书名可能会重复,一个作者也可能写有几本不同的书,作者名也可能重复,同一出版社的图书品种多种多样,在同一日期出版的书也很多,这些属性都不能唯一地标识一本书,因此不能作为关键字。

【答案】A

(11)【解析】关系数据库采用的关系模型,用二维表结构来表示实体以及实体之间的联系。关系模型以关系代数作为理论基础,操作的对象和结果都是二维表。

【答案】B

(12)【解析】实体间的联系有一对一、一对多和多对多。在一对多关系中,表 A 的一条记录在表 B 中可以有多条记录与之对应,但表 B 中的一条记录最多只能有一条表 A 的记录与之对应。

【答案】D

(13)【解析】输入掩码中,"#"表示可以输入数字或空格,同时允许输入加号和减号。

【答案】A

(14)【解析】Access 是一种关系数据库。在关系模型中,元组的次序无关紧要,任意交换两行的位置不会影响数据的实际含义。另外,列的次序也无关紧要,任意交换两列的位置也不会影响数据的实际含义。

【答案】A

(15)【解析】主关键字是能唯一地标识一个元组的属性或属性组。Access 利用主关键字可以迅速关联多个表中的数据,不允许在主关键字字段中有重复值或控制(Null)。在有些应用系统中,常常采用增加如"自动编号"这类数据作为关键字以区分各条记录。

【答案】B

(16)【解析】Access 数据库中常用的数据类型有文本、备注、数字、日期/时间、货币、自动编号、OLE 对象、超链接、计算和查阅向导等,其中,OLE 对象、计算和查阅向导不能创建索引。

【答案】C

(17)【解析】在 Access 中设计查询时，如果要引用字段，则需要注明数据源，且数据源和引用字段均应用方括号“[ ]”括起来，并用“!”作为分隔符。“!”运算符用来引用集合中由用户定义的一个对象或控件。[forms]! [按雇员姓名查询]! [姓名]表示引用“按雇员姓名查询”窗体上的“姓名”控件。如果不加[forms]，则[按雇员姓名查询]! [姓名]表示引用“按雇员姓名查询”表中的“姓名”字段。很显然，[forms]! [按雇员姓名查询]! [姓名]与[按雇员姓名查询]! [姓名]所表示的意义不同。

【答案】C

(18)【解析】本题要注意几个关系运算符的使用，特别是 in。in 用于指定一个字段值的列表，列表中的任意一个值都可以与查询的字段相匹配。in(30,40)可以匹配的只有两个值 30、40，显然是不符合要求的。如果要表示30～40这一范围，可以使用运算符 between，具体表达式是：between 30 and 40。

【答案】D

(19)【解析】默认值主要用于设置字段的默认取值。输入掩码表示用特殊字符掩盖实际输入的字符，常用于加密字段。有效性规则主要用于字段值的输入范围的限制。参照完整性用于在输入或删除记录时，为了维持表之间关系而必须遵循的规则。

【答案】D

(20)【解析】窗体及窗体中的每一个控件都具有各自的属性，这些属性决定了窗体及控件的外观、它所包含的数据，以及对鼠标或键盘事件的响应。

【答案】D

(21)【解析】在 SQL 查询命令中，SELECT 用于指定要选取的字段列；FROM 用于指定查询的数据源；WHERE 用于指定查询的条件；GROUP BY 用于对检索结果进行分组；HAVING 必须跟随 GROUP BY 使用，用于限定分组必须满足的条件；ORDER BY 用于对检索结果进行排序。

【答案】B

(22)【解析】事件是在数据库中执行的一种特殊操作，是对象所能辩识和检测的动作。当此动作发生于某一个对象上时，其对应的事件便会被触发。事件是预先定义好的活动。也就是说，一个对象拥有哪些事件是由系统本身定义的，至于事件被引发后要执行什么内容，则由用户为此事件编写的宏或事件过程决定的。事件过程是为响应由用户或程序代码引发的事件或由系统触发的事件而运行的过程。

【答案】B

(23)【解析】消息框用于在对话框中显示消息，等待用户单击按钮，并返回一个整型值告诉用户单击了哪一个按钮。格式为：MsgBox(提示信息[，按钮类型] [，标题][，帮助文件][，帮助上下文编号])，其中提示信息是必需的，其他参数是可选的。

【答案】D

(24)【解析】宏操作 SetValue 的功能是为窗体、窗体数据表或报表上的控件、字段或属性设置值。

【答案】D

(25)【解析】本题主要考查 Mid、Left 和 Right 三个函数。Mid 函数格式为 Mid(＜字符串表达式＞，＜m＞，＜n＞)，表示从字符串左边的第 m 个字符起截取 n 个字符；Left 函数的格式为 Left(＜字符串表达式＞，＜n＞)，表示从字符串左边起截取 n 个字符；Right 函数的格式为 Right(＜字符串表达式＞，＜n＞)，表示从字符串右边起截取 n 个字符。“数据库”是变量 b 从左边起的 3 个字符；“工程师”是变量 a 从右边起的 3 个字符。字符串的连接可以用“&”和“+”两个运算符。

【答案】B

(26)【解析】Do…Loop 循环有 4 种结构，Do While…Loop、Do Until…Loop、Do…Loop While、Do…Loop Until。这 4 种结构要退出循环体，用得都是 Exit Do 语句。

【答案】B

(27)【解析】删除空格函数有 LTrim、RTrim 和 Trim。LTrim 用于删除字符串的开始空格；RTrim 用于删除字符串的尾部空格；Trim 用于删除字符串的开始和尾部空格。

【答案】C

(28)【解析】"&"用来强制两个表达式作字符串连接。VBA 中,文本注释使用 Rem 语句或单引号"'";乘法运算符为"*";取余运算符为 Mod。

【答案】A

(29)【解析】Nz 函数可以将 Null 值转换为 0、空字符串(" ")或者其他的指定值。调用格式为:Nz(表达式或字段属性值[,规定值]),当"规定值"参数省略时,如果"表达式或字段属性值"为数值型且值为 Null,Nz 函数返回 0;如果"表达式或字段属性值"为字符型且值为 Null,Nz 函数返回空字符串(" ")。当"规定值"参数存在时,如果"表达式或字字段属性值"为 Null,Nz 函数返回"规定值"。

【答案】D

(30)【解析】Sub 过程又称为子过程,执行一系列操作,无返回值。Function 过程又称为函数过程。执行一系列操作,有返回值。

【答案】A

(31)【解析】Access 内嵌的 VBA 功能强大,采用目前主流的面向对象机制和可视化编程环境。VBA 构成对象的三要素是属性、事件、方法。一个对象就是一个实体,每个对象都具有一些属性以相互区分,即属性可以定义对象的一个实例。除了属性以外,对象还有方法。对象的方法就是对象可以执行的行为。一般情况下,每个对象都具有多个方法。属性和方法描述了对象的性质和行为,其引用方式为"对象.属性"或"对象.行为"。事件是 Access 窗体或报表及其上的控件等对象可以"辨识"的动作,如单击鼠标、窗体或报表打开等。

【答案】A

(32)【解析】数据文件读写函数有:Open 函数——打开文件,Input 函数——提取文件内容,Write 函数——向文件写入内容,Print 函数——将一系列值写入打开的文件。

【答案】C

(33)【解析】打开记录集对象一般有 3 种处理方法:第一种是使用记录集的 Open 方法,第二种是用 Connection 对象的 Execute 方法,第三种是用 Command 对象的 Execute 方法。

【答案】C

(34)【解析】Do…Loop While 循环先执行循环体,再判断循环条件,也就是说,不管条件是否满足,至少执行一次循环体。本题 x、y 的初始值分别为 2、4,执行一次循环体后,x=2*4=8,y=4+1=5;然后判断条件 y<4 不成立,退出循环。此时,x=8。

【答案】C

(35)【解析】更新记录值得 SQL 语句为 Update,具体用法是:

Update <表名>

Set <字段名 1>=<表达式 1>[,<字段名 2>=<表达式 2>]…

[Where <条件>];

【答案】A

(36)【解析】把计算控件布置在报表页眉/页脚时 Access 会自动按总数来统计;而布置在组页眉/组页脚时 Access 会自动按分组数来统计。

【答案】D

(37)【解析】VBA 只能做事务性和重复性的操作。

【答案】A

(38)【解析】宏在输入条件表达式时,可能会引用窗体或报表上的控件值。

语法如下:Forms! 窗体名! 控件名

Reports ! 报表名! 控件名

【答案】C

(39)【解析】当在变量名称后没有附加类型说明字符来指明隐含类型变量的数据类型是,默认为 Variant 数据类型。

【答案】B

(40)【解析】TransferText 命令是用于从文本文件导入和导出数据的,其他三个不是宏命令。

【答案】C

选择题真题库试题 2 答案解析

(1)**【解析】**对于线性结构,除了首结点和尾结点外,每一个结点只有一个前驱结点和一个后继结点。线性表、栈、队列都是线性结构,循环链表和双向链表是线性表的链式存储结构;带链的栈是栈的链式存储结构。二叉链表是二叉树的存储结构,而二叉树是非线性结构,因为二叉树有些结点有两个后继结点。

【答案】A

(2)**【解析】**循环队列中,front 为队首指针,指向队首元素的前一个位置;rear 为队尾指针,指向队尾元素。由题目可知,循环队列最多存储 35 个元素。front=rear=15 时,循环队列可能为空,也可能为满。

【答案】D

(3)**【解析】**在二叉树中,一个结点所拥有的后件个数称为该结点的度。完全二叉树指除最后一层外,每一层上的结点数均达到最大值,在最后一层上只缺少右边的若干结点。由定义可以知道,完全二叉树中度为 1 的结点个数为 1 或者 0。若结点总数为偶数,则有 1 个度为 1 的结点;若结点总数为奇数,没有度为 1 的结点。由于题目中的完全二叉树共有 360 个结点,则度为 1 的结点个数为 1。

【答案】B

(4)**【解析】**关系数据库使用的是关系模型,用二维表来表示实体间的联系。属性是客观事物的一些特性,在二维表中对应于列。

【答案】B

(5)**【解析】**实体间的联系有一对一(1∶1)、一对多(1∶m)和多对多(m∶n),没有多对一(m∶1)。题目中,一个部门可以有多名职员,而每个职员只能属于一个部门,显然,部门和职员间是一对多的联系。

【答案】C

(6)**【解析】**由关系 R 得到关系 S 是一个一元运算,而自然连接和并都是多元运算,可以排除选项 C 和选项 D。关系 S 是由关系 R 的第 3 个元组组成,很显然这是对关系 R 进行选择运算的结果。投影运算则是要从关系 R 中选择某些列。可以简单地理解,选择运算是对行的操作,投影运算是对列的操作。

【答案】A

(7)**【解析】**数据字典用于对数据流图中出现的被命名的图形元素进行确切地解释,是结构化分析中使用的工具。

【答案】A

(8)**【解析】**软件工程包含 3 个要素:方法、工具和过程。B 选项错误。

软件工程是应用于计算机软件的定义、开发和维护的一整套方法、工具、文档、实践标准和工序。C 选项叙述不全面。

软件工程的目标是:在给定成本、进度的前提下,开发出具有有效性、可靠性、可理解性、可维护性、可重用性、可适应性、可移植性、可追踪性和可互操作性且满足用户需求的产品,追求这些目标有助于提高软件产品的质量和开发效率,减少维护的困难。D 选项错误。

软件工程是用工程、科学和数学的原则与方法研制、维护计算机软件的有关技术及管理方法。

【答案】A

(9)**【解析】**黑盒测试用于对软件的功能进行测试和验证,不须考虑程序内部的逻辑结构。黑盒测试的方法主要包括:等价类划分法、边界值分析法、错误推测法、因果图等。语句覆盖、逻辑覆盖、路径分析均是白盒测试的方法。

【答案】C

(10)**【解析】**软件概要设计阶段的任务有:软件系统的结构的设计,数据结构和数据库设计,编写概要设计文档,概要设计文档评审。确认测试是依据需求规格说明书来验证软件的功能和性能,也就是说,确认测试计划是在需求分析阶段就制定了。

【答案】C

(11)**【解析】**在进行数据库设计时,要避免大而复杂的表,将需求信息划分成各个独立的实体,将不同的信息分散在不同的表中,这样便于数据的组织和维护。同时,在设计时,除了表中用于反映与其他表之间存在联系的外部关键字之外，要尽量避免在表之间出现重复的字段，以防止在数据操作时造成数据的不一致。

【答案】A

(12)【解析】通配符通常用在查找中，“－”的用法是：通配指定范围内的任意单个字符，如输入 m[a－c]n，可以查找到 man、mbn、mcn。

【答案】D

(13)【解析】“L”表示输入的必须是字母，“0”表示输入的必须是数字，只有选项 B 符合要求。

【答案】B

(14)【解析】使用数据库表时，经常需要从众多的数据中挑选出满足某种条件的数据进行处理。筛选后，表中只显示满足条件的记录，而那些不满足条件的记录将被隐藏起来。可见，筛选操作不会对数据表的内容进行处理，也不会生成新表，只是改变了显示内容。

【答案】B

(15)【解析】在设置查询条件时，可用 Like 运算符来指定查找文本字段的字符模式。在所定义的字符模式中，用“?”表示该位置可匹配任何一个字符；用“*”表示该位置可匹配任何多个字符；用“#”表示该位置可匹配一个数字；用[]描述一个范围，用于指定可匹配的字符范围。如果字符中没有通配符，则在查找时进行严格的匹配，Like “华” 只能查找出姓名为“华”的记录。这里要指出的是，用“*”进行匹配时，可以是 0 个字符，因此选项 C 的表达式正确。

【答案】A

(16)【解析】本题要弄清查询设计窗口设计网格区(即窗口的下半部分)各行的作用。字段——设置查询对象时要选择的字段，本题选择了“学号”“身高”和“体重”3 个字段；表——设置字段所在的表或查询的名称，本题中的表名为 check-up；显示——定义选择的字段是否在数据表(查询结果)视图中显示出来，如果对应的复选框选中，则在查询结果中显示该字段，否则不显示，本题中的三个字段都显示。

【答案】D

(17)【解析】SetValue 用于对窗体、窗体数据表或报表的字段、控件、属性的值进行设置。RunSQL 用于执行指定的 SQL 语句以完成操作查询或数据定义查询。Echo 用于指定是否打开响应。

【答案】C

(18)【解析】删除查询能够从一个或多个表中删除记录，如果记录全部删除，则表变为空表；如果删除部分记录，原来的记录还有一部分会存在。追加查询能够将一个或多个表的数据追加到另一个表的尾部，原来的记录仍然存在。生成表查询是利用一个或多个表中的全部或部分数据建立新表，原表依然存在。更新查询对一个或多个表中的一组记录全部进行更新，当然也可以更新一个表中的所有记录，相当于覆盖了原表。

【答案】D

(19)【解析】“字段大小”属性只适用于数据类型为“文本型”或“数字型”的字段。“文本型”的“字段大小”属性用于控制能输入的最大字符个数，默认为 50 个字符。对于一个“数字型”字段，可以单击“字段大小”属性框，然后单击右侧向下箭头按钮，并从下拉列表中选择一种类型，如下图所示。

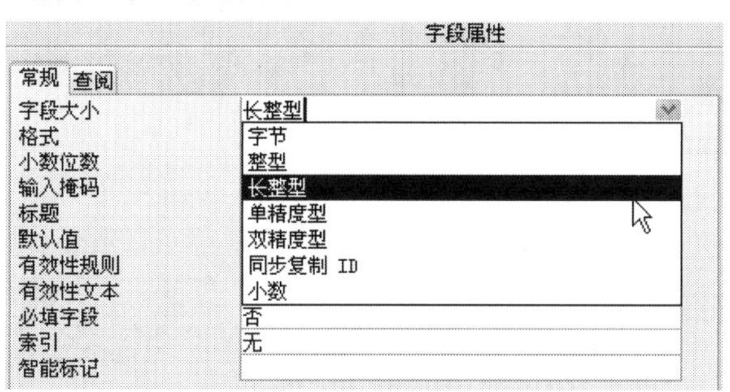

【答案】A

(20)【解析】是文本框的图标，是超链接的图标，是影片的图标，是滚动文字的图标。

【答案】D

(21)【解析】GROUP BY 用于对检索结果进行分组，HAVING 必须跟随 GROUP BY 使用，用来限定分组必须满足的条件。

【答案】B

(22)【解析】Max 是报表中常用的函数，函数的格式是 Max(参数)，此时就可以直接排除 B、C、D 三个选项。这里还要注意，引用字段时，要用方括号括起来，如[数学]。

【答案】A

(23)【解析】题目中设计视图的查询结果是查询出 tStud 表中性别为“女”且所属院系是“03”或“04”的记录，并只显示“姓名”和“简历”字段。A、C 选项中，显示的字段有“姓名”“性别”“所属院系”和“简历”，不符合要求。D 选项中，显示的字段有“姓名”和“简历”，但是这些记录必须满足“所属院系＝″03″”，不符合题意。B 选项中，显示的字段为“姓名”和“简历”，“所属院系 In(“03”,“04”)”表示所属院系为“03”或“04”，符合题意。

【答案】B

(24)【解析】组页脚主要安排文本框或其他类型控件显示分组统计数据。报表页脚可安排文本框或其他一些控件，用于输出整个报表的计算汇总或其他的统计信息。

【答案】B

(25)【解析】ADO 对象模型的主要 5 个对象是 Connection、Command、Field、Error 和 RecordSet。Connection 对象：用于建立与数据库的连接。Command 对象：在建立数据库连接后，可以发出命令操作数据源。RecordSet 对象：表示数据操作返回的记录集。Field 对象：表示记录集中的字段数据信息。Error 对象：表示数据提供程序出错时的扩展信息。

【答案】C

(26)【解析】在立即窗口中，可以输入或粘贴一行代码并执行该代码。要在立即窗口打印变量或表达式的值，可使用 Debug. Print 语句。

调试 VBA 程序时，可利用监视窗口显示正在运行过程定义的监视表达式的值。

使用本地窗口，可以自动显示正在运行过程中的所有变量声明及变量值。

属性窗口列出了选定对象的属性，可以在设计时查看、改变这些属性。

【答案】A

(27)【解析】Exit 是控件的事件，该事件在焦点从一个控件移动到同一窗体上的另一个控件之前发生。打开窗体时，会发生打开(Open)、加载(Load)、激活(Activate)事件；关闭窗体时发生卸载(Unload)事件。

【答案】C

(28)【解析】DISTINCT 关键字要求查询结果是不包含重复行的所有记录，TOP n 则要求查询结果是前 n 条记录，GROUP BY 用于对检索结果进行分组，ORDER BY，用于对检索结果进行排序。

【答案】C

(29)【解析】在 VBA 程序中，注释可以通过两种方式实现。

① 使用 Rem 语句，格式为：Rem 注释语句，如：

Rem 定义变量

如果该注释语句与程序代码放在同一行，则前面须加一个冒号，如：

Str=″shanghai″：Rem 注释

② 用单引号“'”，格式为：'注释语句，如：

Str=″南京″ '这是注释。

【答案】D

(30)【解析】在 VBA 程序中，过程分为 Sub 过程和 Function 过程，两者的区别是 Sub 过程无返回值而 Function 过程有返回值。

【答案】A

(31)【解析】Sub 过程的调用有两种方式：

方式一：Call 子过程名([＜实参＞])

方式二：子过程名 [＜实参＞]

如果使用 Call，则参数需用括号括起来，且与子过程名之间没有空格，如 Call P(10, 20)。如果不使用 Call，则直接在子过程名后列出参数，如 P 10, 20。

【答案】D

(32)【解析】Left 属性用于指定标签左边的位置,即标签左边到窗口左边的距离。本题在命令按钮的单击事件中,将标签的 Left 值加 100,则标签左边到窗口左边的距离比原来远了 100,可见,标签向右移动了 100。

【答案】D

(33)【解析】For 循序用于给数组 m 的元素赋值,m(1)=11-1,m(2)=11-2,…,m(k)=11-k,…,m(10)=11-10。x=6,m(x)=m(6)=11-6=5,m(2+m(x))=m(2+5)=m(7)=11-7=4。因此,输出结果为 4。

注意,在默认的情况下,数组的下标是从 0 开始的,Dim m(10)语句所定义的数组有 11 个元素,分别是 m(0),m(1),m(2),…,m(10)。For 循环中没有给 m(0)赋值。

【答案】C

(34)【解析】初始时,f1=f2=1。n=3 时,f=f1+f2=1+1=2,f1=f2=1,f2=f=2;n=4 时,f=f1+f2=1+2=3,f1=f2=2,f2=f=3;n=5 时,f=f1+f2=2+3=5,f1=f2=3,f2=f=5;n=6 时,f=f1+f2=3+5=8,f1=f2=5,f2=f=8;n=7 时,f=f1+f2=5+8=13,f1=f2=8,f2=f=13。最终结果为 f=f2=13,f1=8。

【答案】B

(35)【解析】DAO 模型的层次结构如下,DBEngine 是 DAO 模型的最上层对象,包含并控制 DAO 模型中的其余全部对象。

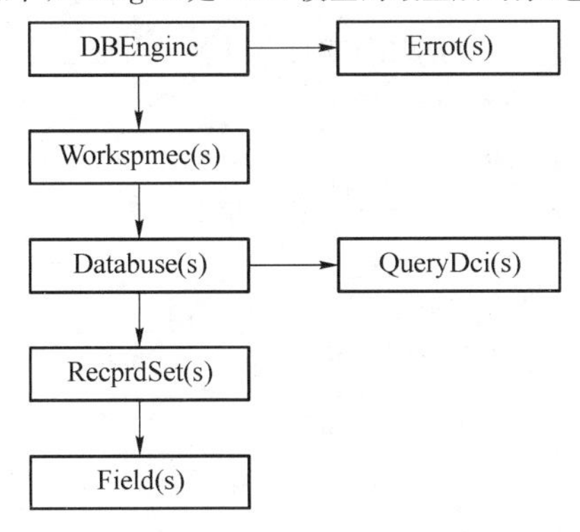

【答案】A

(36)【解析】含参数的过程被调用时,主调过程中的调用式必须提供相应的实参(实际参数的简称),并通过实参向形参传递的方式完成过程调用。而 Call 方法调用函数时,必须要带括号。

【答案】B

(37)【解析】本题是两层嵌套循环,外面的循环执行一次,里面的循环就要全部都执行一次。初始时 K=0

当 I=1 时,里面循环要全部执行,有 for J=1 to 1;所以 K=K+1,最后 K 值为 1。

当 I=2 时,里面循环要全部执行,有 for J=1 to 2;所以 K=K+1, K=K+2,最后 K 值为 4。

当 I=3 时,里面循环要全部执行,有 for J=1 to 3;所以 K=K+1, K=K+2, K=K+3,最后 K 值为 10。

【答案】B

(38)【解析】第 1 次循环后 k=k * 2=5 * 2=10,此时 Step 2 以后, k 的值为 12,大于 10,故循环体不再执行,所以循环体只执行了 1 次。

【答案】A

(39)【解析】Do Until 循环采用的是先判断条件后执行循环体的做法。所以如果“条件”是一个为-1(为真)的常数,则循环体就会一次也不执行。

【答案】A

(40)【解析】在本题中,用 Call 过程名的方法调用过程 Pl,在 Pl 中,将参数 C 的值改变为 12。因为参数 C 是按地址传送(默认为按地址传送,即 ByRef),故 z 的值变为 12 了,所以输出值为 12。

【答案】B

选择题真题库试题 3 答案解析

(1)【解析】队列是一种“先进先出”的特殊线性表。队列的顺序存储结构一般采用循环队列的形式。循环队列是将队列存储空间的最后一个位置绕到第一个位置,形成逻辑上的环状空间。

【答案】D

(2)【解析】二叉树遍历可以分为3种:前序遍历(访问根结点在访问左子树和访问右子树之前)、中序遍历(访问根结点在访问左子树和访问右子树两者之间)、后序遍历(访问根结点在访问左子树和访问右子树之后)。二叉树的后序序列与中序序列相同,说明此树结点没有右子树,且最后一个结点H为根结点,而前序遍历中根结点应在最先被访问,即结点H在最先出现,由此推断前序遍历为HGFEDCBA。

【答案】A

(3)【解析】在二叉树中,叶子结点数总比度为2的结点数多1,所以度为2的结点有5个,则度为1的结点数为25−5−4=16。

【答案】D

(4)【解析】数据库系统的三级模式为:内模式、外模式和概念模式。内模式给出了数据库物理存储结构与物理存取方法,如数据存储的文件结构、索引等;外模式是用户的数据视图,它是由概念模式推导而出;概念模式描述数据库系统中全局数据逻辑结构,不涉及具体的硬件环境和平台。

【答案】A

(5)【解析】候选关键字可以唯一标识一个元组,二维表可以有若干个候选关键字,可以从候选关键字中选取一个作为主键。实体完整性约束要求关系中的主键中属性值不能为空值。

【答案】C

(6)【解析】关系T由属于R但不属于S的元组组成,因此有T=R−S。

【答案】A

(7)【解析】软件生命周期的主要活动阶段包括:可行性研究和计划制定、需求分析、软件设计、软件实现、软件测试、软件运行和维护,不包括市场调研。

【答案】B

(8)【解析】需求分析阶段的工作包括需求获取、需求分析、编写需求规格说明书和需求评审。集成测试依据的是概要设计说明书,所涉及的内容包括:软件单元的接口测试、全局数据结构测试、边界条件和非法输入的测试。制定软件集成测试计划是概要设计阶段的任务。

【答案】B

(9)【解析】黑盒测试完全不考虑程序内部逻辑结构和内部特性,把程序看作是一个不能打开的黑盒子,只软件的功能进行测试和验证。

【答案】D

(10)【解析】软件设计的工具有:图形工具(程序流程图、N-S、PAD、HIPO),表格工具(判定表),语言工具(PDL)。DFD是结构化分析工具。

【答案】A

(11)【解析】在Access数据库中记录用来表示实体,字段只能表示实体的某个属性,域则是属性的取值范围。

【答案】B

(12)【解析】选择运算是从指定的关系中选取满足给定条件的若干元组以构成一个新关系的运算。新关系与原关系具有相同的模式。

【答案】B

(13)【解析】主关键字是表中的一个或多个字段,它的值用于唯一地标识表中的某一条记录。在此题学生表中能做主关键字的只有学号这个字段。

【答案】B

(14)【解析】建立索引的目的是加快对表中记录的查找或排序。对一个存在大量更新操作的表,所建索引的目录一般不要超过3个,最多不要超过5个。索引虽说提高了访问速度,但太多索引会影响数据的更新操作。

【答案】A

(15)【解析】Like是在查询表达式的比较运算符中用于通配设定,其搭配使用的通配符有“*”、“#”和“?”。“*”表示由0个或任意多个字符组成的字符串,“#”表示任意一个数字,“?”表示任意一个字符。

【答案】C

(16)【解析】使用Is Null可以判断表达式是否包含Null值。在本题中,为“姓名”字段使用此函数意思是查询所有姓名为空的记录，故答案为 A。

【答案】A

(17)【解析】在一对多关系中，“一方”称为主表，“多方”称为从表。“级联更新相关字段”指的是当用户修改主表中关联字段的值时，Access 会自动的修改从表中相关记录的关联字段的值。

【答案】D

(18)【解析】根据教师表的“选择查询”设计视图可以看出，查询的结果是按照“职称”字段分组，对“姓名”字段进行计数，意思是按照职称统计各类职称教师个数。

【答案】D

(19)【解析】选项 C 的查询结果是从教师表中查找职称是教授的教师，与题干要求不同。

【答案】C

(20)【解析】控件的类型分为绑定型、未绑定型与计算型 3 种。绑定型控件主要用于显示、输入、更新数据库的字段；未绑定控件没有数据来源，可以用来显示信息；计算型控件用表达式作为数据源，表达式可以利用窗体或报表所引用的表或查询字段中的数据，也可以是窗体或报表上的其他控件中的数据。所以只有绑定型控件能够更新表中数据。

【答案】A

(21)【解析】组合框的列表是由多行数据组成，但平时只显示一行，需要选择其他的数据时，可以单击右侧的向下箭头按钮，在此题中学历字段的设计可以使用组合框控件。

【答案】D

(22)【解析】为了修饰版面以到达好的显示效果，在报表设计工具栏中，可以使用直线和矩形控件完成。

【答案】B

(23)【解析】计算型文本框用于显示计算型控件中表达式的结果，计算公式可以由函数、字段名称或控件名称组成，所以为了显示时间，可以在计算型文本框的控件来源中输入时间函数组成的表达式即可。

【答案】B

(24)【解析】在 SQL 语句中更新数据的命令语句为：UPDATE 数据表 SET 字段名＝字段值 WHERE 条件表达式。

【答案】C

(25)【解析】本题中 SELECT 语句查询操作的结果是在学生表中查找各班年龄最大的记录。由题可知，学生表中有几个班，查找出的记录就有几个。

【答案】C

(26)【解析】在 Access 的几个对象中，表、查询、窗体、报表均可另存为数据访问页对象。

【答案】D

(27)【解析】宏是指一个或者多个操作的集合，其功能是使操作自动化，所以在宏设计窗口中操作列不以省略。

【答案】B

(28)【解析】Docmd 是 Access 数据库提供的一个对象，主要功能是通过调用内部方法来实现 VBA 对 Access 的某种操作。SaveRecord 是保存当前记录的宏操作。SaveDatabase 是保存当前数据库的宏操作。SaveRecord 是保存当前记录的宏操作命令，Docmd. SaveRecord 是在 VBA 中实现该功能的操作代码。

【答案】C

(29)【解析】事件是 Access 窗体或报表及其上的控件等对象可以“辨识”的动作，可以使用宏对象来设置事件属性，也可以为某个事件编写 VBA 代码过程，完成指定操作。事件触发后执行的操作由用户为此事件编写的宏或事件过程决定。事件过程可以由用户操作触发，也可以由系统触发。不同对象可以有相同的事件，相同事件也可以有不同的响应过程。

【答案】A

(30)【解析】类模块是包含类的定义的模块，包含其属性和方法的定义。类模块有三种基本形式：窗体类模块、报表类模块和自定义类模块，它们各自与某一窗体或报表相关联。窗体和报表模块通常都含有事件过程，用于响应窗体或报表中的事件。可以使用事件过程来控制窗体或报表的行为，以及它们对用户操作的响应。

【答案】D

(31)【解析】EOF 函数是用来测试当前读写位置是否位于“文件号”所代表文件的末尾。

【答案】A

(32)【解析】①算术运算符>连接运算符>关系运算符>逻辑运算符。②同级运算按从左向右运算。③括号优先级最高。本题中运算符乘除最高,其次是整除,然后是取余数,最后是加法。因此 4+5\6 * 7/8 mod 9=> 4+5\42/8 mod 9=> 4+5\5.25 mod 9=> 4+1 mod9=> 4+1=> 5。

【答案】B

(33)【解析】While 循环用于给数组元素赋值,将从键盘输入的 10 个数据分别赋给 arr(1)~arr(10)。For 循环的主要功能是将 arr(1)~arr(9)的每个元素与其后面的一个元素进行比较,将较大的排在后面。本题的输出结果是:10,20,50,40,30,80,90,60,70,100。

【答案】A

(34)【解析】此程序的功能是对 2 到 40 间的偶数递增式累加,每次相加的偶数个数在增多。变量 t 的作用是存放不断增加的偶数和,变量 sum 存放总和。因为这些加数均是偶数,累加变量 m 应该增加 2。

【答案】C

(35)【解析】利用 ADO 访问数据库,想要读取数据库中的数据,先要定义和创建 ADO 对象实例变量,然后下一步就是要与数据库取得连接,接着利用连接参数进行数据库连接,连接后根据 SQL 命令执行返回记录集,并对记录集进行操作,当操作结束不需要使用连接对象时,要用 close 方法来关闭连接。

【答案】D

(36)【解析】纵栏式报表是在一页中主体节内显示一条或多条信息,而且以垂直方式显示。

【答案】A

(37)【解析】Do Until/While... Loop 循环结构是先判断后执行,有可能一次也不执行。While 关键字用于指明条件为真时执行循环体内语句;Until 表示当条件为假时,执行循环体内语句。具体的循环过程如下:

初始值	循环条件 k>=3	是否执行	执行过程 x=x+2	循环变量 k=k+1
k=0,x=0	0>=3	是	2	1
	1>=3	是	4	2
	2>=3	是	6	3
	3>=3	否		

由上述的循环过程可知,最后变量 x 的值为 6。

【答案】C

(38)【解析】评析:在数据处理过程中,如果希望只是满足指定条件执行宏的一个或多个操作,可以使用条件来控制这种流程。条件项是逻辑表达式,返回值只有两个:"真"和"假"。宏将会根据条件结果的"真"或"假",选择不同的路径去执行。

【答案】C

(39)【解析】在报表"设计"视图中给报表添加日期和时间,可以单击"插入"菜单中的"日期和时间"命令。也可以在报表上添加一个文本框,通过设置其"控件源"属性为日期或时间的计算表达式(例如,=Date() 或=Time()等)来显示日期与时间。该控件位置可以安排在报表的任何节区里。

【答案】A

(40)【解析】略。

【答案】A

选择题真题库试题 4 答案解析

(1)【解析】所谓算法是指解题方案的准确而完整的描述。但算法不等于程序,也不等于计算方法。故 A 项错误。设计算法时要考虑可行性、确定性、有穷性和拥有足够的情报,因此选项 B、C 皆错误。

【答案】D

(2)【解析】在链式存储结构中，存储数据结构的存储空间可以不连续，各数据结点的存储顺序与数据元素之间的逻辑关系可以不一致，而数据元素之间的逻辑关系是由指针域来确定的。故 A、B 错误。线性链表在插入与删除过程中不发生数据元素移动的现象，只需改变有关结点的指针即可。

【答案】C

(3)【解析】概念理解题。在任意一棵二叉树中，度为 0 的结点(即叶子结点)总比度为 2 的结点多一个。

【答案】B

(4)【解析】应用软件是为解决特定领域的应用而开发的软件。例如，事务处理软件，工程与科学计算软件，实时处理软件，嵌入式软件，人工智能软件等应用性质不同的各种软件。

【答案】A

(5)【解析】树的最大层次称为树的深度。图中的系统总体结构图为树形结构，有 3 层，故深度为 3。

【答案】C

(6)【解析】程序调试的任务是诊断和改正程序中的错误。它与软件测试不同，软件测试是尽可能多地发现软件中的错误。

【答案】D

(7)【解析】数据字典是在需求分析阶段建立，在数据库设计过程中不断修改、充实、完善的。

【答案】A

(8)【解析】数据库系统的三级模式分别是概念级模式、内部级模式与外部级模式。

【答案】D

(9)【解析】表示针对属性进行的投影运算，"/"表示除运算，可以近似地看作笛卡尔积的逆运算。

表达式表示，首先在关系模式 SC 中选择属性"学号"与"课号"，结果如下左图。其次在这个关系模式中对关系模式 S 进行除运算，结果如下右图。则关系式结果表示 S 中所有学生(S1、S2)都选修了的课程的课号(C1、C2)。

C#
C1
C2

S#	C#
S1	C1
S1	C2
S2	C1
S2	C2
S3	C1
S4	C2
S5	C3

$\pi_{S\#,C\#}$(SC)/S 的运算结果　$\pi_{S\#,C\#}$(SC)的运算结果

【答案】A

(10)【解析】面向对象程序设计方法最重要的特性是继承、多态和封装。

【答案】A

(11)【解析】Access 是一种关系型数据库，因此选项 D 是错误的。Access 通过数据访问页可以支持 Internet/Intranet 应用，因此选项 A 是正确的；Access 的数据类型包括文本、备注、数字、OLE 对象、超级链接等 10 种，使用 OLE 对象可以嵌入图像、声音等多媒体数据，因此选项 B 是正确的；Access 可以采用 VBA(Visual Basic Application)编写应用程序，因此选项 C 是正确的。

【答案】D

(12)【解析】一个学生可以根据自己的学历住在对应的宿舍里，如果是本科生就住 4 人间，如果是硕士生就住 2 人间，如果是博士就住单人间；而 4 人间住的只能是本科生，2 人间住的只能是硕士生，单人间住的则只能是博士生。所以说，学生和宿舍之间形成了一对多的联系。

【答案】C

(13)【解析】索引是非常重要的属性，它可以根据键值，加速在表中查找和排序的速度，而且能对表中的记录实施唯一性。输入掩码表示用特殊字符掩盖实际输入的字符，常用于加密字段。有效性规则主要用于字段值的输入范围的限制。参照完整性用于在输入或删除记录时，为了维持表之间关系而必须遵循的规则。

【答案】C

(14)【解析】文本型字段只可以保存文本或文本与数字的组合，不可以插入图片；备注型字段保存的是较长的文本，也

不可以插入图片;超链接型字段用来保存超级链接的,包括作为超级链接地址的文本或以文本形式存储的字符与数字的组合,不可以插入图片;OLE 对象型是指字段允许独立地"链接"或"嵌入"OLE 对象,可以链接或嵌入表中的 OLE 对象是指在其他使用 OLE 协议程序创建的对象,例如 Word 文档、Excel 电子表、图像、声音或其他二进制数据。

【答案】C

(15)**【解析】**输入掩码字符"A"表示必须输入字母或数字;"a"表示可以选择输入字母或数字;"&"表示必须输入一个任意的字符或一个空格。

【答案】D

(16)**【解析】**生成表查询表示利用一个或多个表中的数据建立新表,常用于备份数据;更新查询表示对一个或多个表中的一组记录做更改;追加查询表示将一个或多个表中的记录追加到其他一个或多个表中;删除查询表示将一个或多个表中的记录删除。其中,生成表查询与追加查询很相似,都在将查询记录存入其他表中。区别在于生成表查询将覆盖其他表中的记录,追加查询是在其他表中原有的记录中加入新查询记录。本题要求将查询的记录覆盖 tStudent 表,可以使用生成表查询,生成一张新的表,并命名成"tStudent",进而可以覆盖旧的 tStudent 表。

【答案】D

(17)**【解析】**FROM 子句说明要检索的数据来自哪个或哪些表;GROUP BY 子句用于对检索结果进行分组;SELECT 语句中没有 WHILE 子句。

【答案】D

(18)**【解析】**窗体的"数据"属性包括:记录源、排序依据、允许编辑、数据入口等。记录源指明了窗体的数据源,一般是本数据库中的一个数据表对象名或者查询对象名。自动居中和记录选择器属于窗体的"格式"属性,"获得焦点"属于窗体的"事件"属性。

【答案】A

(19)**【解析】**Abs 函数用于求绝对值,Sqr 函数用于求平方根,Sgn 函数用于是求符号值。Int 函数返回的是表达式值的整数部分,参数为负时,返回小于等于参数值的第一个负数。

【答案】B

(20)**【解析】**要设置 Tab 键的顺序,需要右击控件,打开"属性"对话框,切换到"其他"选项卡,然后单击"Tab 键索引"文本框后面的[...],打开"Tab 键次序"对话框,设置 Tab 键的次序,如下图所示。

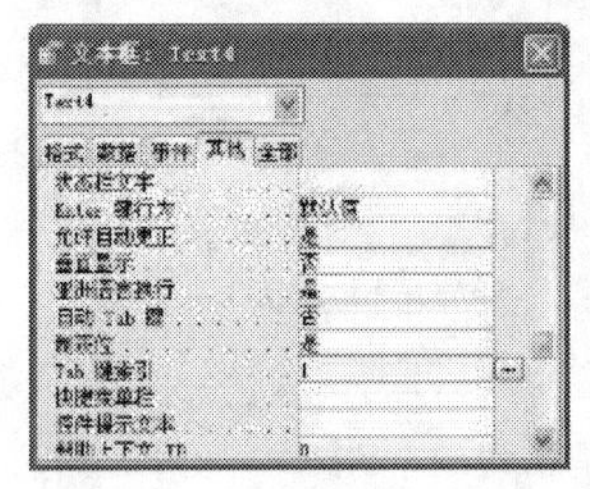
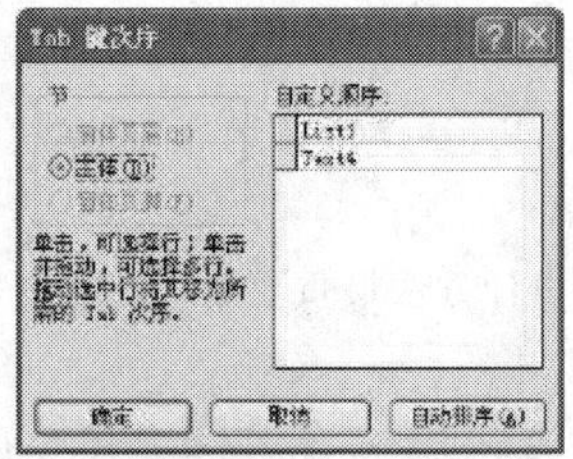

"格式"选项卡主要用于设置窗体和控件的外观或显示格式,如控件的标题、字号等;"数据"选项卡可设置控件来源、输入掩码、有效性规则等;"事件"选项卡包含了窗体或当前控件能够响应的事件,如单击、双击、获得焦点等事件。

【答案】D

(21)**【解析】**报表中显示有组页眉和组页脚两个节区,且分别用"姓名页眉"和"姓名页脚"来标识。由此可知分组的字段是"姓名"。

【答案】D

(22)**【解析】**由题目中的 SELECT 语句可知,要查询的是各个部门总价最高的商品,并显示部门号和总价,查询结果如下:

40,6000

30,100000

20,20000

【答案】B

(23)**【解析】**"退出系统"宏是一个条件宏,可以输入条件"MsgBox("您真的要退出系统吗?",4+32+256,"请确认")=6"。

MsgBox有3个参数，第一个参数是要在对话框中显示的消息；第二个参数指定显示按钮的数目及形式、图标等，这里4表示显示Yes及No按钮，32表示显示Warning Query图标，256表示第二个按钮时缺省值；第三个参数是要在对话框标题栏中显示的字符串。按下"是"按钮，MsgBox的返回值为6，如果按下"否"按钮，则MsgBox的返回值为7。因为题目要求单击"是"按钮时关闭主窗体退出系统，因此在宏的条件中应加入判断条件"＝6"。

【答案】A

(24)**【解析】**由于窗体事件比较多，在打开窗体时，将按照以下顺序发生相应的事件：打开(Open)→加载(Load)→调整大小(Resize)→激活(Activate)→成为当前(Current)。

【答案】A

(25)**【解析】**引用窗体上控件值的语法为：Forms！[窗体名]！[控件名]，选项C的引用方法时正确的。

【答案】C

(26)**【解析】**String函数的格式为String(＜数值表达式＞，＜字符表达式＞)，它返回一个由字符表达式的第1个字符重复组成的、指定长度为数值表达式的字符串；Asc函数用于返回字符串首字符的ASCII值；Chr函数用于将字符代码转换成相对于的字符。

【答案】A

(27)**【解析】**Dim用于声明普通局部变量，如Dim var1 As Integer；Static用于声明静态局部变量；Public用于声明全局变量。

【答案】A

(28)**【解析】**本题考查Do...Loop Until循环控制结构的用法。该结构的特点是先执行，后判断，循环语句至少执行一次。Until当条件为假时，执行循环体内的语句。题目要求循环执行2次。第一次执行x=3，第二次执行x=5，然后条件为真，结束循环。故条件为真时x至少要等于5。

【答案】C

(29)**【解析】**InputBox函数用于在一个对话框中显示提示，等待用户输入正文并按下按钮，返回包含文本框内容的字符串数据信息。InputBox的函数格式为：InputBox(prompt[，title][，default][，xpos][，ypos][，helpfile，context])。

第一个参数是必须的，是提示字符串；第二个参数是可选的，显示对话框标题栏中的字符串表达式；第三个参数是可选的，为在没有输入时的默认值。

本题中，用户输入了字符串"bbbb"，因此，按OK按钮后"bbbb"返回给变量st；如果用户没有输入值，直接按OK按钮，则变量st的内容为"aaaa"。

【答案】D

(30)**【解析】**If是VBA提供的条件语句，不是函数。VBA提供了3种函数完成选择操作，如下。

IIf(条件式，表达式1，表达式2)：根据条件式的值来决定函数的返回值。

Switch(条件式1，表达式1[，条件式2，表达式2][，…[，条件式n，表达式n]])：分别根据条件式1、条件式2、……、条件式n的值来决定函数返回值。表达式会在第一个相关的条件式为True时作为函数返回值返回。

Choose(索引式，选项1[，选项2，…[，选项n]])：根据索引式来返回选项列表中的某个值。

【答案】B

(31)**【解析】**For循环条件的初值为i＝1，result＝1＊1＝1；第二次循环时i＝4，result＝1＊4＝4，i＝7＞6不满足条件，循环结束，消息框输出result的值。

【答案】B

(32)**【解析】**max用于保存输入的最大值，max_n则用于保存最大值对应的输入位置，num用于保存每次输入的整数，循环遍历i对应着输入位置。在输入一个整数的时候，都要将输入的值与max进行比较，如果输入值大于max，则更新max和max_n的值，max＝num，max_n为num对应的输入位置。因此If—Then语句的条件表达式处应填入num＞max或者max＜num。

【答案】C

(33)**【解析】**在VBA中，参数的传递有传值调用和传址调用，传值调用是单向的，即调用过程内部对形参的任何操作都不会反馈和影响实参的值；而传址调用则是双向的，形参值的变化会影响实参的值。VBA默认的调用方式是传址调用。调用sfun函数之前a的值为5，b的值为4。然后调用sfun(a,b)，形参x＝5，y＝4，t＝x＝5，x＝t/y＝5/4＝1.25，y＝t Mod y＝5 Mod 4＝1。

a 的值变为 1.25,b 的值变为 1。

【答案】 B

(34) **【解析】** 本题考查的是 Do—Loop While 循环。Do—Loop While 循环是先执行语句块,然后进行条件表达式的判断。当 i=9 时,满足条件 i<10,执行 i=i+1,此时 i=10,不满足条件 i<10,循环结束。最终显示的结果是 10。

【答案】 C

(35) **【解析】** 本题考查的是循环嵌套。

循环初值:I=2,J=2,I/2=1,J>I/2,不执行内层的 For 循环,直接执行 If—Then 语句,sqr(I)<J,输出 I 的值 2;

I=3,J=2,I/2=1,不会执行内层的 for 循环,sqr(I)<J,输出 I 的值 3;

I=4,J=2,I/2=2,内层 For 循环执行一次,I Mod J=0,退出内层循环,sqr(I)=J,无输出;

I=5,J=2,I/2=2,执行内层 For 循环,I Mod J=1,J=3,不满足内层循环条件,退出内层循环,sqr(I)<J,输出 I 的值 5;

I=6,J=2,I/2=3,执行内层 For 循环,I Mod J=0,退出内层循环,sqr(I)>J,无输出;

I=7,J=2,I/2=3,执行内层 For 循环,I Mod J=1,J=3,第 2 次执行内层 For 循环,I Mod J=1,J=4,不满足循环条件,内层 For 循环结束,sqr(I)<J,输出 I 的值 7;

I=8,J=2,I/2=4,执行内层 For 循环,I Mod J=0,退出内层循环,sqr(I)>J,无输出;

I=9,J=2,I/2=4,执行内层 For 循环,I Mod J=1,J=3,第 2 次执行内层 For 循环,I Mod J=0,退出内层序号,sqr(I)=J,无输出;

I=10,J=2,I/2=5,执行内层 For 循环,I Mod J=0,退出内层循环,sqr(I)>J,无输出。

【答案】 D

(36) **【解析】** A 选项用于打开窗体,B 选项用于打开查询,D 选项用于关闭数据库对象。

【答案】 C

(37) **【解析】** 窗口模块和报表模块生命周期是伴随着窗口或报表的打开而开始、关闭而结束。

【答案】 D

(38) **【解析】** Len()是字符串长度检测函数,i=12,所以字符串长度为 2。Right(<字符串表达式>,<N1>)从字符串右起取 N1 个字符。

【答案】 C

(39) **【解析】** 含参数的过程被调用时,主调过程中的调用式必须提供相应的实参(实际参数的简称),并通过实参向形参传递的方式完成过程调用。而 Call 方法并不能向变量赋值。

【答案】 C

(40) **【解析】** 因为每一次 I, J 循环的操作都会给 x 赋初值,所以 I, J 循环都只相当于执行了一次,该程序等效于:x=3,然后给 x 加两次 6,所以结果为 15。

【答案】 B

选择题真题库试题 5 答案解析

(1) **【解析】** 栈是限定只在一端进行插入与删除的线性表,按照"先进后出"或"后进先出"的原则组织数据的。栈顶元素总是最后被插入的元素,从而也是最先能被删除的元素;栈底元素总是最先被插入的元素,从而也是最后才能被删除的元素。

【答案】 A

(2) **【解析】** 循环队列是队列的一种顺序存储结构,用队尾指针 rear 指向队列中的队尾元素,用排头指针 front 指向排头元素的前一个位置。循环队列长度为 50,由初始状态为 front=rear=50 可知此时循环队列为空。入队运算时,首先队尾指针 rear 进 1(即 rear+1),然后在队尾指针 rear 指向的位置插入新元素。特别的,当队尾指针 rear=50+1 时,置 rear=1。退队运算时,排头指针 front 进 1(即 front+1),然后删除 front 指针指向的位置上的元素,当排头指针 front=50+1 时,置 front=1。

若经过运算，front＝rear可知队列空或者队列满，则队列中有0或者50个元素。

【答案】D

(3)【解析】只有当该二叉树的每一层上只有一个结点时，才能满足题目要求。否则，叶子结点数一定会大于1。

【答案】D

(4)【解析】软件需求规格说明书是需求分析阶段的最后成果，是软件开发中的重要文档之一。

【答案】D

(5)【解析】GOTO跳转是一条语句。

【答案】B

(6)【解析】系统总体结构图支持软件系统的概要设计。

【答案】A

(7)【解析】数据库语言包括如下三点。

数据定义语言(DDL)及其翻译程序：主要负责数据的模式定义与数据的物理存取构建。

数据操纵语言(DML)及其编译(或解释)程序：主要负责数据的基本操作，包括查询及增加、删除、修改等操作。

数据控制语言：主要负责解释每个控制命令的含义，决定如何去执行控制命令。

【答案】C

(8)【解析】在数据库模型中，实体之间的联系可分为"一对一""一对多"和"多对多"3种类型。分析题目，可知本题答案为D。

【答案】D

(9)【解析】选项A自然连接的条件是两关系间有公共域，通过公共域的相等值进行连接，R与S的公共域为A和B，而T中根本不存在，所以选项A错误。对于选项B，R与S进行交运算后所得到的关系是由既在R内又在S内的元素组成，显然T不在S内，所以选项B也错误。对于选项C，R与S除运算后的域由R中不出现在S中的域组成，选项C正确。对于选项D，R与S进行并运算得到的关系是由属于R或属于S的元组所组成，所以选项D也错误。

【答案】C

(10)【解析】根据题目中的"定义无符号整数类"排除选项A、选项C和选项D。

【答案】B

(11)【解析】选择运算是从关系中找出满足给定条件的元组，本题中的条件是"年龄大于30岁姓王的男同学"，是选择元组。投影则是从列的角度进行运算，连接运算需要对两个以上的表进行操作。

【答案】A

(12)【解析】在Access中，备注、超级链接和OLE对象字段不能用于创建索引。

【答案】A

(13)【解析】为减少数据的输入量，可以将出现次数较多的值作为字段的默认值，但OLE类型字段不能设置默认值。输入掩码为"文本"型和"日期/时间"型字段提供"输入掩码向导"。有效性规则的实质是一个限制条件，完成对输入数据的检查。

【答案】D

(14)【解析】选项A表示查找姓名中只有"李"字的信息，不符合题意。选项B表示查找姓名中只有一个字符且不等于"李"的信息，选项C表示查找姓名为"李*"的信息。选项D表示查找姓名中所有姓李的记录。

【答案】D

(15)【解析】使用数据库表时，经常需要从很多的记录中挑选出满足条件的数据进行处理，例如从教师表中查询所有男教师的信息。这时需要对记录进行筛选。经过筛选后的表，只显示符合条件的记录，而那些不符合条件的记录将被隐藏起来，没有生成一个新表。

【答案】A

(16)【解析】Access中的窗体中有一些控件可以与表或查询中的字段相绑定，这时候就需要设置这些控件的数据来源。图像框用于在窗体中显示静态图片，一旦图片添加到窗体中，便不能进行图片编辑，也就是说图像框不能被绑定；绑定对象框的来源可以是OLE对象字段，当在记录间移动时，不同的对象将显示在窗体上；未绑定对象框可以显示Excel工作表、Word文档等没有与数据库连接的对象，当在记录间移动时，该对象将保持不变；而列表框则用于显示可滚动的数值列表,其控件来源可以是表或查询的字段,或者取自固定内容的数据。在学生表中,不同的记录的“照片”是不同的,因此需要使用绑定对象框。

【答案】C

(17)**【解析】**选项 A 为两个日期类型值相减,结果为一个数值。选项 B 的 year 函数返回一个日期中的年份,结果是一个数值。选项 D 中 Len 函数返回一个字符串的长度,结果是一个数值。选项 C 中 DateValue 函数将一个字符串转化为日期,结果为日期型。

【答案】C

(18)**【解析】**UPDATE 命令的语法格式为:UPDATE 表名 SET 字段名=表达式 WHERE 条件表达式。

【答案】B

(19)**【解析】**A、B、C 选项都表示查询学院是“计算机学院”的学生信息,D 选项表示查询学院是以计算机开头的所有学院的学生信息。

【答案】D

(20)**【解析】**如果窗体上的数据总是取自某一个表或查询中记录的数据,或取自某固定内容的数据,可以使用组合框和列表框控件来完成。教师的职称包括“教授”、“副教授”、“讲师”等选项,若将这些选项放在组合框和列表中,用户只需单击数据就可以完成数据的输入。

【答案】D

(21)**【解析】**Page 和 Pages 是内置变量,[Page]代表当前页号,[Pages]代表总页数。字符串的连接可以使用“+”和“&”,“&”用来强制将两个表达式作为字符串连接,而“+”运算符是当两个表达式均为字符串数据时,才将两个字符串连接成一个字符串,如果类型不匹配,则会出错。很显然[Page]和[Pages]都是整数,与字符串的连接应该使用“&”。

【答案】D

(22)**【解析】**其中,RunApp 用于执行指定的外部应用程序,而 Word 为应用程序,故答案为 A。此外,RunSQL 用于执行指定的 SQL 语句,RunMacro 用于在 VBA 代码过程中运行宏。

【答案】A

(23)**【解析】**题目要求表示条件“x 和 y 都是奇数”,因此应该是“与”。奇数应该是除 2 后余 1 的数,Mod 运算符的功能是求余数。

【答案】C

(24)**【解析】**由图可以看出,“进入”事件和“单击”事件中均有[事件过程],这表明已经为“进入”事件和“单击”事件编写了事件过程。

【答案】D

(25)**【解析】**对象的 Click 事件过程名的默认命名规则为:对象名_事件过程名(),而窗体事件则是指当前窗体的事件,不需要指定,因此用 Form,不用 Frm1。

【答案】C

(26)**【解析】**语法错误在编辑时就能自动检测出来,逻辑错误和运行错误是程序在运行时才能显示出来的,不能自动检测,注释错误是检测不出来的。

【答案】A

(27)**【解析】**变量命名规则:只能由字母、数字或下划线组成;第一个字符必须是字母或下划线,不能是数字;不能与关键字相同。而选项 C 中的 Rem 是命令行注释语句,为 VBA 的关键字,不能作为变量名。

【答案】C

(28)**【解析】**在 VBA 的过程调用时,参数有两种传递方式:传址传递和传值传递。如果在过程声明时形参用 ByVal 声明,说明此参数为传值调用,此时形参的变化不会返回给实参;若用 ByRef 声明,说明此参数为传址调用,此时形参的变化将会返回给实参;没有说明传递类型,则默认为传址传递。

【答案】A

(29)**【解析】**Int 函数返回数值表达式整数部分的值,即取整。表达式 A+0.5 中当 A 的小数部分大于等于 0.5 时,整数部分加 1,当 A 的小数部分小于 0.5 时,整数部分不变,可见 INT(A+0.5)的结果便是实现将 A 四舍五入取整。

【答案】B

(30)【解析】数组变量由变量名和数组下标构成，我们通常使用 Dim 语句来定义数组，其格式为：Dim 数组名([下标下限 to] 下标上限) As 数据类型其中，下标下限缺省为 0。数组中的元素个数＝下标上限－下标下限＋1。因此本题的 VBA 语句的含义是定义 11 个整型数构成的数组 NewArray。

【答案】B

(31)【解析】当步长值为 0 时，若循环变量值＜＝终值，程序进入死循环，若循环变量值＞终值，则一次也不执行循环程序就结束运行。

【答案】B

(32)【解析】本题要求输入一个整数分解为质数的乘积，如：24 分解为 2、2、2、3。质数是指只能被 1 和它本身整除的数，最小的质数为 2。

1) 初始化：y＝2，x＝24；

2) Do while y＜＝x；第一次循环判断 2＜＝24 正确

3) if x mod y＝0；判断 24 mod 2＝＝0 正确

4) 执行＄out＝＄out&y& ","；x＝x/y；该条执行后 ＄out＝2，x＝12

5) Do while y＜＝x；第二次循环判断 2＜＝12 正确

6) if x mod y＝0 ；判断 12 mod 2＝＝0 正确

7) 执行＄out＝＄out&y& ","；x＝x/y；该条执行后 ＄out＝2,2，x＝6

8) Do while y＜＝x；第三次循环判断 2＜＝6 正确

9) if x mod y＝0 ；判断 6 mod 2＝＝0 正确

10) 执行＄out＝＄out&y& ","；x＝x/y；该条执行后 ＄out＝2,2,2，x＝3

11) Do while y＜＝x ；第四次循环判断 2＜＝3 正确

12) if x mod y＝0 ；判断 3 mod 2＝＝0 不正确

13) y＝y＋1 y＝3；(执行 ELSE 部分)

14) Do while y＜＝x；第五次循环判断 3＜＝3 正确

15) if x mod y＝0 ；判断 3 mod 3＝＝0 正确

16) 执行＄out＝＄out&y& ","；x＝x/y；该条执行后＄out＝2,2,2,3 x＝1

17) Do while y＜＝x ；第六次循环判断 3＜＝1 不正确

18) 结束循环。

综上可知，当 y＝y＋1 时，可以结束循环。

【答案】A

(33)【解析】该结构当 Do Until 后的条件表达式为假时，重复执行循环体，直至条件式值为真，结束循环。在本题中，初始条件式值为真，该程序不执行循环体即结束。程序结束运行时，变量 x 和 y 的值仍为其初值。

【答案】A

(34)【解析】该结构先执行 Do 后的循环体，然后判断 Loop While 后的条件表达式是否为真，若为真，重复执行循环体，直至条件式值为假，结束循环。根据 sum 表达式对每次循环计算奇数之和的特点，m 的初值为 1，后面应每次递增 2，以满足奇数的要求，即 m＝m＋2。

【答案】B

(35)【解析】Set 语句是将当前窗体中的记录集对象赋给 rs 对象，Me 表示当前窗体，用 Me 指明记录集来自于窗体，Recordset 属性设置窗体，报表、列表框控件或组合框控件的记录源，用 Me. Recordset 代表指定窗体的记录源。

【答案】B

(36)【解析】因为报表只有唯一的宽度，改变一个节的宽度就将改变整个报表的宽度。

【答案】C

(37)【解析】B 选项为用于查找满足指定条件的第一条记录，C 选项用于指定当前记录，D 选项用于实施指定控件重新查询。

【答案】A

(38)【解析】在输入条件表达式时，引用窗体或报表上的控件值的语法分别为：

Forms！窗体名！控件名

Reports！报表名！控件名

【答案】A

(39)【解析】注意计算控件的控件源必须是“＝”开头的计算表达式。

【答案】C

(40)【解析】按照变量在传递过程结束后本身值是否保持不变为标准，可将参数传递分为两类，分别为按值传递(ByVal)和按地址传递(ByRef)，系统默认的是按地址传递。其中，按地址传递的过程中，变量在传递过程结束后其值是有可能改变的，但是按值传递的变量在传递过程中本身的值是不变的。

【答案】C

2.4 操作题部分答案解析

操作题真题库试题1答案解析

二、基本操作题

(1) 本题考查表结构的调整和主键的设置方法。(2) 考查字段属性默认值的设置、字段大小的修改方法、字段类型的修改和表结构的调整。(3) 考查有效文本的设置方法。(4) 考查设置表的数据格式。(5) 考查设置“掩码”的方法。(6) 考查字段的“隐藏”与“显示”设置。

【操作步骤】

(1) 步骤1：双击打开“samp1.accdb”数据库，双击“tNorm”表，分析具有字段值唯一性只有“产品代码”，故将“产品代码”设为主键。

步骤2：右击tNorm表，选择“设计视图”快捷菜单命令，打开表设计视图。在tNorm表设计视图窗口下单击“产品代码”所在行，右键单击鼠标，在快捷菜单中选择“主键”命令。

步骤3：单击快速访问工具栏中的“保存”按钮。保存设置。

(2) 步骤1：右击tNorm表，选择“设计视图”快捷菜单命令，打开表设计视图。单击“单位”字段，在其“字段属性”中的“默认值”行内输入：“只”，“字段大小”设为：1。

步骤2：单击“最高储备”，单击“字段大小”所在的行，选择“长整型”。

步骤3：单击“最低储备”字段，单击“字段大小”所在行，选择“整型”。

步骤4：右键单击“备注”字段，在弹出的快捷菜单中选择“删除行”，单击“是”按钮。单击快速访问工具栏中的“保存”按钮，关闭表的设计视图。

步骤5：双击打开“tNorm”表，在【开始】功能区下的【排序和筛选】分组中单击“高级”按钮，在下拉菜单中选择“高级筛选/排序”命令，打开筛选对话框。在筛选窗口中双击“tNorm”表中的“规格”字段，在其所对应的条件行输入：220V－4W。单击【排序和筛选】分组中的“切换筛选”按钮，按＜Ctrl＋A＞键全选，再按＜Del＞键删除。

步骤6：单击快速访问工具栏中的“保存”按钮关闭表。

(3) 步骤1：右击tNorm表，选择“设计视图”快捷菜单命令，打开表设计视图。右键单击标题栏，选择“属性”命令。在【表属性】对话框中的“有效性规则”行内输入：[最低储备]＜[最高储备]，在“有效性文本”输入：请输入有效数据。

步骤2：关闭对话框，单击快速访问工具栏中的“保存”按钮，关闭视图。

(4) 步骤1：右击tNorm表，选择“设计视图”快捷菜单命令，打开表设计视图。单击“出厂价”，在“字段属性”中的“格式”行下拉框中选择“货币”。

步骤2：单击快速访问工具栏中的“保存”按钮，关闭设计视图。

(5) 步骤1：右击tNorm表，选择“设计视图”快捷菜单命令，打开表设计视图。单击“规格”，在其“字段属性”中的“输入掩码”所在行内输入:000″V-″000″W″。

步骤2:单击快速访问工具栏中的“保存”按钮,关闭视图。

(6)步骤1:双击“tNorm”打开表,在数据表视图中,右击“出厂价”字段名,在弹出的快捷菜单中选择“隐藏字段”命令。

步骤2:关闭对话框,关闭表,

步骤3:关闭“samp1.accdb”数据库。

三、简单应用题

(1)本题考查一般的条件查询。(2)本题考查两个知识点:其一是参数查询,其二是在查询中计算每个同学的平均值。(3)本题考查交叉表和查询计算的结合,同时在整个查询中引入系统函数的使用:left()从左侧开始取出如若干个文本、avg()求平均值、round()四舍五入取整。这些系统函数需要考生熟练掌握。(4)本题考查生成表查询,它的主要特点查询后的数据是一个表,出现在“表”对象中而在查询对象中出现是查询操作,而不是查询的数据。

【操作步骤】

(1)步骤1:打开“samp2.accdb”数据库,在【创建】功能区的【查询】分组中单击“查询设计”按钮,系统弹出查询设计器。在【显示表】对话框中双击“tStud”表,将表添加到查询设计器中,关闭【显示表】对话框。双击“tStud”表的“姓名”、“性别”、“入校时间”和“政治面目”字段,在“政治面目”条件中输入:“党员”,作为条件字段不需要显示,取消“显示”行复选框的勾选。

步骤2:单击【文件】功能区的【结果】分组中的“运行”按钮,执行操作。单击快速访问工具栏中的“保存”按钮,保存查询文件名为“qT1”,单击“确定”按钮,关闭“qT1”查询窗口。

(2)步骤1:在【创建】功能区的【查询】分组中单击“查询设计”按钮,系统弹出查询设计器。在【显示表】对话框中双击“tScore”表,将表添加到查询设计器中,关闭【显示表】对话框。分别双击“tScore”表中的“学号”和“成绩”字段。

步骤2:单击【查询工具-设计】功能区的【显示/隐藏】分组中的“汇总”按钮,将出现“总计”行。修改“成绩”字段标题为“平均分:成绩”。在“成绩”字段条件行输入:>[请输入要查询的分数:]。在“总计”行的下拉框中选择“平均值”。

步骤3:单击快速访问工具栏中的“保存”按钮,保存输入文件名“qT2”。单击“确定”按钮,关闭qT2设计视图窗口。

(3)步骤1:在【创建】功能区的【查询】分组中单击“查询设计”按钮,系统弹出查询设计器。在【显示表】对话框中分别双击tScore和tCourse表,将表添加到查询设计器中,关闭【显示表】对话框。

步骤2:在【查询工具-设计】功能区的【查询类型】分组中单击“交叉表”按钮将出现“交叉表”行。添加标题“班级编号:left(学号,8)”,在“交叉表”行中选择“行标题”,此计算结果作为交叉表行;双击“tCourse”表的“课程名”字段,在“课程名”列的“交叉表”行中选择“列标题”;输入第3列的字段标题:Round(Avg([成绩])),在“总计”行中选择“Expression”,在“交叉表”行中选择“值”,此计算结果作为交叉表的值。

步骤3:单击“运行”按钮。单击快速访问工具栏中的“保存”按钮,保存输入文件名“qT3”,单击“确定”按钮,关闭qT3的查询窗口。

(4)步骤1:打开“samp2.accdb”数据库,在【创建】功能区的【查询】分组中单击“查询设计”按钮,系统弹出查询设计器。添加tStud、tCourse、tScore表到查询设计器中,关闭【显示表】对话框。在tStud表中双击“学号”“姓名”“性别”字段;在tCourse表中双击“课程名”,在其对应的排序行中选择“降序”;在tScore表中双击“成绩”,在其对应的条件行内输入:>=90 or <60。

步骤2:在【查询工具-设计】功能区的【查询类型】分组中单击“生成表”按钮,在【生成表】对话框中输入表名“tnew”,单击“确定”按钮。

步骤3:单击“运行”按钮执行操作。单击快速访问工具栏中的“保存”按钮,保存输入文件名“qT4”。单击“确定”按钮,关闭qT4的查询窗口。

步骤4:关闭“samp2.accdb”数据库窗口。

四、综合应用题

本题考点:表中字段属性的有效性规则和有效性文本的设置;窗体命令按钮和报表文本框控件属性的设置等。第1小题在表设计视图中设置字段属性;第2、3小题分别在窗体和报表设计视图单击控件名,从弹出的快捷菜单中选择“属性”命令,设置属性;第4小题直接单击工具栏“生成器”按钮,在弹出的对话框中选择“代码生成器”,进入编程环境,输入代码。

【操作步骤】

(1) 步骤 1:选择“表”对象,右键单击“tEmp”表,从弹出的快捷菜单中选择“设计视图”命令。

步骤 2:单击“年龄”字段行任一点,在“有效性规则”行输入“>20 and <50”,在“有效性文本”行输入“请输入有效年龄”。

步骤 3:按 Ctrl+S 保存修改,关闭设计视图。

(2) 步骤 1:选择“报表”对象,右键单击“rEmp”报表,从弹出的快捷菜单中选择“设计视图”命令。

步骤 2:单击报表设计工具“设计”选项卡“分组和汇总”组中的【分组和排序】按钮,在“分组、排序和汇总”中选择“添加排序”,选择排序依据为下拉列表中的“性别”字段,选择“降序”,关闭界面。

步骤 3:右键单击“tPage”,从弹出的快捷菜单中选择“属性”命令,在“全部”选项卡“控件来源”行输入"="第 " & [Page] & " 页/共 " & [Pages] & " 页""。关闭属性表。将该控件调整到合适的大小。

步骤 4:按 Ctrl+S 保存修改,关闭设计视图。

(3) 步骤 1:选择“窗体”对象,右键单击“fEmp”窗体,从弹出的快捷菜单中选择“设计视图”命令。

步骤 2:右键单击命令按钮“btnp”,从弹出的快捷菜单中选择“属性”命令,在“数据”选项卡的“可用”右侧下拉列表中选中“是”。关闭属性表。

步骤 3:右键单击“窗体选择器”,从弹出的快捷菜单中选择“属性”命令,在“标题”行输入“职工信息输出”。关闭属性表。

(4) 步骤 1:右键单击命令按钮“输出”,从弹出的快捷菜单中选择“事件生成器”命令,在空行内输入以下代码,如图 3.283 所示。

```
Private Sub btnP Click()
Dim k As String
   '*****Add1*****
   k = InputBox("请输入大于 0 的整数","Msg")
   '*****Add1*****
   If k = "" Then Exit Sub
   Select Case Val(k)
   Case 2
   '*****Add1*****
   DoCmd.OpenReport "mEmp"
   '*****Add1*****
   Case 1
DoCmd.Close
End Select
End Sub
```

步骤 2:关闭代码生成器,按 Ctrl+S 保存修改,关闭设计视图。

操作题真题库试题 2 答案解析

二、基本操作题

(1) 本题主要考查外键的含义以及如何设置表的属性,外键就是一个表的字段是另一个表主键,对另一个表称为外键。(2) 主要考查筛选记录,即筛选有摄影爱好的记录。(3) 考查记录操作的删除。(4) 考查 Access 的数据导入。(5) 考查掩码设置。(6) 考查表“关系”的创建。

【操作步骤】

(1) 步骤 1:双击“sampl.accdb”数据库。分别双击打开表“部门表”和“员工表”,发现“员工表”的部门编号是“部门表”

的主键。在"员工表"上右键单击，进入【表属性】对话框，在说明中输入"部门号"。

步骤2：单击"确定"按钮。

(2) 步骤1：双击打开"员工表"。在【开始】功能区下的【排序和筛选】分组中单击"高级"按钮，在下拉菜单中选择"高级筛选/排序"命令，打开筛选对话框。双击"员工表"中的"简历"字段，在其条件下输入：like ″* 摄影 *″。

步骤2：单击【排序和筛选】分组中的"切换筛选"按钮。

步骤3：在筛选出的记录中，单击"备注"字段。勾选所有的字段值"备注"复选框。关闭窗口。

(3) 步骤1：打开"员工表"。在【开始】功能区下的【排序和筛选】分组中单击"高级"按钮，在下拉菜单中选择"高级筛选/排序"命令，打开筛选对话框，双击"年龄"字段，在对应的条件行输入：＞55。

步骤2：单击【排序和筛选】分组中的"切换筛选"按钮。

步骤3：按＜Ctrl＋A＞键全选，再按＜Del＞键删除，确认删除。

(4) 步骤1：在【外部数据】功能区的"导入并链接"组中单击"文本文件"按钮。【导入】对话框中选中考生文件夹下的"Test.txt"文件，然后单击"向表中追加一份记录的副本"单选框，在其后面的下拉框中选择"员工表"。

步骤2：单击"下一步"按钮，在选择字段分隔符向导界面中选中"第一行包含字段名称"复选框。

步骤3：连续单击"下一步"按钮，至最后的完成界面。

步骤4：单击"完成"按钮，关闭向导。

(5) 步骤1：右击"员工表"表，选择"设计视图"快捷菜单命令，选中"密码"字段。在其"字段属性"中的"输入掩码"行输入：00000。

步骤2：单击快速访问工具栏中的"保存"按钮。

(6) 步骤1：在【数据库工具】功能区的【关系】分组中单击"关系"按钮，系统弹出"关系"窗口，在窗口内右击鼠标，选择"显示表"快捷菜单命令。添加"员工表"和"部门表"，关闭【显示表】对话框。

步骤2：单击"员工表"中的"部门号"字段，按住左键拖到"部门表"的"部门号"上。

步骤3：在弹出"编辑关系"的对话框中勾选"设置参照完整性"复选框。

步骤4：单击"创建"按钮。

步骤5：单击快速访问工具栏中的"保存"按钮。关闭"samp1.accdb"数据库。

三、简单应用题

本题考点：创建分组总计查询、子查询、追加查询。第1、2、3、4小题在查询设计视图中创建不同的查询，按题目要求添加字段和条件表达式。

【操作步骤】

(1) 步骤1：在【创建】选项卡下，单击【查询设计】按钮，在"显示表"对话框分别双击表"tStudent""tGrade""tCourse"，关闭"显示表"对话框。

步骤2：分别双击"姓名""政治面貌""课程名"和"成绩"字段添加到"字段"行。

步骤3：按Ctrl＋S保存修改，另存为"qT1"，关闭设计视图。

(2) 步骤1：在【创建】选项卡下，单击【查询设计】按钮，在"显示表"对话框分别双击表"tStudent""tCourse""tGrade"，关闭"显示表"对话框。

步骤2：分别双击"姓名""学分"字段添加到"字段"行。

步骤3：单击【设计】选项卡|【总计】，在"学分"字段"总计"行下拉列表中选中"合计"。

步骤4：在"学分"字段前添加"学分："字样。

步骤5：按Ctrl＋S保存修改，另存为"qT2"，关闭设计视图。

(3) 步骤1：在【创建】选项卡下，单击【查询设计】按钮，在"显示表"对话框双击表"tStudent"，关闭"显示表"对话框。

步骤2：分别双击"姓名""年龄"字段添加到"字段"行。

步骤3：在"年龄"字段"条件"行输入"＜(SELECT AVG([年龄])from[tStudent])"，单击"显示"行取消字段显示。

步骤4：按Ctrl＋S保存修改，另存为"qT3"，关闭设计视图。

(4)（源程序中表tSinfo设置了学号为主键，而一个学生有多门课的成绩，查询出来的学号有重复，若设为主键，则不允许重复，因此出错，则需在源程序中改动）

步骤 1:右键表“tSinfo”,选择【设计视图】,右键“学号”字段,选择【主键】,取消其作为主键。

步骤 2:在【创建】选项卡下,单击【查询设计】按钮,在“显示表”对话框分别双击表“tStudent”“tGrade”“tCourse”,关闭“显示表”对话框。

步骤 3:单击【设计】选项卡【追加】,在弹出的对话框中输入“tSinfo”,单击“确定”按钮。

步骤 4:在“字段”行第一列输入“班级编号: Left([tStudent]! [学号],6)”,在追加到行选择“班级编号”,再分别双击“学号”“课程名”“成绩”字段添加到“字段”行。

步骤 5:单击【设计】选项卡【运行】,在弹出的对话框中单击“是”按钮。

步骤 6:按 Ctrl+S 保存修改,另存为“qT4”。关闭设计视图。

四、综合应用题

(1) 主要考查窗体构成部分的显示和隐藏、标签的绘制及其属性的设置。(2) 主要考查为命令按钮的绘制及其属性的设置。(3) 本题考查窗体命令按钮事件,单击某按钮会出现对应的操作;本题考查运行宏,可以直接在“属性”窗口中设置。(4) 本题考查窗体和子窗体导航按钮出现是否的设置,可以直接在“属性”窗口中设置。

【操作步骤】

(1) 步骤 1:在“samp3. accdb”数据库窗口中在【开始】功能区的“窗体”面板中右击“fEmployee”窗体,选择“设计视图”快捷菜单命令,打开 fEmployee 的设计视图。在窗体的空白处单击鼠标右键,在弹出的快捷菜单中选择“窗体页眉/页脚”命令,使得窗体中出现页眉页脚节。

步骤 2:单击【控件】分组中的“标签”控件,在窗体的页面页眉区单击鼠标,在光标闪动处输入:职工基本信息。

步骤 3:右键单击该标签,选择“属性”命令,弹出【属性表】对话框,将标签中的“名称”设置为:bTitle,在格式标签中选择“字体名称”为:黑体,“字号”为:24。

(2) 步骤 1:单击【控件】分组中的“按钮”控件,在窗体的页脚节内按住鼠标拖出一个命令按钮,将会弹出命令按钮向导对话框,单击“取消”按钮。

步骤 2:在按钮上直接输入:显示职工科研情况,然后在【属性表】对话框中将其“名称”属性修改为:bList。

(3) 步骤 1:选中 bList 按钮,在【属性表】对话框中“单击”行的下拉列表中选择:m1。

步骤 2:单击快速访问工具栏中的“保存”按钮保存设置。

(4) 步骤 1:在【属性表】对话框左上角中选中“窗体”对象,将其“导航按钮”均设置为“否”,关闭“fEmployee”窗体;然后在“窗体”面板中右击“flist”子窗体,选择“设计视图”快捷菜单命令,在【属性表】中将其“导航按钮”均设置为“否”。

步骤 2:单击“按钮”保存设置。

操作题真题库试题 3 答案解析

二、基本操作题

本题考点:判断并设置表的主键;更改字段大小;设置表及字段的有效性规则;在表中添加计算型字段;更改字段名称;更改字段的查阅属性;更改字段的显示宽度;删除表中的记录;隐藏表中的字段;建立表之间的关系,并实施参照完整性;创建链接表。

【操作步骤】

(1) 步骤 1:选择“表”对象,右键单击“tSalary”表,在弹出的快捷菜单中选择“设计视图”命令。

步骤 2:将鼠标移至“工号”行和“字段名称”列左侧的灰色区域,当鼠标变成向右的箭头时,选中“工号”行,然后按住鼠标左键不放,向下拖动,进而选中“年月”行。

步骤 3:单击“设计”选项卡下的“工具”组中的“主键”按钮。

步骤 4:单击“工号”字段行任一点,在其“常规”选项卡下的“字段大小”行中输入“8”。

(2) 步骤 1:单击“年月”字段行任一点,在其“常规”选项卡下的“有效性规则”行中输入“<DateSerial(Year(Date()),10,1)”。

步骤 2:右键单击“设计视图”的任一点,在弹出的快捷菜单中选择“属性”命令,弹出“属性表”对话框,在该对话框的“常规”选项卡的“有效性规则”行中输入“[水电房租费]<[工资]”。然后关闭“属性表”对话框。

步骤 3:单击快速访问工具栏中的“保存”按钮,在弹出的对话框中,单击“是”按钮。

(3) 步骤 1:在“水电房租费”字段下一行的“字段名称”列输入“百分比”,在“数据类型”列的下拉列表中选择“计算”命令,从而弹出“表达式生成器”对话框。

步骤 2:在该对话框中输入“[水电房租费] /[工资]”,单击“确定”按钮;在其“常规”选项卡的“结果类型”行中选择“双精度型”,在“格式”行选择“百分比”,在“小数位数”行选择“2”。

步骤 3:单击快速访问工具栏中的“保存”按钮,然后关闭“设计视图”。

(4) 步骤 1:选择“表”对象,右键单击“tEmp”表,在弹出的快捷菜单中选择“设计视图”命令。

步骤 2:在“字段名称”列找到“聘用时间”字段,将其修改为“聘用日期”;在“性别”行的“数据类型”列的下拉列表中选择“查阅向导”命令,在弹出的对话框中选择“自行输入所需要的值”命令,然后单击“下一步”按钮。

步骤 3:在弹出的对话框中依次输入“男”“女”,然后单击“完成”按钮。

步骤 4:单击快速访问工具栏中的“保存”按钮,在弹出的对话框中,单击“是”按钮。

步骤 5:选择表对象,双击“tEmp”表,打开数据表视图。

步骤 6:单击“姓名”字段列任一点,单击“开始”选项卡下的“记录”组的“其他”按钮,在弹出的快捷子菜单中,单击“字段宽度”按钮。弹出“列宽”对话框,在“列宽(C)”行中输入“20”,然后单击“确定”按钮。

步骤 7:选中“简历”列任意一行中的“善于交际”字样,然后右键单击,在弹出的快捷菜单中,选择“包含‘善于交际’(T)”。

步骤 8:选中筛选出的所有记录,然后单击“开始”选项卡下的“记录”组中的“删除”按钮。

步骤 9:在弹出的对话框中单击“是”按钮。

步骤 10:单击“简历”字段列任一点,然后单击“开始”选项卡下的“记录”组中的“其他”按钮,在弹出的快捷菜单中,单击“隐藏字段”按钮。

步骤 11:单击快速访问工具栏中的“保存”按钮,然后关闭表。

(5) 步骤 1:单击“数据库工具”选项卡下的“关系”组中的“关系”按钮,如不出现“显示表”对话框,则单击“设计”选项卡下的“关系”组中的“显示表”按钮,弹出“显示表”对话框,在该对话框中双击添加表“tEmp”与表“tSalary”,然后关闭“显示表”对话框。

步骤 2:选中表“tEmp”中的“工号”字段,然后拖动鼠标到表“tSalary”中的“工号”字段,放开鼠标,弹出“编辑关系”对话框,在该“对话框”中勾选“实施参照完整性”复选框,然后单击“创建”按钮。

步骤 3:单击快速访问工具栏中的“保存”按钮,然后关闭关系界面。

(6) 步骤 1:单击“外部数据”选项卡下的“导入并链接”组的“Access”按钮,弹出“获取外部数据－Access 数据库”对话框。步骤 2:在“指定数据源”区域,单击“文件名”行的“浏览(R)…”按钮,弹出“打开”对话框,在考生文件夹下找到“samp0. accdb”文件并选中,然后单击“打开”按钮;在“指定数据在当前数据库中的存储方式和存储位置”区域中,选择“通过创建链接表来链接数据源(L)”单选框;单击“确定”按钮,弹出“链接表”对话框,在该对话框中选择“tTest”表,然后单击“确定”按钮。

步骤 3:选择“表”对象,右键单击“tTest”表,在弹出的快捷菜单中选择“重命名”命令,进而重命名成“tTemp”即可。

三、简单应用题

(1) 本题考查“计算”查询,在查询中计算名字为三个字的“男”、女”人数,对“性别”分组 len(姓名)=3 以上查询条件。(2) 本题考查多表查询。(3) 本题考查一般查询,注意字段值为空的表达:is null。(4) 本题主要考查“追加”查询,“追加”查询的特点是把一部分数据“复制”到另一个表中,查询本身没有数据,只是一个查询操作。

【操作步骤】

(1) 步骤 1:双击打开“samp2. accdb”数据库,在【创建】功能区的【查询】分组中单击“查询设计”按钮,系统弹出查询设计器。在【显示表】对话框添加“tStud”表,关闭【显示表】对话框。单击“汇总”按钮。双击“tStud”表“性别”字段,在其“总计”行选择“Group By”。双击“学号”字段,在其左侧单击鼠标定位输入标题:num。在其总计行选择“计数”,在“字段”行第三列输入:len([姓名]),在其“总计”行中选择“where”,在其“条件”行内输入:3。

步骤 2:单击快速访问工具栏中的“保存”按钮,保存输入文件名“qt1”。单击“确定”按钮,关闭“qt1”查询窗口。

(2) 步骤 1:在【创建】功能区的【查询】分组中单击"查询设计"按钮,系统弹出查询设计器。在【显示表】对话框内添加"tStud""tScore""tCourse"字段表,拖动"tCourse"表中的"课程号"字段到"tScore"表的"课程号"字段上,拖动"tStud"表中的"学号"字段到"tScore"表的"学号"字段上,建立 3 个表之间的联系,关闭"显示表"窗口。

步骤 2:双击"tStud"表的"姓名""所属院系"字段,双击"tCourse"表"课程名"字段,双击"tScore"表中"成绩"字段,在"所属院系"字段对应的条件行内输入:"02",取消其显示。

步骤 3:单击快速访问工具栏中的"保存"按钮,保存输入文件名"qt2",单击"确定"按钮,关闭"qt2"设计视窗。

(3) 步骤 1:在【创建】功能区的【查询】分组中单击"查询设计"按钮,系统弹出查询设计器。在"显示表"窗口中双击"tCourse"表和"tScore"表,拖动"tCourse"表中的"课程号"字段到"tScore"表的"课程号"字段上建立两表的联系,双击表间联系,在弹出的【联接属性】对话框中,选中第 2 个选项。关闭【显示表】对话框。

步骤 2:双击"tCourse"表的"课程名"字段;再双击"tScore"表中的"课程号"字段,在其所在的条件行内输入:is null,并去掉其"显示"行中的勾选。

步骤 3:单击快速访问工具栏中的"保存"按钮,输入"qt3"文件名,单击"确定"按钮,关闭"qt3"设计视图。

(4) 步骤 1:在【创建】功能区的【查询】分组中单击"查询设计"按钮,系统弹出查询设计器。在【显示表】对话框中添加"tStud"表,关闭【显示表】对话框。单击【查询类型】分组中的"追加"按钮,在追加对话框内输入"tTemp"表,关闭对话框,依次双击"tStud"表的"学号""姓名""年龄"字段。

步骤 2:在【查询设置】分组中的"返回"文本框中输入上限值"5"。

步骤 3:单击"运行"按钮运行查询。单击快速访问工具栏中的"保存"按钮保存输入文件名"qt4",单击"确定"按钮,关闭"qt4"查询窗口。

步骤 4:关闭"samp2. accdb"数据库。

四、综合应用题

本题考点:窗体中文本框和命令按钮控件属性设置。第 1、2、3 小题在设计视图中右键单击控件选择"属性",设置属性;第 4 小题直接右键单击控件选择【事件生成器】,输入代码。

【操作步骤】

(1) 步骤 1:选中"窗体"对象,右键单击"fEmp"选择"设计视图"。

步骤 2:右键单击"性别"标签右侧的"未绑定"文本框选择【更改为】|【组合框】,再右键单击该控件选择"属性",打开属性表,在"数据"选项卡的"行来源类型"列选择"值列表",在"行来源"列输入"男;女"。

步骤 3:按 Ctrl+S 保存修改,关闭设计视图。

(2) 步骤 1:选中"查询"对象,右键单击"qEmp"选择"设计视图"。

步骤 2:双击"性别"字段,在"性别"字段的"条件"行输入"[forms]! [fEmp]! [tSS]",取消该字段的显示。

步骤 3:按 Ctrl+S 保存修改,关闭设计视图。

(3) 在窗体"fEmp"的设计视图中,右键单击文本框"tPa"选择"属性",在【数据】选项卡中的"控件来源"行输入"=IIf([党员否]=True,"党员","非党员")",关闭属性表。

(4) 步骤 1:右键单击命令按钮"刷新"选择【事件生成器】,空行内输入代码:

```
'*****Add1*****
Form.RecordSource = "qemp"
'*****Add1*****
```

关闭界面。

步骤 2:右键单击命令按钮"退出"选择【事件生成器】,空行内输入"代码"

```
'*****Add2*****
DoCmd.Close
'*****Add2*****
```

关闭界面。按 Ctrl+S 保存修改,关闭设计视图。

操作题真题库试题 4 答案解析

二、基本操作题

本题考点:添加新字段;链接表;窗体中命令按钮属性的设置;宏重命名。第 1 小题在表设计视图中添加新字段;第 2 小题通过选择 "外部数据"选项卡下"导入并连接"组中相关数据;第 3 小题在窗体设计视图用鼠标右键单击该控件,从弹出的快捷菜单中选择"属性"命令,设置属性;第 4 小题用鼠标右键单击该控件,从弹出的快捷菜单中选择"Tab 键顺序"命令,设置控件。设置命令按钮 bt3 时,要先查看 bt1 和 bt2 的设置。

【操作步骤】

(1) 步骤 1:选择"表"对象,右击表"销售业绩表",从弹出的快捷菜单中选择"设计视图"命令。

步骤 2:选中"时间""编号""物品号"字段,从右键菜单中选择"主键"命令。

步骤 3:单击"保存"按钮,关闭设计视图。

(2) 步骤 1:选择"表"对象,右键单击"职工表",从弹出的快捷菜单中选择"设计视图"命令。

步骤 2:在"性别"字段的下一行"字段名称"中输入"类别",单击"数据类型"列选择"文本",在下面"字段大小"行输入"2",在"有效性规则"行输入""在职"or"退休""。

步骤 3:按 Ctrl+S 保存修改,关闭设计视图。

(3) 步骤 1:单击 "外部数据"选项卡中"导入并链接"组中"文本文件"按钮,打开"获取外部数据"对话框,单击"浏览"按钮,在"考生文件夹"找到要导入的文件"Test. txt",单击"打开"按钮,选择"通过创建链接表来链接到数据源",单击"确定"按钮。

步骤 2:单击"下一步"按钮,选中"第一行包含字段名称"复选框,单击"下一步"按钮。

步骤 3:在"链接表名称"输入"tTest",单击"完成"按钮。

(4) 步骤 1:选择"窗体"对象,右键单击"fTest",从弹出的快捷菜单中选择"设计视图"命令。

步骤 2:右键单击"bt1"按钮,从弹出的快捷菜单中选择"属性"命令,查看"左""上边距""宽度"和"高度",并记录下来。关闭属性表。

步骤 3:右键单击"bt2"按钮,从弹出的快捷菜单中选择"属性"命令,查看"左边距",并记录下来。关闭属性表。

步骤 4:要设置"bt3"与"bt1"大小一致、上对齐且位于"bt1"和"bt2"之间,右键单击"bt3"按钮,从弹出的快捷菜单中选择"属性"命令,分别在"左边距""上边距""宽度"和"高度"行输入"4cm"、"2cm"、"2cm"和"1cm",关闭属性表。

步骤 5:按 Ctrl+S 保存修改。

(5) 步骤 1:右键单击"bt1"按钮,从弹出的快捷菜单中选择"Tab 键次序"命令。

步骤 2:选中"bt3"拖动鼠标到"bt2"下面,单击"确定"按钮。

步骤 3:按 Ctrl+S 保存修改,关闭设计视图。

(6) 步骤 1:选择"宏"对象。

步骤 2:右键单击"mTest",从弹出的快捷菜单中选择"重命名"命令,在光标处输入"mTemp"。

三、简单应用题

本题考点:创建无条件查询、更新查询和删除查询等。第 1、2、3、4 小题在查询设计视图中创建不同的查询,按题目要求添加字段和条件表达式。创建更新查询时要注意输入格式,字段值必须用"[]"括起来。

【操作步骤】

(1) 步骤 1:单击"创建"选项卡"查询"组中的"查询设计"按钮,在"显示表"对话框中双击表"tStud",关闭"显示表"对话框。

步骤 2:分别双击"学号""姓名""性别""年龄"和"简历"字段。

步骤 3:在"简历"字段的"条件"行输入"not like" * 摄影 * "",单击"显示"行取消该字段的显示。

步骤 4:按 Ctrl+S 保存修改,另存为"qT1"。关闭设计视图。

(2) 步骤 1:单击“创建”选项卡“查询”组中的“查询设计”按钮,在“显示表”对话框中双击表“tScore”,关闭“显示表”对话框。

步骤 2:分别双击“学号”和“成绩”字段。

步骤 3:单击 “设计”选项卡在“显示/隐藏”组中的“汇总”按钮,在“成绩”字段“总计”行下拉列表中选中“平均值”。

步骤 4:在“成绩”字段前添加“平均成绩:”字样。

步骤 5:按 Ctrl+S 保存修改,另存为“qT2”。关闭设计视图。

(3) 步骤 1:单击“创建”选项卡“查询”组中的“查询设计”按钮,在“显示表”对话框中分别双击表“tStud”、“tCourse”、“tScore”,关闭“显示表”对话框。

步骤 2:分别双击“姓名”“课程名”“成绩”字段添加到“字段”行。

步骤 3:按 Ctrl+S 保存修改,另存为“qT3”。

(4) 步骤 1:单击“创建”选项卡“查询”组中的“查询设计”按钮,在“显示表”对话框中双击表“tTemp”,关闭“显示表”对话框。

步骤 2: 单击“设计”选项卡“查询类型”组中的“更新”按钮,双击“年龄”及“团员否”字段。

步骤 3:在“年龄”字段的“更新到”行输入“[年龄]+1”,“团员否”字段的“更新到”行输入“Null”。

步骤 4:单击“设计”选项卡“结果”组中的“运行”按钮,在弹出的对话框中单击“是”按钮。

步骤 5:按 Ctrl+S 保存修改,另存为“qT4”。关闭设计视图。

四、综合应用题

本题考点:表中字段属性有效性规则的设置;窗体命令按钮控件和报表文本框控件属性的设置等。第 1 小题在设计视图中设置字段属性;第 2、3 小题分别通过在窗体和报表设计视图用鼠标右键单击该控件,从弹出的快捷菜单中选择“属性”命令,设置属性;第 4 小题通过直接用鼠标右键单击命令按钮,从弹出的快捷菜单中选择“事件生成器”命令,输入代码。

【操作步骤】

(1) 步骤 1:选择“表”对象,右键单击“tEmp”,从弹出的快捷菜单中选择“设计视图”命令。

步骤 2:单击“聘用时间”字段行任一点,在“有效性规则”行输入“<=#2006-9-30#”,在“有效性文本”行输入“输入二零零六年九月以前的日期”。

步骤 3:按 Ctrl+S 保存修改,关闭设计视图。

(2) 步骤 1:选择“报表”对象,右键单击“rEmp”,从弹出的快捷菜单中选择“设计视图”命令。

步骤 2:单击报表设计工具“设计”选项卡“分组和汇总”组中的“分组和排序”按钮,在“分组、排序和汇总”中选择“添加排序”,选择排序依据为下拉列表中的“年龄”字段,选择“降序”,关闭“分组、排序和汇总”界面。

步骤 3:右键单击“tPage”,从弹出的快捷菜单中选择“属性”命令,在“全部”选项卡“控件来源”行输入“=[Page] & ”-“ & [Pages]”,关闭属性表。

步骤 4:按 Ctrl+S 保存修改,关闭设计视图。

(3) 步骤 1:选中“窗体”对象,右键单击“fEmp”,从弹出的快捷菜单中选择“设计视图”命令。

步骤 2:右键单击标签控件“bTitle”,从弹出的快捷菜单中选择“属性”命令,在“标题”行输入“数据信息输出”,在“宽度”和“高度”行输入“5cm”和“1cm”,并在“文本对齐”行右边的下拉列表中选择“居中”,关闭属性表。

(4) 步骤 1:右键单击命令按钮“输出”,从弹出的快捷菜单中选择“事件生成器”命令,在空格行相应输入以下代码:

```
'*****Add1*****
Dim f(19) As Integer
'*****Add1*****
'*****Add2*****
f(i) = f(i-1) + f(i-2)
'*****Add2*****
'*****Add3*****
tData = f(19)
'*****Add3*****
```

关闭界面。

步骤 2:按 Ctrl+S 保存修改,关闭设计视图。

操作题真题库试题 5 答案解析

二、基本操作题

(1) 主要考查主键设置方法以及主键的含义，能作为主键的“字段”的字段值必须满足唯一性。(2) 考查掩码的设置方法，掌握在“掩码”中一些符号所代表特殊类符号。字段的大小设置，一个合理的字段大小一定能够节约数据库存储空间。(3) 考查默认值的设置。查阅向导的设计方法，查阅向导不但能方便输入，而且对数据有效性控制起到促进作用。(4) 考查表结构的调整：字段的删除。有效规则的设置，有效规则设置主要用来控制输入数据的有效性。(5) 主要考查表的美化设置。(6) 考查多表联系设置方法，考生要掌握“实施参照完整性”的含义。

【操作步骤】

(1) 步骤 1：打开“samp1.accdb”数据库，在【文件】功能区中双击 “tSubscribe”表，发现只有字段“预约 ID”的字段值是唯一的，所以应该把“预约 ID”设为主键。右击“tSubscribe”表，选择“设计视图”快捷菜单命令，在“tSubscribe”表设计视图右键单击“预约 ID”所在行，在弹出的快捷菜单中选择“主键”命令。

步骤 2：单击快速访问工具栏中的“保存”按钮保存表结构的修改。关闭设计视图。

(2) 步骤 1：右击“tSubscribe”表，选择“设计视图”快捷菜单命令，在“tSubscribe”表设计视图单击“医生 ID”字段，在其“字段属性”的“输入掩码”所在行输入：“A”000。字段大小输入：8。通过“toffice”表的“属性”查看到“医生 ID”为“8”。

步骤 2：单击“必需”所在行选择“是”。

步骤 3：单击“科室 ID”字段。在“字段属性”中的“字段大小”所在行修改为：8。

步骤 4：单击快速访问工具栏中的“保存”按钮保存表设计的修改。关闭设计视图。

(3) 步骤 1：右击“tDoctor”表，选择“设计视图”快捷菜单命令，单击“性别”字段的类型选择“查阅向导”，在【查阅向导】对话框内选择“自行输入所需的值”单选框，单击“下一步”按钮。在此对话框的第 1 列的第 1、2 行分别输入“男”和“女”。单击“完成”按钮。

步骤 2：在其“字段属性”的“默认值”所在行输入：“男”。

步骤 3：单击快速访问工具栏中的“保存”按钮保存表设计的修改。关闭设计视图。

(4) 步骤 1：右击“tDoctor”表，选择“设计视图”快捷菜单命令，单击“专长”字段。右键单击鼠标，在弹出的快捷菜单中选择“删除行”命令。在弹出的系统对话框中单击“是”按钮。

步骤 2：单击“年龄”字段，在“字段属性”下的“有效性规则”输入：＞＝18 and ＜＝60。在“有效性文本”内输入：年龄应在 18 岁到 60 岁之间。

步骤 3：单击快速访问工具栏中的“保存”按钮保存表设计的修改。关闭设计视图。

步骤 4：双击“tdoctor”表，在【开始】功能区中，单击“记录”区域中“其他”图标按钮旁边的三角箭头，在弹出的下拉列表中选择“取消隐藏字段”菜单命令，打开【取消隐藏字段】对话框，勾选“年龄”复选框，单击“关闭”按钮。

步骤 5：单击快速访问工具栏中的“保存”按钮保存表。关闭表。

(5) 步骤 1：双击“tdoctor”表。单击【开始】功能区，单击【文本格式】分组的右下角“设置数据表格式”按钮，在【设置数据表格式】对话框内，单击“背景色”下拉列表，选中“其他颜色”项，在弹出的【颜色】对话框中单击“自定义”选项卡，在其底部的“红色”“绿色”“蓝色”框中分别输入：128，单击“确定”按钮，返回【设置数据表格式】对话框，单击“网格线颜色”的下拉列表，选择“标准色”中的“白色”，单元格效果为“凹陷”。

步骤 2：关闭数据表。

(6) 步骤 1：在【数据库工具】功能区的【关系】分组中单击“关系”按钮，系统弹出“关系”窗口，在窗口内右击鼠标，选择“显示表”快捷菜单命令。添加“tDoctor”、“tOffice”、“tPatient”和“tSubscribe”。关闭【显示表】对话框。

步骤 2：拖动“tDoctor”表的“医生 ID”到“tSubscribe”表的“医生 ID”，拖动“tSubscribe”表的“病人 ID”到“tPatient”表的“tPatient”表的“病人 ID”，拖动“tSubscribe”表的“科室 ID”到“toffice”表的“科室 ID”，在每个弹出的【编辑关系】对话框中单击“创建”按钮。

步骤 3：在每个联系的“线”上右键单击，在弹出的快捷菜单上选择“编辑”命令，在【编辑关系】对话框，单击“实施参照完整性”选项框，单击“确定”按钮。

步骤 4：单击快速访问工具栏中的“保存”按钮保存建立表关系。

步骤 5：关闭“sanmp1.accdb”数据库。

三、简单应用题

(1) 本题主要考模糊查询的应用,在模糊查询中运算符 like 和通配符"?"代表任意一个字符或汉字,"*"代表任意一个符号组合或汉字。(2) 主要考查"参数"查询的方法。如何通过系统函数 weekday()获取日期中的星期几,在这里考生要注意的星期日:1、星期一:2、星期六:7。(3) 本题是一个简单的条件查询,考生要注意字段值为空的表达:is null,非空表达:is not null。(4) 本题主要考查"窗体"中的数据和查询相结合的知识,通常在查询中引用窗体的数据的格式为:[forms]! [窗体名]! [提供数据的控体名],还有就是查询中的计算方法的应用。

【操作步骤】

(1) 步骤 1:双击打开"samp2. accdb"数据库,在【创建】功能区的【查询】分组中单击"查询设计"按钮,系统弹出查询设计器。在【显示表】对话框添加"tDoctor"、"tOffice"、"tSubscribe"、"tPatient"表,关闭【显示表】对话框。双击"tPatient"表的"姓名"、"年龄"、"性别"字段,双击"tSubscribe"表的"预约日期"字段,双击"tOffice"表的"科室名称"字段,双击"tDoctor"表的"医生姓名"字段。在"医生姓名"列的后面添加字段表达式:left([tpatient]! [姓名],1),对应的条件行输入:"王",取消其"显示"行中的勾选,用同样方法在其下一列添加字段表达式:len([tpatient]! [姓名]),在其对应的条件行内输入:"2",同样取消其"显示"行中的勾选。

步骤 2:单击快速访问工具栏中的"保存"按钮保存输入文件名"qt1",单击"确定"按钮,关闭"qt1"设计窗口。

(2) 步骤 1:在【创建】功能区的【查询】分组中单击"查询设计"按钮,系统弹出查询设计器。在【显示表】对话框中添加"tsubscribe"表和"tpatient"表,关闭【显示表】对话框。单击工具栏上的"汇总"按钮。

步骤 2:在"字段"行所在的第一列内输入标题"平均年龄:",然后输入"年龄"字段。在其总计所在行选择"平均值"。

步骤 3:在"字段"所在行的第二列选择"科室 ID"字段,在其"条件"行内输入参数查询表达式:[请输入科室 ID]。"总计"所在行选择"where",去掉其"显示"行中的勾选。

步骤 4:在"字段"所在行的第三列输入求"星期几"的表达式:weekday([tsubscribe]! [预约日期]),在"总计"所在行选择"where",在其"条件"所在行输入:2,去掉其"显示"行中的勾选。

步骤 5:单击"运行"按钮,再弹出的对话框中输入任意的科室 ID 查看结果。单击快速访问工具栏中的"保存"按钮保存,输入文件名"qt2",单击"确定"按钮,关闭查询窗口。

(3) 步骤 1:在【创建】功能区的【查询】分组中单击"查询设计"按钮,系统弹出查询设计器。在【显示表】对话框中添加"tPatient"表,关闭对话框。双击"tPatient"表的"姓名"、"地址"、"电话"字段。在"电话"字段所在的"条件"行内输入:Is Null,去掉其"显示"行的勾选。

步骤 2:单击快速访问工具栏中的"保存"按钮,保存输入文件名"qt3",单击"确定"按钮,关闭"qt3"查询窗口。

(4) 步骤 1:在【创建】功能区的【查询】分组中单击"查询设计"按钮,系统弹出查询设计器。在【显示表】对话框内添加"tDoctor""tOffice""tSubscribe""tPatient"表,关闭【显示表】对话框。单击【查询工具-设计】功能区的【显示/隐藏】分组中的"汇总"按钮。

步骤 2:双击"tDoctor"表的"医生姓名"字段,在其"总计"行内选择"Group By",在其条件行内输入:[forms]! [fquery]! [tname],双击"tsubscribe"表字段"病人 ID",在字段"病人 ID"左侧单击定位光标输入标题"预约人数:",在其总计所在行选择"计数"。

步骤 3:单击"运行"按钮,单击快速访问工具栏中的"保存"按钮,保存输入文件名"qt4",单击"确定"按钮,关闭查询"qt4"窗口。

步骤 4:关闭"samp2. accdb"数据库。

四、综合应用题

本题主要考查窗体控件的设计方法和控件的样式设计,在窗体下控件功能实现的方法,这里主要考查就是 SQL 中的 select 语句的使用。

【操作步骤】

(1) 步骤 1:双击打开"samp3. accdb"数据库,在【开始】功能区的"窗体"面板中右击"fQuery"窗体,选择"设计视图"快捷菜单命令,打开 fQuery 的设计视图。在【控件】分组内单击"矩形"按钮,在"窗体"主体区拖动,产生一个"矩形"。在此"矩形"上右键单击鼠标,在弹出的快捷菜单上选择"属性"命令,在【属性表】对话框修改"名称"为:rRim,修改"宽度"为:16. 6cm,"高度"为:1. 2cm,"上边距"为:0.4cm,"左"为:0.4cm,单击"特殊效果"所在行选择"凿痕"。

步骤 2:单击快速访问工具栏中的"保存"按钮保存设置。

(2) 步骤 1:在"fQuery"窗体设计视图中选中"退出"按钮,在【属性表】对话框内中的"前景色"所在行内输入:128(系统会自动将前景色数值转换为"#800000"),在"字体粗细"行内选择"加粗"。

步骤 2:单击快速访问工具栏中的"保存"按钮保存设置。

(3) 步骤 1:在【属性表】对话框右上角的下拉列表中选择"窗体",修改"标题"为:显示查询信息。

步骤 2:单击快速访问工具栏中的"保存"按钮保存设置。

(4) 步骤 1:接上一步骤继续【属性表】中对"窗体"进行设置,在 "边框样式"所在行选择:对话框边框,在"滚动条"所在行单击选择:两者均无,在"导航按钮""分隔线"和"记录选择器"所在行选择:否,关闭【属性表】对话框。

步骤 2:单击快速访问工具栏中的"保存"按钮保存设置。

(5) 步骤 1:单击【窗体设计工具-设计】功能区的【工具】分组中的"查看代码"按钮,打开"代码生成器"窗口。

步骤 2:在 BBB. Form. RecordSource=" " 的双引号之间输入:select * from tStudent。

步骤 3:单击快速访问工具栏中的"保存"按钮,关闭 VBA 编辑窗口,关闭窗体视图,关闭"samp3. accdb"数据库窗口。

操作题真题库试题 6 答案解析

二、基本操作题

本题考点:字段属性中主键和有效性规则的设置;添加新字段和删除字段;链接表和建立表间关系;在窗体中添加标签控件及属性的设置等。第 1、2、3 小题在设计视图中设置字段属性,添加新字段和删除字段;第 5 小题在关系界面中设置表间关系;第 4 小题选择 "外部数据"选项卡下"导入并连接"组中相关数据;第 6 小题在窗体设计视图中添加控件,并通过用鼠标右键单击该控件,从弹出的快捷菜单中选择"属性"命令,设置属性。

【操作步骤】

(1) 步骤 1:选择"表"对象,右键单击表"线路",从弹出的快捷菜单中选择"设计视图"命令。

步骤 2:选中"线路 ID"字段行,右键单击"线路 ID"行,从弹出的快捷菜单中选择"主键"命令。

步骤 3:单击"天数"字段行任一点,在"字段属性"的"有效性规则"行输入">0"。

步骤 4:按 Ctrl+S 保存修改,关闭设计视图。

(2) 步骤 1:选择"表"对象,右键单击"团队"表,从弹出的快捷菜单中选择"设计视图"命令。

步骤 2:选中"团队 ID"字段行,右键单击"团队 ID"行,从弹出的快捷菜单中选择"主键"命令。

步骤 3:在"出发日期"的下一行"字段名称"列输入"线路 ID",单击"数据类型"列,在"字段大小"行输入"8"。

步骤 4:按 Ctrl+S 保存修改,关闭设计视图。

(3) 步骤 1:右键单击"游客"表,从弹出的快捷菜单中选择"设计视图"命令。

步骤 2:选中"年龄"字段行,右键单击"年龄"行,从弹出的快捷菜单中选择"删除行"。

步骤 3:在"团队 ID"字段行的下一行"字段名称"列输入"证件编号",单击"数据类型"列,在下方"字段大小"行输入"20"。

步骤 4:在"证件编号"字段行的下一行"字段名称"列输入"证件类型",单击"数据类型"列,在下拉列表中选择"查阅向导",然后在弹出对话框中选择"自行输入所需的值"复选框,单击"下一步"按钮。在弹出的对话框中依次输入 "身份证""军官证""护照",单击"下一步"按钮,再单击"完成"按钮。

步骤 5:按 Ctrl+S 保存修改,关闭设计视图。

(4) 步骤 1:单击"外部数据"选项卡下的"导入并链接"组中的"Excel",打开"获取外部数据"对话框,单击"浏览"按钮,在"考生文件夹"找到要导入的文件"test. xls",单击"打开"按钮,选择"通过创建链接表来链接到数据源"单选项,单击"确定"按钮,在打开的"链接表"对话框中选中"tTest"表,单击"确定"按钮。

步骤 2:单击"下一步"按钮,确认勾选"第一行包含列标题"复选框,单击"下一步"按钮。

步骤 3:在"链接表名称"输入"tTest",单击"完成"按钮。

(5) 步骤 1:单击“数据库工具”选项卡“关系”组中“关系”按钮,如不出现“显示表”对话框则单击“设计”选项卡“关系”组中的“显示表”按钮,分别双击表“线路”“团队”和“游客”,关闭“显示表”对话框。

步骤 2:选中表“线路”中的“线路 ID”字段,拖动鼠标到表“团队”的“线路 ID”字段,放开鼠标,勾选“实施参照完整性”选项,然后单击“创建”按钮。

步骤 3:选中表“团队”中的“团队 ID”字段,拖动鼠标到表“游客”的“团队 ID”字段,放开鼠标,勾选“实施参照完整性”选项,然后单击“创建”按钮。

步骤 4:按 Ctrl+S 保存修改,关闭“关系”界面。

(6) 步骤 1:选择“窗体”对象,右键单击“brow”,从弹出的快捷菜单中选择“设计视图”命令。

步骤 2:右键单击“窗体选择器”,从弹出的快捷菜单中选择“属性”命令,在“记录选择器”和“分隔线”右侧下拉列表中选择“否”,关闭属性表。

步骤 3:选择查询设计工具“设计”选项卡“控件”组中的“标签”控件按钮,单击窗体页眉处,然后输入“线路介绍”,单击设计视图任一处。右键单击该标签,从弹出的快捷菜单中选择“属性”命令,弹出标签属性表。

步骤 4:单击“全部”选项卡,在“名称”行输入“Line”,在“字体名称”和“字号”右侧下拉列表中选择“隶书”和“18”,关闭属性表。

步骤 5:按 Ctrl+S 保存修改。

三、简单应用题

本题考点:创建条件查询、分组总计查询和交叉表查询等。第 1、2、3、4 小题在查询设计视图中创建不同的查询,按题目要求添加字段和条件表达式。添加新字段时要注意所用表达式的格式,创建交叉表时要分清行、列、值字段,不要混淆。

【操作步骤】

(1) 步骤 1:单击“创建”选项卡“查询”组中的“查询设计”按钮,在“显示表”对话框中分别双击表“tA”“tB”,关闭“显示表”对话框。

步骤 2:分别双击“姓名”“房间号”“电话”和“入住日期”字段将其添加到“字段”行。

步骤 3:按 Ctrl+S 保存修改,另存为“qT1”。关闭设计视图。

(2) 步骤 1:单击“创建”选项卡“查询”组中的“查询设计”按钮,在“显示表”对话框中分别双击表“tA”“tB”,关闭“显示表”对话框。

步骤 2:分别双击“姓名”“房间号”字段将其添加到“字段”行。在“姓名”字段的“条件”行输入“[请输入姓名:]”。

步骤 3:在“字段”行下一列输入“已住天数:Day(Date()-[入住日期])”。

步骤 4:在“字段”行下一列输入“应交金额: Day(Date()-[入住日期]) * [价格]”。

步骤 5:按 Ctrl+S 保存修改,另存为“qT2”。关闭设计视图。

(3) 步骤 1:单击“创建”选项卡“查询”组中的“查询设计”按钮,在“显示表”对话框中分别双击表“tA”“tB”,关闭“显示表”对话框。

步骤 2:分别双击“姓名”“入住日期”“价格”和“身份证”字段添加到“字段”行。

步骤 3:在“身份证”字段的“条件”行输入“Mid([身份证],4,3)=102”,取消勾选“显示”行的复选框取消该字段显示。

步骤 4:按 Ctrl+S 保存修改,另存为“qT3”。关闭设计视图。

(4) 步骤 1:单击“创建”选项卡“查询”组中的“查询设计”按钮,在“显示表”对话框中双击“tB”,关闭“显示表”对话框。

步骤 2:单击“设计”选项卡“查询类型”组中的“交叉表”按钮。

步骤 3:在“字段”行的第一列输入“楼号: Left([房间号],2)”。双击“房间类别”“房间号”字段。

步骤 4:在“房间号”字段“总计”行右侧下拉列表中选择“计数”。

步骤 5:分别在“楼号”“房间类别”“房间号”字段的“交叉表”行右侧下拉列表中选择“行标题”,“列标题”和“值”。

步骤 6:按 Ctrl+S 保存修改,另存为“qT4”。关闭设计视图。

四、综合应用题

本题考点:窗体中文本框、命令按钮、组合框控件属性和查询的设置等。

第 1、3 小题在窗体的设计视图中通过用鼠标右键单击该控件,从弹出的快捷菜单中选择“属性”命令,设置属性;第 2 小题在查询设计视图中设置参数;第 4 小题直接用鼠标右键单击控件,从弹出的快捷菜单中选择“事件生成器”命令,输入代码。

【操作步骤】

(1) 步骤 1:选择“窗体”对象,右键单击“fEmp”,从弹出的快捷菜单中选择“设计视图”命令。

步骤 2:右键单击控件“tSS”,从弹出的快捷菜单中选择“更改为”|“组合框”,然后右键单击“tSS”,从弹出的快捷菜单

中选择“属性”命令，在“行来源类型”和“行来源”行分别输入“值列表”和“男；女”，关闭属性表，按 Ctrl＋S 保存修改，关闭设计视图。

(2) 步骤 1：选择“查询”对象，右键单击“qEmp”，从弹出的快捷菜单中选择“设计视图”命令。

步骤 2：双击“＊”和“性别”字段，添加到字段行，在“性别”字段的“条件”行输入“[forms]！[fEmp]！[tSS]”。

步骤 3：按 Ctrl＋S 保存修改，关闭设计视图。

(3) 右键窗体对象“fEmp”，打开设计视图，右键单击文本框“tPa”，从弹出的快捷菜单中选择“属性”命令，在“控件来源”行输入“＝IIf([党员否]＝True，"党员"，"非党员")”，关闭属性表。

(4) 步骤 1：右键单击命令按钮“刷新”，从弹出的快捷菜单中选择“事件生成器”命令，空行内输入以下代码：

```
'*****Add1*****
Form.RecordSomurce = "qEmp"
'*****Add1*****
```

关闭代码窗口。

步骤 2：右键单击命令按钮“退出”，从弹出的快捷菜单中选择“事件生成器”命令，输入以下代码：

```
'*****Add1*****
DoCmd.Close
'*****Add1*****
```

关闭代码窗口。

步骤 3：按 Ctrl＋S 保存修改，关闭设计视图。

操作题真题库试题 7 答案解析

二、基本操作题

本题考点：删除字段；字段属性中默认值、有效性规则的设置；修改表间关系和宏重命名等。第 1、2、3 小题在设计视图中设置字段属性和删除字段；第 4 小题在“关系”窗口中用鼠标设置表间关系；第 5 小题在窗体设计视图中通过用鼠标右键单击“窗体选择器”，从弹出的快捷菜单中选择“属性”命令，设置属性；第 6 小题通过用鼠标右键单击宏名，从弹出的快捷菜单中选择“重命名”命令来实现。

【操作步骤】

(1) 步骤 1：选择“表”对象，选中“员工表”，单击“设计”按钮进入设计视图。

步骤 2：在设计视图中选择“照片”字段行，右击，在弹出的快捷菜单中选择“删除行”，按 Ctrl+S 保存修改。

(2) 步骤 1：在“员工表”的设计视图中，单击“年龄”字段的任意位置，在“有效性规则”行输入“＞16 And ＜65”，在“有效性文本”行输入“请输入合适年龄”。

步骤 2：按 Ctrl＋S 保存修改。

(3) 步骤 1：在设计视图中选择“聘用时间”字段，在“字段属性”的“默认值”行输入“Date()”。

步骤 2：单击“保存”按钮并关闭设计视图。

(4) 步骤 1：单击“数据库工具”选项卡中“关系”按钮，选中表关系的连线，直接按 Delete 键，在弹出的对话框中单击“是”按钮删除已有关系。

步骤 2：选中表“部门表”中的“部门号”字段，拖动到“员工表”的“所属部门”字段，放开鼠标，单击“创建”按钮。按 Ctrl＋S 保存修改，关闭“关系”界面。

(5) 步骤 1：单击“窗体”对象，右键单击“fTest”窗体，选中“设计视图”命令。

步骤 2：右键单击“窗体选择器”，从弹出的快捷菜单中选择“属性”命令，在“数据”选项卡的“允许添加”行右侧下拉列表中选择“否”。保存并关闭属性表。

(6) 选择“宏”对象。右键单击“mTest”，从弹出的快捷菜单中选择“重命名”命令，在光标处输入“AutoExec”。

三、简单应用题

本题考点：创建条件查询、分组总计查询和追加查询等。第 1、2、3、4 小题在查询设计视图中创建不同的查询，按题目要求添加字段和条件表达式。创建交叉表查询设置平均成绩取整数时用“int()”函数。

【操作步骤】

(1) 步骤 1:单击“创建”选项卡“查询”组中的“查询设计”按钮,在“显示表”对话框中分别双击表“tStudent”、“tCourse”和“tGrade”,关闭“显示表”对话框。

步骤 2:分别双击 “姓名”、“课程名”和“成绩”字段。

步骤 3:在“成绩”字段的“条件”行输入“<60”。

步骤 4:按 Ctrl+S 保存修改,另存为“qT1”。关闭设计视图。

(2) 步骤 1:单击“创建”选项卡“查询”组中的“查询设计”按钮,在“显示表”对话框中双击表“tStudent”、“tGrade”,关闭“显示表”对话框。

步骤 2:分别双击“姓名”“政治面貌”“毕业学校”和“成绩”字段。

步骤 3:在“成绩”字段前添加“平均成绩:”字样。

步骤 4:单击“设计”选项卡“显示/隐藏”组中的“汇总”按钮,在“成绩”字段“总计”行下拉列表中选择“平均值”,在“排序”行的下拉列表中选择“降序”。

步骤 5:按 Ctrl+S 保存修改,另存为“qT2”。关闭设计视图。

(3) 步骤 1:单击“创建”选项卡“查询”组中的“查询设计”按钮,在“显示表”对话框中分别双击表“tStudent”、“tCourse”和“tGrade”,关闭“显示表”对话框。

步骤 2:单击“设计”选项卡“查询类型”组中的“交叉表”按钮。

步骤 3:分别双击“班级”、“课程名”和“成绩”字段。

步骤 4:在“成绩”字段“总计”行右侧下拉列表中选择“平均值”。

步骤 5:分别在“班级”“课程名”和“成绩”字段的“交叉表”行右侧下拉列表中选中“行标题”“列标题”和“值”。

步骤 6:在查询设计视图中单击右键,在弹出的快捷菜单中选择“SQL 视图”命令,将“Avg(tGrade.成绩)”修改为“int(Avg(tGrade.成绩)+0.5)”。

步骤 7:按 Ctrl+S 保存修改,另存为“qT3”。关闭设计视图。

(4) 步骤 1:单击“创建”选项卡“查询”组中的“查询设计”按钮,在“显示表”对话框中分别双击表“tStudent”“tCourse”和“tGrade”,关闭“显示表”对话框。

步骤 2:单击“设计”选项卡“查询类型”组中的“追加”按钮,在弹出的“追加”对话框的“表名称”中输入“tTemp”,单击“确定”按钮。

步骤 3:双击“班级”“学号”“性别”“课程名”“成绩”字段。

步骤 4:在“性别”字段的“条件”行输入“男”。

步骤 5:单击“设计”选项卡“结果”组中的“运行”按钮,在弹出的对话框中单击“是”按钮。

步骤 6:按 Ctrl+S 保存修改,另存为“qT4”。关闭设计视图。

四、综合应用题

本题考点:窗体中命令按钮控件和报表中文本框控件属性的设置等。第 1、2、3 小题分别在窗体和报表的设计视图通过用鼠标右键单击控件名,从弹出的快捷菜单中选择“属性”命令,设置属性;第 4 小题通过直接用鼠标右键单击控件名,从弹出的快捷菜单中选择“事件生成器”命令,输入代码。

【操作步骤】

(1) 步骤 1:选择“窗体”对象,在设计视图中打开窗体“fEmp”。

步骤 2:右键单击命令按钮“报表输出”,从弹出的快捷菜单中选择“Tab 键次序”命令,在“Tab 键次序”对话框的“自定义顺序”列表中选中“bt2”拖动到“bt1”下,松开鼠标,单击“确定”按钮。

(2) 步骤 1:右键单击按钮“报表输出”,从弹出的快捷菜单中选择“属性”命令,查看“上边距”“左”“宽度”“高度”,并记录下来。

步骤 2:设置“退出”命令按钮与“报表输出”按钮一致。在属性表中,单击对象列表的下拉按钮,在下拉列表中选择“bt2”,切换到“bt2”按钮属性,按题目要求设置按钮位置。保存并关闭属性窗口及设计视图。

(3) 步骤 1:选择“报表”对象,右键单击“rEmp”,从弹出的快捷菜单中选择“设计视图”命令。

步骤 2:单击报表设计工具“设计”选项卡“分组和汇总”组中的“分组和排序”按钮,在“分组、排序和汇总”中选择“添加排序”,选择排序依据为下拉列表中的“姓名”,选择“升序”。再单击“添加排序”,选择排序依据为“年龄”,选择“降序”,关闭“分组、排序和汇总”界面。

步骤 3:右键单击“tPage”控件,从弹出的快捷菜单中选择“属性”,在“全部”选项卡“控件来源”行输入"="第 " & [Page] & "页/共" & [Pages] & "页"",关闭属性表。按 Ctrl+S 保存修改,关闭设计视图。

(4) 步骤 1:选中“窗体”对象,右键单击“fEmp”,在弹出的快捷菜单中选择“设计视图”命令。

步骤 2:右键单击按钮“报表输出”,在弹出的快捷菜单中选择“事件生成器”命令,输入以下代码:

```
'*****Add*****
if MsgBox("报表预览", vbYesNo + vbQuestion, "确认") = vbYes Then
'*****Add*****
```

步骤 3:右键单击命令按钮“退出”,在弹出的快捷菜单中选择“属性”命令,在“事件”选项卡的“单击”行右侧下拉列表中选中“mEmp”,按 Ctrl+S 保存修改,关闭属性表,关闭设计视图。

操作题真题库试题 8 答案解析

二、基本操作题

(1) 本题主要考查主键设置方法和字段名称的修改。(2) 主要考查字段属性的有效规则设置。(3) 考查表结构调整的方法:添加和删除字段。(4) 考查记录操作:删除。(5) 考查默认值的设置。(6) 考查 Access 中数据的导入方法。

【操作步骤】

(1) 步骤 1:双击打开“samp1.accdb”数据库,右击tStud表,选择“设计视图”快捷菜单命令,打开表设计视图。在表设计视图下,单击“编号”修改为“学号”,单击“学号”所在行,右键单击鼠标,在快捷菜单中选择“主键”命令。

步骤 2:单击快速访问工具栏中的“保存”按钮,关闭“表设计视图”。

(2) 步骤 1:右击 tStud 表,选择“设计视图”快捷菜单命令,打开表设计视图。在表设计视图下,单击“入校时间”字段。在“字段属性”中“有效性规则”中输入:<#2005-1-1#。

步骤 2:单击快速访问工具栏中的“保存”按钮,关闭“表设计视图”。

(3) 步骤 1:右击 tStud 表,选择“设计视图”快捷菜单命令,打开表设计视图。在表设计视图下,单击“照片”字段,单击【工具】分组中的“删除行”按钮。

步骤 2:单击快速访问工具栏中的“保存”按钮,关闭“表设计视图”。

(4) 步骤 1:双击“tStud”表,分别选中“学号”为“000003”和“000011”的两条记录,按<Del>键。

步骤 2:单击快速访问工具栏中的“保存”按钮,关闭表。

(5) 步骤 1:右击 tStud 表,选择“设计视图”快捷菜单命令,打开表设计视图。在表设计视图下,单击“年龄”字段。在“字段属性”中“默认值”行内输入:23。

步骤 2:单击快速访问工具栏中的“保存”按钮,关闭“表设计视图”。

(6) 步骤 1:在【外部数据】功能区的“导入并链接”组中单击“文本文件”按钮。在【导入】对话框中查找要导入的文件“tStud.txt”,选择“向表中追加一份记录的副本”单选框,在其对应的行下拉框中选择“tStud”表。

步骤 2:单击“下一步”按钮,在选择字段分隔符向导界面中选中“第一行包含字段名称”复选框。

步骤 3:连续单击“下一步”按钮至最后的完成界面。

步骤 4:单击“完成”按钮,关闭向导。

三、简单应用题

(1) 考查简单的条件查询。(2) 本题是分组性别“男”“女”查询,所用的计算方法为“平均值”。(3) 参数查询的设计方法，如何引用窗体中的数据作为输入参数。窗体数据的引用格式：[Forms]！[f窗体名]！[控件名]。(4) 本题考查删除查询。删除查询是从数据表中删除废弃不用的数据。查询对象只有查询的操作，操作的效果是作用在“表”上的。同时考查了模糊查询的相关知识。

【操作步骤】

(1) 步骤1：双击打开“samp2.accdb”数据库，在【创建】功能区的【查询】分组中单击“查询设计”按钮，系统弹出查询设计器。在【显示表】对话框中添加“tStaff”表。关闭【显示表】对话框。双击教师的“编号”“姓名”“性别”“政治面目”和“学历”字段，在“学历”的条件行添加“研究生”，取消“显示”行复选框的勾选。

步骤2：单击工具栏上的“保存”按钮，输入文件名“qt1”。单击“确定”按钮，关闭“qt1”设计视图。

(2) 步骤1：在【创建】功能区的【查询】分组中单击“查询设计”按钮，系统弹出查询设计器。在【显示表】对话框中添加“tStaff”表。关闭【显示表】对话框，单击【显示/隐藏】分组中的“汇总”按钮，双击“性别”，在其“总计”行选择“Group By”。双击“年龄”，光标在其左侧单击添加标题“平均年龄：”，在其“总计”行选择“平均值”。

步骤2：单击工具栏上的“保存”按钮，输入文件名“qt2”。单击“确定”按钮，关闭“qt2”设计视图。

(3) 步骤1：在【创建】功能区的【查询】分组中单击“查询设计”按钮，系统弹出查询设计器。在【显示表】对话框中添加“tStaff”表，关闭【显示表】对话框，双击教师的“编号”“姓名”“性别”“职称”字段，在“性别”的条件行输入参数查询：[Forms]！[fTest]！[tSex]。

步骤2：单击工具栏上的“保存”按钮，输入文件名“qt3”。单击“确定”按钮，关闭“qt3”设计视图。

(4) 步骤1：在【创建】功能区的【查询】分组中单击“查询设计”按钮，系统弹出查询设计器。在【显示表】对话框中添加“tTemp”表。单击【查询类型】分组中的“删除”按钮，然后双击教师的“姓名”字段，在其条件行内输入：Like “李？明*”。

步骤2：单击“运行”按钮运行查询。单击工具栏上的“保存”按钮，输入文件名“qt4”。单击“确定”按钮。

步骤3：关闭“samp2.accdb”数据库。

四、综合应用题

主要考查的考点有：报表向导的使用；在报表中设置报表的控件格式、报表中的数据的汇总等内容。

【操作步骤】

步骤1：在“samp3.accdb”数据库窗口下，在【创建】功能区的【报表】分组中单击“报表向导”按钮，系统弹出【报表向导】对话框。

步骤2：在“表/查询”下拉框中选择：查询：qt；将“可用字段”列表框中的字段全部添加到“选定字段”列表框中。

步骤3：单击“下一步”按钮，选中“职称”字段，单击“>”按钮，将其添加到右边的列表中。

步骤4：单击“下一步”按钮，接着单击向导中“汇总选项”按钮，在弹出的“汇总选项”对话框中，勾选“基本工资”行中的“汇总”和“平均”复选框，单击“确定”按钮关闭对话框。

步骤5：单击“下一步”按钮，保持默认设置，继续单击“下一步”按钮，在“请为报表指定标题：”框中输入：工资汇总表；选中“修改报表设计”单选项，单击“完成”按钮，打开报表设计视图。

步骤6：适当的调整“页面页眉”节区的标签控件位置及大小（标签不要发生重叠），同时调整“主体”节区中文本框的位置及大小，使之与“页面页眉”节区中标签控件的位置对应。

步骤7：选中“职称页脚”节区中名称为“基本工资之合计”的文本框（即“＝Sum([基本工资])”文本框），在【属性表】对话框中修改名称为：sSum；接着将该节区的另外一个文本框控件（即“＝Avg([基本工资])”文本框）的名称修改为：sAvg。

步骤8：单击【控件】分组中的“文本框”按钮，在报表主体节内“拖动”两个文本框（适当的加大“主体”节区显示范围）。在【属性表】对话框修改文本框的“名称”为：ySalary，在“控件来源”内输入：＝[基本工资]＋[津贴]＋[补贴]，将文本框前的标签“标题”设置为：应发工资；在第二个文本框上右键单击，在快捷菜单上选择“属性”命令，在【属性表】对话框修改“名称”为：sSalary，在“控件来源”内输入：＝[基本工资]＋[津贴]＋[补贴]－[住房基金]－[失业保险]，将文本框前的标签“标题”设置为：实发工资。报表设计视图最终效果

步骤9：单击快速访问工具栏中的“保存”按钮，保存设置，关闭报表设计视图。

步骤10：在“报表”面板中右击新创建的“工资汇总表”报表，选择“重命名”快捷菜单命令，修改报表名为：eSalary。

步骤11：关闭“samp3.accdb”数据库。

操作题真题库试题 9 答案解析

二、基本操作题

本题考点：设置行高；字段属性中有效性文本和有效性规则的设置；添加新字段；设置冻结字段和建立表间关系等。第 1、4 小题在数据表中设置行高和冻结字段；第 2、3 小题在设计视图中设置字段属性和添加新字段；第 5 小题通过用鼠标右键单击表名，从弹出的快捷菜单中选择“导出”命令来实现；第 6 小题在关系界面中设置表间关系。

【操作步骤】

(1) 步骤 1：选择“表”对象，双击“员工表”，打开数据表视图。

步骤 2：单击“开始”选项卡“记录”组中的“其他”按钮，选择“行高”命令。在“行高”对话框中输入“15”单击“确定”按钮。

步骤 3：按 Ctrl+S 保存修改。

(2) 步骤 1：右键“员工表”，选择“设计视图”命令。

步骤 2：单击“年龄”字段行任一点，在“有效性规则”行输入“>17 And <65”，在“有效性文本”行输入“请输入有效年龄”。

(3) 步骤 1：选中“职务”字段行，右键单击“职务”行，从弹出的快捷菜单中选择“插入行”命令。

步骤 2：在“字段名称”列输入“密码”，单击“数据类型”列，在“字段大小”行输入“6”。

步骤 3：单击“输入掩码”右侧“生成器”按钮，在弹出的对话框中选择“密码”行。单击“下一步”按钮，再单击“完成”按钮。

步骤 4：按 Ctrl+S 保存修改。

(4) 步骤 1：双击表对象“员工表”，打开数据表视图。

步骤 2：选中“姓名”字段列，右键单击，在弹出的快捷菜单中选择“冻结字段”命令。

步骤 3：按 Ctrl+S 保存修改，关闭数据表视图。

(5) 步骤 1：右键单击“员工表”，从弹出的快捷菜单中选择“导出”→“文本文件”。

步骤 2：在“保存位置”找到要放置的位置，在“文件名”文本框中输入“Test”，单击“保存”按钮，单击“确定”按钮。

步骤 3：单击“下一步”按钮，在弹出的对话框中勾选“第一行包含字段名称”复选框，单击“下一步”按钮，再单击“完成”按钮。最后单击“关闭”按钮。

(6) 步骤 1：单击“数据库工具”选项卡中“关系”组中的“关系”按钮，如不出现“显示表”对话框则单击“关系工具”选项卡下“设计”选项卡“关系”组中的“显示表”按钮，分别双击表“员工表”和“部门表”，关闭“显示表”对话框。

步骤 2：选中“部门表”中的“部门号”字段，拖动到表“员工表”的“所属部门”字段，放开鼠标，勾选“实施参照完整性”选项，然后单击“创建”按钮。

步骤 3：按 Ctrl+S 保存修改，关闭“关系”界面。

三、简单应用题

本题考点：创建条件查询、更新查询和交叉表查询等。第 1、2、3、4 小题在查询设计视图中创建不同的查询，按题目要求添加字段和条件表达式。

【操作步骤】

(1) 步骤 1：单击“创建”选项卡“查询”组中的“查询设计”按钮，在“显示表”对话框中双击表“tStud”，关闭“显示表”对话框。

步骤 2：分别双击“学号”“姓名”“所属院系”“入校时间”“性别”字段。

步骤 3：在“入校时间”字段 “条件”行输入“Is Not Null”，在“性别”字段“条件”行输入“男”，分别单击“显示”行的勾选框取消这两个字段的显示。如步骤 4:按 Ctrl+S 保存修改,另存为“qT1”。关闭设计视图。

(2) 步骤 1:单击“创建”选项卡“查询”组中的“查询设计”按钮,在“显示表”对话框中分别双击表“tStud”、“tCourse”、“tScore”,关闭“显示表”对话框。

步骤 2:用鼠标拖动“tScore”表中“学号”字段至“tStud”表中的“学号”字段,建立两者的关系,用鼠标拖动“tCourse”表中“课程号”至“tScore”表中的“课程号”字段,建立两者的关系。

步骤 3:分别双击“姓名”“课程名”字段将其添加到“字段”行。按 Ctrl+S 保存修改,另存为“qT2”。关闭设计视图。

(3) 步骤 1:单击“创建”选项卡“查询”组中的“查询设计”按钮,在“显示表”对话框中双击表“tStud”,关闭“显示表”对话框。

步骤 2:单击“设计”选项卡“查询类型”组中的“交叉表”按钮。

步骤 3:分别双击“性别”“所属院系”和“年龄”字段。

步骤 4:在“年龄”字段前添加“平均年龄:”字样,在“总计”行右侧下拉列表中选中“平均值”。

步骤 5:分别在“性别”“所属院系”和“年龄”字段的“交叉表”行右侧下拉列表中选中“行标题”、“列标题”和“值”。

步骤 6:按 Ctrl+S 保存修改,另存为“qT3”。关闭设计视图。

(4) 步骤 1:单击“创建”选项卡“查询”组中的“查询设计”按钮,在“显示表”对话框中双击表“Temp”,关闭“显示表”对话框。

步骤 2:单击“设计”选项卡“查询类型”组中的“更新”按钮。

步骤 3:分别双击“年龄”和“简历”字段。

步骤 4:在“年龄”字段的“条件”行输入“[年龄] Mod 2=0”单击“显示”行取消该字段的显示。,在“简历”字段“更新到”行输入“" "”。

步骤 5:单击“设计”选项卡“结果”组中的“运行”按钮,在弹出的对话框中单击“是”按钮。

步骤 6:按 Ctrl+S 保存修改,另存为“qT4”。关闭设计视图。

四、综合应用题

本题考点:窗体中标签和命令按钮控件属性的设置;报表属性设置等。第 1、2 题通过在窗体的设计视图中用鼠标右键单击该控件,从弹出的快捷菜单中选择“属性”命令,设置属性;第 3 小题直接用鼠标右键单击控件名,从弹出的快捷菜单中选择“事件生成器”命令,输入代码;第 4 小题直接用鼠标右键单击“报表选择器”,从弹出的快捷菜单中选择“属性”命令,设置属性。设置命令按钮“bt2”时,要查看另外两个命令按钮数据的设置,运用简单的计算得出“bt2”的位置参数。

【操作步骤】

(1) 步骤 1:选择“窗体”对象,右键单击“fEmp”,从弹出的快捷菜单中选择“设计视图”命令。

步骤 2:右键单击标签控件“bTitle”,从弹出的快捷菜单中选择“属性”命令,在“特殊效果”行右侧下拉列表中选择“阴影”。

步骤 3:关闭属性窗口。

(2) 步骤 1:右键单击“bt1”按钮,从弹出的快捷菜单中选择“属性”命令,查看“左”“上边距”“宽度”和“高度”,并记录下来。关闭属性窗口。

步骤 2:右键单击“bt3”按钮,从弹出的快捷菜单中选择“属性”命令,查看“上边距”,并记录下来。关闭属性窗口。

步骤 3:要设置“bt2”与“bt1”大小一致、左对齐且位于“bt1”和“bt3”之间,右键单击“bt2”按钮,从弹出的快捷菜单中选择“属性”命令,分别在“左”“上边距”“宽度”和“高度”行输入“3cm”“2.5cm”“3cm”和“1cm”,关闭属性窗口。

步骤 4:按 Ctrl+S 保存修改,关闭“关系”界面。

(3) 步骤 1:用设计视图打开窗体“fEmp”,右键单击窗体,选择“事件生成器”命令,选择“代码生成器”,进入编码环境。

步骤 2:在空行内分别输入以下代码:

```
'*****Add1*****"
bTitle.ForeColor = vbRed
'*****Add1*****"
'*****Add2*****"
mdPnt (acViewPreview)
'*****Add2*****"
```

```
'*****Add3*****"
mdPnt (acViewNormal)
'*****Add3*****"
```

步骤3:右键单击“退出”按钮,选择“属性”命令,在“属性”窗口中“事件”选项卡“单击”的下拉列表中选择“mEmp”,关闭属性表。

步骤4:保存修改,关闭设计视图。

(4) 步骤1:选择“报表”对象,右键单击“rEmp”,从弹出的快捷菜单中选择“设计视图”命令。

步骤2:右键单击“报表选择器”,从弹出的快捷菜单中选择“属性”命令,在“记录源”行右侧下拉列表中选中“tEmp”,关闭属性窗口。

步骤3:按Ctrl+S保存修改,关闭设计界面。

操作题真题库试题10答案解析

二、基本操作题

(1) 主要考查美化表中字体改变、调整行高与列宽。(2) 主要考查字段说明的添加,字段说明的添加主要是让阅读数据库的人读懂了解字段的含义,对数据库的运行和功能没有影响。(3) 主要考查表的数据类型的修改。(4) 主要考查OLE对象的图片的修改与重设。(5) 考查表字段的显示与掩藏。(6) 考查表字段的添加与删除的方法。表的格式的美化在表视图下通过【文本格式】分组实现。在表设计视图下完成对字段的修改、添加、删除等操作。

【操作步骤】

(1) 步骤1:打开“samp1.accdb”数据库,在【文件】功能区中双击“tStud”表,接着单击【开始】功能区,在【文本格式】分组的“字号”列表中选择“14”,单击快速访问工具栏中的“保存”按钮。

步骤2:继续在【开始】功能区中,单击【记录】分组中“其他”按钮旁边的三角箭头,在弹出的下拉列表中选择“行高”命令,在【行高】对话框中输入“18”,单击“确定”按钮。关闭“tStud”表。

(2) 步骤1:右击“tStud”表,选择“设计视图”快捷菜单命令。在“简历”字段所在行的说明部分单击鼠标,定位光标后输入“自上大学起的简历信息”。

步骤2:单击快速访问工具栏中的“保存”按钮保存设置。

(3) 步骤1:右击“tStud”表,选择“设计视图”快捷菜单命令。在“tStud”表设计视图下,单击“年龄”字段所在行的数据类型,在下方的“字段属性”中,修改“字段大小”的数据类型为“整型”。

步骤2:单击快速访问工具栏中的“保存”按钮。关闭“tStud”表的设计视图。

(4) 步骤1:双击打开“tStud”表,右击学号为“20011001”行的“照片”记录,选择“插入对象”快捷菜单命令,打开【对象】对话框。

步骤2:选择“由文件创建”选项。单击“浏览”按钮查找图片“photo.bmp”存储位置,单击“确定”按钮。

(5) 步骤1:继续上一题操作,在【开始】功能区中,单击“记录”区域中“其他”图标按钮旁边的三角箭头,在弹出的下拉列表中选择“取消隐藏字段”菜单命令,打开【取消隐藏字段】对话框。

步骤2:勾选“党员否”复选框,单击“关闭”按钮。

(6) 步骤1:接上一题操作,在表记录浏览视图中右击“备注”字段名,选择“删除字段”快捷菜单命令。

步骤2:在弹出的对话框中单击“是”按钮。

步骤3:单击快速访问工具栏中的“保存”按钮,关闭“samp1.accdb”数据库。

三、简单应用题

(1) 本题主要考查条件查询,在查询的条件的表达中要用到求平均值的系统函数avg()。(2) 本题考查多表查询,考生必须要对多表查询的条件了解,从而才能实现在多个表中实现数据的获取。(3) 本题从查询的过程来讲和前面的基本相同,但是在查询条件设置中要求考生对空条件和非空条件的表达要很好的掌握。空值:is null、非空 is not null。(4) 本题主要考查删除查询的应用,包括删除条件的设置中使用SQL中select语句。

【操作步骤】

(1) 步骤1:打开“samp2.accdb”数据库,在【创建】功能区的【查询】分组中单击“查询设计”按钮,系统弹出查询设计器。在【显示表】对话框中双击“tStud”表,将表添加到查询设计器中,关闭【显示表】对话框。分别双击“tStud”表的字段“年龄”、“所属院系”。在“字段”行内出现“年龄”、“所属院系”,分别把光标定位在“年龄”、“所属院系”字段的左侧,添加标题

“平均年龄:”“院系:”“表”所在行不需要考虑,自动添加“tStud”。

注意:在定义字段新标题的时候,新字段名和数据表字段之间的引号为英文半角状态下的双引号,不要在中文状态下输入双引号,包括后面涉及的其他符号,例如大于、小于、中括号等非中文字符的符号,都应该在英文半角状态下输入,否则,系统可能会将其中一些符号识别为其他的,而导致程序出错。

步骤 2:单击【查询工具-设计】功能区中的“汇总”按钮,将出现“总计”行,在“年龄”的总计行内选择“平均值”,在“所属院系”的总计行内选择“group by”。

步骤 3:单击【文件】功能区的【结果】分组中的“运行”按钮,执行操作。单击快速访问工具栏中的“保存”按钮,保存查询文件名为“qT1”,单击“确定”按钮,关闭“qT1”查询窗口。

另外,本题也可以使用 SQL 语句完成,操作如下:

步骤 1:打开“samp2. accdb”数据库,在【创建】功能区的【查询】分组中单击“查询设计”按钮,系统弹出查询设计器,关闭【显示表】对话框。

步骤 2:在【文件】功能区的【结果】分组中,单击“视图”按钮下方的三角箭头,选择“SQL 视图”命令,打开数据定义窗口,输入 SQL 语句。

步骤 3:单击【文件】功能区的【结果】分组中的“运行”按钮,执行操作。单击快速访问工具栏中的“保存”按钮,保存查询文件名为“qT1”,单击“确定”按钮,关闭“qT1”查询窗口。

(2) 步骤 1:在【创建】功能区的【查询】分组中单击“查询设计”按钮,在【显示表】对话框中分别双击“tStud”“tCourse”“tScore”表,将表添加到查询设计器中,关闭【显示表】对话框,需要注意的是,虽然要查询的字段只在“tStud”“tCourse”表中,但是必须把 tScore 加入才能建立联系,才能实现多表查询。

步骤 2:分别在“tStud”表中双击“姓名”字段,在 tCourse 表中双击“课程名”字段。

步骤 3:单击【文件】功能区的【结果】分组中的“运行”按钮,执行操作。单击快速访问工具栏中的“保存”按钮,保存查询文件名为“qT2”,单击“确定”按钮,关闭“qT2”查询窗口。

(3) 步骤 1:在【创建】功能区的【查询】分组中单击“查询设计”按钮,系统弹出查询设计器。在【显示表】对话框中双击“tCourse”表,将表添加到查询设计器中,关闭【显示表】对话框。

步骤 2:在“tCourse”中双击“课程名”“学分”“先修课程”字段。设置“先修课程”非空条件的表达为:Is Not Null,取消“先修课程”列中“显示”框的勾选(该字段不要显示)。

步骤 3:单击【文件】功能区的【结果】分组中的“运行”按钮,执行操作。单击快速访问工具栏中的“保存”按钮,保存查询文件名为“qT3”,单击“确定”按钮,关闭“qT3”查询窗口。

(4) 步骤 1:在【创建】功能区的【查询】分组中单击“查询设计”按钮,系统弹出查询设计器。在【显示表】对话框中双击“tTemp”表,将表添加到查询设计器中,关闭【显示表】对话框。

步骤 2:在【查询工具-设计】功能区的【查询类型】分组中单击“删除”按钮,双击“tTemp”表中字段“年龄”,在其条件行中添加:>(select avg([年龄]) from tTemp)。

步骤 3:单击【文件】功能区的【结果】分组中的“运行”按钮,执行操作。单击快速访问工具栏中的“保存”按钮,保存查询文件名为“qT4”,单击“确定”按钮,关闭“qT4”查询窗口。

四、综合应用题

本题考查窗体控件的应用,其中包括控件的设计、样式的设置、名称和标题的修改以及功能的实现。考生主要要掌握工具的控件的使用方法以及功能。

【操作步骤】

(1) 步骤 1:打开“samp3. accdb”数据库窗口。在【窗体】功能区的“窗体”面板中右击“fStaff”窗体,选择“设计视图”快捷菜单命令。单击【窗体设计工具-设计】功能区中的“标签”控件。在窗体设计器的“窗体页眉”区域中单击鼠标,在光标闪动处输入:员工信息输出。

步骤 2:在标签上右键单击,选择“属性”快捷菜单命令,打开【属性表】对话框。

注意:如果已打开【属性表】对话框,则不执行该操作,后面有关【属性表】对话框(包括报表设计视图中的【属性表】对话框)的操作与此相同。

步骤 3:选中标签控件,在【属性表】对话框的“名称”对应行中输入“bTitle”。

步骤 4:单击快速访问工具栏中的“保存”按钮保存设置。

(2) 步骤 1:单击【窗体设计工具-设计】功能区中的“选项组”控件,在窗体设计器的“主体”中单击鼠标。出现选项组向导,单击“取消”按钮。

步骤 2:在【属性表】对话框中修改选项组“名称”为:opt;接着选中选项组控件中的标签,在【属性表】对话框中修改“名称”为:bopt,修改“标题”为:性别。

注意:单选按钮组中包含的标签可以看成是一个独立的标签控件,当设置该标签的属性时候,需要先选中标签,类似的控件有单选按钮、复选框按钮等,大家在进行相关属性设置的时候,需要注意控件的选择,否则不能正确设置控件的属性。

(3) 步骤1:单击【窗体设计工具-设计】功能区中的"选项按钮"控件。在选项按钮组的方框内单击鼠标,产生一个单选按钮,在【属性表】对话框中修改"名称"为:opt1,接着选中单选按钮的标签,在【属性表】对话框中修改名称为:bopt1,修改"标题"为:男。

步骤2:参考步骤1的设计方法添加第2个单选按钮。单选按钮的名称为:opt2,单选按钮的标签名为:bopt2,标题为:女。

(4) 步骤1:单击【窗体设计工具-设计】功能区中的"按钮"控件,在"窗体页脚"节区内单击鼠标。

步骤2:在弹出的向导对话框中直接单击"取消"。在【属性表】对话框中修改按钮的"名称"为:bOk,标题修改为:确定。以同样的方法设计第2个按钮按钮,"名称"为:bQuit,"标题"为:退出。

步骤3:适当的调整窗体中各个控件的大小及位置,单击快速访问工具栏中的"保存"按钮,设计完成后的窗体。

(5) 步骤1:在【属性表】对话框的左上角下拉列表框中选择"窗体"项,修改窗体标题为"员工信息输出"。关闭【属性表】对话框。

步骤2:单击快速访问工具栏中的"保存"按钮,关闭"fstaff"窗体的设计窗口。关闭"samp3. accdb"数据库窗口。

操作题真题库试题11答案解析

二、基本操作题

本题考点:表名更改;字段属性中的主键、标题、索引和输入掩码的设置;设置隐藏列等。第1小题表名更改可以直接用鼠标右键单击表名进行重命名;第2、3、4、5小题字段属性在设计视图中进行设置;第6小题使隐藏列显示在数据表视图中进行设置。设置"电话"字段的输入掩码时,要求输入的是数字,因此输入掩码要设置成"00000000"格式。

【操作步骤】

(1) 打开考生文件夹下的数据库文件 samp1. accdb,单击"表"对象,在"学生基本情况"表上右击,在弹出的快捷菜单中选择"重命名"命令,然后输入"tStud"。

(2) 选中表"tStud",右击,选择"设计视图"命令进入设计视图,在"身份 ID"字段上右击,然后选择"主键"命令,将"身份 ID"设置为主键,在下面"标题"栏中输入"身份证"。

(3) 选择"姓名"字段,在"索引"栏后的下拉列表中选择"有(有重复)"。

(4) 选择"语文"字段,右击,在弹出的快捷菜单中选择"插入行"命令,输入"电话"字段,在后面的"数据类型"中选择"文本",在下面的"字段大小"中输入12。

(5) 选择"电话"字段,在"字段属性"下的"输入掩码"行输入" ″010-″00000000",单击快速访问工具栏中的"保存"按钮,关闭设计视图界面。

(6) 双击表"tStud"打开数据表视图,单击"开始"选项卡下"记录"组中的"其他"按钮,在弹出的菜单中选择"取消隐藏字段"命令,打开"取消隐藏列"对话框,勾选列表中的"编号",单击"关闭"按钮。单击快速访问工具栏中的"保存"按钮,关闭数据表视图。

三、简单应用题

本题考点:创建条件查询、交叉表查询、参数查询和生成表查询。

【操作步骤】

(1) 步骤1:单击"创建"选项卡,在"查询"组单击"查询设计"按钮,在打开的"显示表"对话框中双击"tStud",关闭"显示表"窗口,然后分别双击"姓名""性别""入校时间"和"政治面目"字段。

步骤2:在"政治面目"字段的"条件"中输入"党员",并取消该字段的"显示"复选框的勾选。

步骤3:单击快速访问工具栏中的"保存"按钮,将查询保存为"qT1"。运行并退出查询。

(2) 步骤1:单击"创建"选项卡,在"查询"组选择"查询设计"按钮,在打开的"显示表"对话框中双击"tScore",关闭"显示表”窗口，然后分别双击“学号”和“成绩”字段。

步骤 2：将“成绩”字段改为“平均分：成绩”，选择“显示/隐藏”组中的“汇总”命令，在“总计”行中选择该字段的“平均值”，在“条件”行输入“＞[请输入要比较的分数：]”。

步骤 3：单击快速访问工具栏中的“保存”按钮，将查询保存为“qT2”，运行并退出查询。

(3) 步骤 1：单击“创建”选项卡，在“查询”组选择“查询设计”按钮，在打开的“显示表”对话框中分别双击“tScore”和“tCourse”，关闭“显示表”窗口。

步骤 2：选择“查询类型”组的“交叉表”按钮。然后分别双击“学号”、“课程名”和“成绩”字段。

步骤 3：修改字段“学号”为“班级编号：left([tScore]! [学号],8)”；将“成绩”字段改为“round(avg([成绩]))”，并在“总计”中选择“Expression”。分别在“学号”“课程名”和“成绩”字段的“交叉表”行中选择“行标题”“列标题”和“值”。

步骤 4：单击快速访问工具栏中的“保存”按钮，将查询保存为“qT3”，运行并退出查询。

(4) 步骤 1：单击“创建”选项卡，在“查询”组选择“查询设计”按钮，在打开的“显示表”对话框中分别双击“tScore”、“tStud”和“tCourse”，关闭“显示表”窗口。

步骤 2：单击“查询类型”组中的“生成表”按钮，在弹出的对话框中输入新生成表的名字“tNew”。

步骤 3：分别双击“学号”、“姓名”、“性别”、“课程名”和“成绩”字段，在“课程名”字段的“排序”行中选择“降序”，在“成绩”字段的“条件”行中输入“＞＝90 or ＜60”。

步骤 4：单击快速访问工具栏中的“保存”按钮，将查询保存为“qT4”，运行查询。

四、综合应用题

本题考点：在报表中添加标签、文本框、计算控件及其属性的设置。在报表的设计视图中添加控件，并右键单击该控件属性，对控件属性进行设置。在对报表控件属性设置时要细心，特别是添加计算控件时，要注意选对所需要的函数。

【操作步骤】

(1) 步骤 1：选择“报表”对象，在报表“rStud”上右击，在弹出的快捷菜单中选择“设计视图”。选择“控件”组中“标签”控件按钮，单击报表页眉处，然后输入“97 年入学学生信息表”。

步骤 2：选中并右键单击添加的标签，选择“属性”，在弹出的对话框中的“全部”选项卡的“名称”行输入“bTitle”，“标题”行输入“97 年入学学生信息表”，然后保存并关闭对话框。

(2) 选择“设计”选项卡的“控件”组中的“文本框”控件，单击报表主体节区任一点，出现“Text”标签和“未绑定”文本框，选中“Text”标签，按 Del 键将其删除。右击“未绑定”文本框，选择“属性”，在弹出的控件属性对话框中“全部”选项卡下的“名称”行输入“tName”，在“控件来源”行选择“姓名”，在“左”行输入“3.2cm”，在“上边距”行输入“0.1cm”。关闭属性对话框。单击快速访问工具栏中的“保存”按钮。

(3) 选择“报表设计工具”的“设计”选项卡“控件”组中的“文本框”控件，在报表页面页脚节区单击，选中“Text”标签，按 Del 键将其删除，右击“未绑定”文本框，在弹出的快捷菜单中选择“属性”，在“全部”选项卡下的“名称”行输入“tDa”，在“控件来源”行输入″=CStr(Year(Date()))+″年″+CStr(Month(Date()))+″月″″，在“左”行输入“10.5cm”，在“上边距”行输入“0.3cm”。方法同上。

(4) 步骤 1：在报表设计视图中单击右键，选择“排序与分组”或在组单击“排序与分组”按钮，弹出“分组、排序、汇总”小窗口，单击“添加组”按钮，在“分组形式”下拉列表框中，选择“编号”，单击“更多”按钮，在“按整个值”下拉列表框中选择“自定义”，然后在下面的文本框中输入“4”。

步骤 2：在“页眉”“页脚”下拉列表框中分别设置“有页眉节”和“有页脚节”，在“不将组放在同一页上”下拉列表框中选择“将整个组放在同一页上”。报表出现相应的编号页脚。

步骤 3：选中报表主体节区“编号”文本框拖动到编号页眉节区，右键单击“编号”文本框选择“属性”，在弹出的对话框中选中“全部”选项卡，在“控件来源”行输入“=left([编号],4)”，关闭对话框。

步骤 4：选择“报表设计工具”的“设计”选项卡“控件”组中的“文本框”控件，单击报表编号页脚节区适当位置，出现“Text”标签和“未绑定”文本框，右键单击“Text”标签选择“属性”，弹出属性对话框。选中“全部”选项卡，在“标题”行输入“平均年龄”，然后关闭对话框。

步骤 5：右键单击“未绑定”文本框选择“属性”，弹出属性对话框。选中“全部”选项卡，在“名称”行输入“tAvg”，在“控件来源”行输入“=Avg(年龄)”，然后关闭对话框。单击快速访问工具栏中的“保存”按钮，关闭设计视图。

操作题真题库试题 12 答案解析

二、基本操作题

本题考点：表的导入；删除记录；字段属性、默认值的设置；表的拆分等。第 1 小题点击“外部数据”选项卡下的“导入并连接”下相应的选项；第 2 小题通过创建删除查询来删除记录；第 3 小题在设计视图中设置默认值；第 4 小题通过创建生成表查询来拆分表。导入表时要注意所选文件类型；设置字段属性时要注意正确设置属性条件；建立表关系时要注意正确选择连接表间关系字段。

【操作步骤】

(1) 步骤 1：打开考生文件夹下的数据库文件“samp1. accdb”，单击菜单栏“外部数据”选项卡下的“导入并链接”组的 Excel 按钮，在“考生文件夹”内找到 Stab. xls 文件并选中，单击“打开”按钮。选择“向表中追加一份记录的副本”单选项，在后边的下拉列表中选择表“student”，然后单击“确定”按钮。

步骤 2：连续单击“下一步”按钮，导入到表“student”中，单击“完成”按钮，最后单击“关闭”按钮。

(2) 步骤 1：新建查询设计视图，添加表“student”，关闭“显示表”对话框。

步骤 2：双击“出生日期”字段添加到字段列表，在“条件”行输入″＞＝＃1975-1-1＃ and ＜＝＃1980-12-31＃″，在“查询工具”选项卡中单击“设计”选项卡下“查询类型”组中的“删除”按钮，单击工具栏中“运行”按钮，在弹出对话框中单击“是”按钮，关闭设计视图，不保存查询。

(3) 选中表“student”，右击，选择“设计视图”命令，进入设计视图窗口，在“性别”字段“默认值”行输入“男”，单击快速访问工具栏中的“保存”按钮，关闭设计视图。

(4) 步骤 1：新建查询设计视图，添加表“student”，关闭“显示表”对话框。

步骤 2：双击“学号”“姓名”“性别”“出生日期”“院系”“籍贯”字段，单击菜单栏“查询工具”选项卡下的“设计”选项卡中“查询类型”组单击“生成表”，在弹出的对话框中输入表名“tStud”，单击“确定”按钮。单击工具栏“运行”按钮，在弹出对话框中单击“是”按钮，关闭视图，不保存“查询”。

步骤 3：单击“表”对象，右键单击表“tStud”，选择“设计视图”命令，选中“学号”字段，单击工具栏中的“主键”按钮，单击快速访问工具栏中的“保存”按钮，关闭设计视图。

步骤 4：新建查询设计视图，添加表“student”，然后双击添加“院系”“院长”“院办电话”字段，单击 “查询工具”选项卡中的“设计”选显卡在“显示/隐藏”中单击“汇总”，单击“查询类型”组中的“生成表”按钮，输入表名“tOffice”，单击“确定”按钮。

步骤 5：运行查询，生成表。关闭不保存查询。

步骤 6：单击“表”对象，选择“tOffice”表，打开设计视图，右击“院系”字段，选择“主键”，保存并关闭视图。

(5) 步骤 1：单击“数据库工具”选项卡中“关系”组的“关系”按钮，单击“显示表”按钮，在弹出的对话框中，添加表“student”和“grade”。

步骤 2：选中表“student”中“学号”字段，然后拖动鼠标到表“grade”中“学号”字段，放开鼠标，弹出“编辑关系”对话框，单击“创建”按钮，单击“保存”按钮，关闭设计视图。

三、简单应用题

本题考点：创建条件查询及分组总计查询。第 1、2、3、4 小题在查询设计视图中创建不同的查询，按题目要求添加字段和条件表达式。创建查询“qT3”时，在“条件”行“副教授”和“教授”中间一定要添加“or”字样，添加新字段时要在相应字段之前添加“：”字样。【操作步骤】

(1) 步骤 1：新建查询，在“显示表”对话框中添加表“tTeache”，关闭“显示表”对话框。

步骤 2：在字段行输入：″m_age：Max([tTeacher]！[年龄])－Min([tTeacher]！[年龄])。单击“保存”按钮，另存为“qT1”，关闭设计视图。

(2) 步骤 1:在设计视图中新建查询,添加表“tTeacher”,关闭“显示表”对话框。

步骤 2:双击“编号”“姓名”“性别”“系别”“学历”字段,在“学历”字段的条件行输入“研究生”,取消“学历”字段的显示的勾选。单击快速访问工具栏中的“保存”按钮,另存为“qT2”,关闭设计视图。

(3) 步骤 1:在设计视图中新建查询,添加表“tTeacher”,关闭“显示表”对话框。

步骤 2:双击“编号”“姓名”“年龄”“学历”“职称”字段,在“年龄”字段的条件行输入“<=38”,在“职称”的条件行输入“"教授" or "副教授"”。单击快速访问工具栏中的“保存”按钮,另存为“qT3”,关闭设计视图。

(4) 步骤 1:在设计视图中新建查询,添加表“tTeacher”,关闭“显示表”对话框。

步骤 2:双击“职称”,“年龄”,“在职否”字段,在“查询工具”选项卡下“设计选项卡”单击“显示/隐藏”组中的“汇总”按钮,在“年龄”字段的“总计”行选择“平均值”,在“年龄”字段前添加“平均年龄:”字样。单击快速访问工具栏中的“保存”按钮,另存为“qT4”,关闭设计视图。

四、综合应用题

本题考点:在报表中添加标签、文本框控件及其属性的设置。第 1、2 小题在报表的设计视图中添加控件,并右键单击该控件选择“属性”,对控件属性进行设置;第 3 小题直接右键单击控件选择“属性”,对控件进行设置。

【操作步骤】

(1) 步骤 1:单击“报表”对象,选择报表“rEmployee”,单击“设计”按钮,打开报表设计视图。

步骤 2:选中工具箱中“标签”控件按钮,单击报表页眉处,然后输入“职工基本信息表”,单击设计视图任意处,右键单击该标签选择“属性”,在“名称”行输入“bTitle”,关闭属性窗口。

(2) 步骤 1:选中工具箱中“文本框”控件,单击报表主体节区任一点,出现“Text”和“未绑定”两个文本框,选中“Text”文本框,按 Del 键将“Text”文本框删除。

步骤 2:右键单击“未绑定”文本框,选择【属性】,在“名称”行输入“tSex”,分别在“上边距”和“左边距”输入“0.1 cm”和“5.2 cm”。在“控件来源”行列表选中“性别”字段,关闭属性窗口。单击工具栏中“保存”按钮。

(3) 步骤 1:在报表设计视图中,右键单击“部门名称”下的文本框“tDept”,选择“属性”。

步骤 2:在弹出的对话框中的“控件来源”行输入"=DLookUp("名称"," tGroup ","所属部门=部门编号")"。关闭“属性”窗口,保存并关闭设计视图。

操作题真题库试题 13 答案解析

二、基本操作题

【操作步骤】

(1) 步骤 1:在【创建】选项卡下,单击【查询设计】按钮。

步骤 2:在“显示表”对话框中双击表“员工表”,之后关闭“显示表”对话框。分别双击“编号”“性别”两个字段添加到查询字段。

步骤 3:单击【设计】选项卡中【更新】,在“编号”字段“更新到”行输入“"8" & Left([编号],6)”,在“性别”字段“条件”行输入“男”字样,单击“运行”按钮,在弹出对话框中单击“是”按钮,完成男性员工编号的增补。

步骤 4:修改“编号”字段“更新到”行为“"6" & Left([编号],6)”,在“性别”字段“条件”行输入“女”字样,单击“运行”按钮,在弹出对话框中单击“是”按钮,完成女性员工编号的增补。

步骤 5:按 Ctrl+S 保存修改,不保存该查询,关闭设计视图。

(2) 步骤 1:在【创建】选项卡下,单击【查询设计】按钮。

步骤 2:在“显示表”对话框中双击表“员工表”,之后关闭“显示表”对话框。分别双击“姓名”“简历”两个字段添加到查询字段。

步骤 3:单击【设计】选项卡中【更新】,在“姓名”字段“条件”行输入“张汉望”,在“简历”字段“更新到”行输入“[简历] & [密码]”,单击“运行”按钮,在弹出对话框中单击“是”按钮,完成更新操作。

步骤 4:按 Ctrl+S 保存修改,不保存该查询,关闭设计视图。

(3) 步骤 1:单击“表”对象,选中“员工表”右击,选择“设计视图”。

步骤 2:单击“部门号”字段行任一处,在下面的“查阅”选项卡中的“显示控件”行选择“列表框”,“行来源类型”中选择“表/查询”,“行来源”右侧下拉箭头选择“部门表”。

步骤 3:按 Ctrl+S 保存修改,保存该表,关闭设计视图。

(4) 步骤 1:在表对象列表中双击打开“员工表”数据表视图。

步骤 2:单击“姓名”字段列的任意位置。

步骤 3:右键选择【查找】,在“查找和替换”对话框中选择“替换”选项卡,在才“查找内容”中输入“小”,在“替换为”右边的组合框中输入“晓”,在“匹配”右边的组合框中选择“字段任何部分”,单击“全部替换”按钮,在弹出的窗口选择“是”,关闭“查找和替换”窗口。

步骤 4:单击“保存”按钮保存该表。

(5) 步骤 1:在“员工表”的“职务”字段列的右侧下拉菜单中,取消“全选”,选中“经理”和“主管”,然后按“确定”按钮。

步骤 2:在筛选出的记录的“说明”字段依次填写“干部”两字。按上述操作方法,选回全部记录。

步骤 3:按 Ctrl+S 保存修改属性表,保存“员工表”,关闭“员工表”数据视图。

(6) 步骤 1:单击“窗体”对象,选择“fEmp”窗体,单击“设计”按钮,打开“设计视图”。

步骤 2:右键单击窗体空白处,从弹出的快捷菜单中选择“属性”,在“记录源”行右侧下拉列表中选中“员工表”,在“筛选”行输入“((员工表.性别=″女″))”,“允许筛选”行选择“是”,关闭属性窗口。

步骤 3:按 Ctrl+S 保存修改属性表,保存该窗体,关闭设计视图。

三、简单应用题

【操作步骤】

(1) 步骤 1:在【创建】选项卡下,单击【查询设计】按钮,

步骤 2:在“显示表”对话框中双击表“tScore”,之后关闭“显示表”对话框。分别双击“学号”“成绩”两个字段添加到查询字段。

步骤 3:单击【设计】选项卡中【汇总】,在“成绩”字段“总计”行下拉列表中选中“平均值”,在“成绩”字段前添加“平均分数:”字样。

步骤 4:再次双击“成绩”字段,在“总计”行下拉列表中选中“最小值”,在“条件”行输入“>=80”,取消“显示”复选框的勾选。

步骤 5:按 Ctrl+S 保存修改,将查询保存为“qT1”,关闭设计视图。

(2) 步骤 1:在【创建】选项卡下,单击【查询设计】按钮。

步骤 2:在弹出的“显示表”窗口中选择表“tStud”“tCourse”“tScore”,之后关闭显示表。用鼠标拖动“tScore”表中“学号”至“tStud”表中的“学号”字段,建立两者的关系,用鼠标拖动“tCourse”表中“课程号”至“tScore”表中的“课程号”字段,建立两者的关系。然后在“tStud”表中双击“姓名”, 在“tCourse”表中双击“课程名”,在“tScore”表中双击“成绩”,再在“tStud”表中双击“所属院系”。

步骤 3:在“所属院系”字段的“条件”中输入:“″01″ or ″03″”,取消“显示”复选框的勾选。

步骤 4:按 Ctrl+S 保存修改,将查询保存为“qT2”,关闭设计视图。

(3) 步骤 1:在【创建】选项卡下,单击【查询设计】按钮。

步骤 2:在弹出的“显示表”窗口中双击表“tCourse”,之后关闭显示表。然后在“tCourse”表中双击“课程名”和“先修课程”两个字段。

步骤 3:在“先修课程”的“条件”行中输入“Is Null Or ″X″”,并取消“显示”复选框的勾选。

步骤 4:按 Ctrl+S 保存修改,将查询保存为“qT3”,关闭设计视图。

(4) 步骤 1:在【创建】选项卡下,单击【查询设计】按钮。

步骤 2:在弹出的“显示表”窗口中选择“tStud”表,单击“添加”按钮,之后关闭“显示表”窗口。

步骤 3:单击【设计】选项卡中【追加】,表名称选择“tTemp”,即追加到“tTemp”表中。

步骤 4:在“tStud”表中双击“学号”“姓名”“性别”“年龄”字段。在“年龄”的“排序”行选择“降序”;在“性别”的“条件”行输入“″男″”。

步骤 5:之后选择“视图”下拉菜单中的“SQL 视图”命令,切换到 SQL 视图,将第二行的 SQL 语句修改为:SELECT TOP 5 tStud.学号, tStud.姓名, tStud.年龄。

步骤 6:单击“运行”按钮,在弹出的窗口中选择“是”,完成追加。

步骤 7:按 Ctrl+S 保存修改,将查询保存为“qT4”,关闭设计视图。

四、综合应用题

【操作步骤】

(1) 步骤 1:单击“报表”对象,选择“rEmp”报表,单击“设计”按钮,打开“设计视图”。

步骤 2:单击【设计】选项卡中【分组和排序】,在“分组、排序和汇总”中选择【添加组】,在“选择字段”中选择“表达式”,在弹出的对话框中输入“=year([聘用时间])\10”,单击“确定”按钮,选择“升序”,选择“有页眉节”,选择“按整个值”,关闭“分组、排序和汇总”窗口。

步骤 3:选中工具箱中“文本框”控件,单击组页眉区适当位置,出现“Text”和“未绑定”两个文本框,右键单击“Text”文本框选择“属性”,弹出属性表。选中“全部”选项卡,在“标题”行输入“聘用年代:”,然后关闭对话框。

步骤 4:右键“未绑定”文本框选择“属性”,弹出属性表。选中“全部”选项卡,在“名称”行输入“SS”,在“控件来源”行输入“=(Year([聘用时间])\10)*10 & ″年代″”,然后关闭属性表。

步骤 5:按 Ctrl+S 保存修改,关闭设计视图。

(2) 步骤 1:单击“窗体”对象,选择“fEmp”窗体,单击“设计”按钮,打开“设计视图”。

步骤 2:右键单击“btnQ”按钮,选择“属性”,弹出属性表。选中“格式”选项卡,在“可见性”行选择“是”,关闭属性表。

步骤 3:在窗体的任意位置右击,在弹出的快捷菜单中选择“Tab 键次序”命令,打开“Tab 键次序”对话框,在“自定义顺序”列表中通过拖动各行来调整 Tab 键的次序,第一行为 tData,第二行为 btnP,第三行为 btnQ。单击“确定”按钮,关闭“Tab 键次序”对话框。

步骤 4:按 Ctrl+S 保存修改。

(3) 步骤 1:右键单击窗体空白处,在弹出的菜单中选择“属性”。

步骤 2:单击“事件”选项卡中“加载”属性右边的“…”打开代码生成器。设置窗体标题为标签“bTitle”的标题内容的代码语句,在 Add1 空行内输入:Caption=bTitle. Caption。

步骤 3:按 Ctrl+S 保存修改。

(4) 步骤 1:在 Add2 空行中输入:MAgeMax=rs. Fields(“年龄”)。在 Add3 空行中输入:rs. MoveNext,用来实现记录集遍历。

步骤 2:在 Add4 空行内输入:DoCmd. RunMacro “mEmp”,用来调用宏对象“mEmp”。

步骤 3:按 Ctrl+S 保存修改,关闭代码生成器及设计视图。

操作题真题库试题 14 答案解析

二、基本操作题

【操作步骤】

(1) 步骤 1:打开考生文件夹下的数据库文件 samp1. accdb,单击“表”对象,选中“tSale”右击,选择“设计视图”。

步骤 2:单击“ID”字段行任一点,在“数据类型”下拉列表中选择“文本”,在下方“常规”选项卡的“字段大小”行输入“5”,“标题”行输入“销售编号”。

步骤 3:按 Ctrl+S 保存修改。

(2) 步骤 1:单击“产品类别”字段行任一点,在下面的“查阅”选项卡中的“显示控件”选择“列表框”,“行来源类型”中选择“值列表”,“行来源”中输入“彩电;影碟机”。

步骤 2:按 Ctrl+S 保存修改。

(3) 步骤 1:单击“日期”字段行任一点,在“有效性规则”行输入″>=#2008-1-1#″,在“有效性文本”行输入“输入数据有误,请重新输入”。

步骤2:按Ctrl+S保存修改,在弹出的窗口中选择“否”,关闭设计视图。

(4) 步骤1:单击“表”对象,双击“tSale”表,打开数据表视图。

步骤2:选择【开始】|【文本格式】组中右下角,打开“设置数据表格式”对话框,在“背景色”下拉列表中选择“蓝色”,在“网格线颜色”下拉列表中选择“白色”,单击“确定”按钮。

步骤3:选择【开始】|【文本格式】组中,在“字号”下拉列表中选择“11”,“颜色”下拉列表选择“白色”。

步骤4:按Ctrl+S保存修改,关闭数据表视图。

(5) 步骤1:在【创建】选项卡下,单击【查询设计】按钮。

步骤2:在弹出的“显示表”窗体上双击“tSale”,之后关闭“显示表”窗口。

步骤3:单击【设计】选项卡中【生成表】,输入表名称“Test”,单击“确定”按钮。

步骤4:在“tSale”表中双击“日期”“销售员”“产品名称”“产品类别”“单价”和“数量”字段。

步骤5:在“产品类别”字段的条件行中输入“彩电”,取消“显示”复选框的勾选。在“数量”的条件行输入“>90”。

步骤6:单击“运行”按钮运行查询,在弹出的窗口选择是,完成生成表操作。单击“保存”按钮,最后以“查询1”命名保存。

步骤7:选择“表”对象列表,右键单击表“Test”,在弹出的菜单中选择“导出”,选择【文本文件】,在打开的“对话框中,选择保存位置为考生文件夹,输入文件名“tSale”,然后单击“确定”按钮,接着单击“下一步”按钮,在弹出的对话框中勾选“第一行包含字段名称”复选框,接着单击“下一步”按钮,确认文件导出的路径无误,单击“完成”按钮,关闭查询,不保存。

(6) 步骤1:右键“fSale”窗体,选择“设计视图”。

步骤2:右键单击窗体空白处,从弹出的快捷菜单中选择“属性”,在“数据”选项卡的“记录源”行右侧下拉列表中选中“tSale”。

步骤3:单击属性表的“格式”选项卡,在“边框样式”行下拉列表中选中“细边框”,在“滚动条”行下拉列表中选中“两者均无”,在“最大最小化按钮”行下拉列表中选中“无”,在“导航按钮”行选择“否”。之后关闭属性表。

步骤4:按Ctrl+S保存修改属性表,保存该窗体,关闭设计视图。

三、简单应用题

【操作步骤】

(1) 步骤1:在【创建】选项卡下,单击【查询设计】按钮。

步骤2:在“显示表”对话框中双击表“tStud”,之后关闭“显示表”对话框。分别双击“学号”、“姓名”两个字段添加到查询字段。

步骤3:在字段行中将“学号”修改为“班级编号: Left([tStud]! [学号],8)”。

步骤4:单击【设计】选项卡中【汇总】,在“字段”行中将“姓名”改为“班级人数:姓名”,在“总计”行下拉列表中选中“计数”,在“条件”行输入“>=15”。

步骤5:按Ctrl+S保存修改,将查询保存为“qT1”,关闭设计视图。

(2) 步骤1:在【创建】选项卡下,单击【查询设计】按钮。

步骤2:在打开的“显示表”对话框中双击“tStud”和“tScore”,关闭“显示表”窗口,然后分别双击“姓名”和“成绩”字段。

步骤3:将“成绩”字段改为“平均分:成绩”,单击【设计】选项卡中【汇总】,在“总计”行中选择“平均值”,在“条件”行输入“>[请输入要比较的分数:]”。

步骤4:按Ctrl+S保存修改,将查询保存为“qT2”,运行并退出查询。

(3) 步骤1:在【创建】选项卡下,单击【查询设计】按钮。

步骤2:在打开的“显示表”对话框中双击“tStud”和“tScore”,关闭“显示表”窗口,然后分别双击“姓名”和“成绩”字段。

步骤3:单击【设计】选项卡中【汇总】,在“成绩”的“总计”行中选择“平均值”,“排序”选择降序,取消“显示”复选框的勾选。

步骤4:之后选择“视图”菜单中的“SQL视图”命令,切换到SQL视图,将第1行的SQL语句修改为:SELECT Top 5 tStud.姓名。

步骤5:按Ctrl+S保存修改,将查询保存为“qT3”,运行并退出查询。

(4) 步骤1:在【创建】选项卡下,单击【查询设计】按钮。

步骤 2:在打开的“显示表”对话框中分别双击“tStud”“tCourse”和“tScore”,关闭“显示表”窗口。

步骤 3:单击【设计】选项卡中【生成表】,在弹出的对话框中输入新生成表的名字“tNew”,单击“确定”按钮。

步骤 4:分别双击“姓名”“性别”“课程名”和“成绩”字段,在“成绩”字段的“条件”行中输入“>=90 or <60”。

步骤 5:按 Ctrl+S 保存修改,将查询保存为“qT4”,运行在弹出的窗口选择“是”,完成生成表操作之后退出查询。

四、综合应用题

【操作步骤】

(1) 步骤 1:单击“报表”对象,选择“rStud”报表,右键打开“设计视图”。

步骤 2:选择【设计】选项卡中【控件】组的 “标签”控件,单击报表页眉节区任一点,出现标签控件,输入“团员基本信息表”。右键单击此标签控件,选择“属性”,弹出属性表。选择“全部”选项卡,在“名称”行输入“bTitle”,然后关闭属性表。

步骤 3:右键单击“tSex”文本框控件选择“属性”,弹出属性表。选择“全部”选项卡,在“控件来源”行右侧下拉列表中选择“性别”,然后关闭属性表。

步骤 4:选择【设计】选项卡中【控件】组的“文本框”控件,单击报表页脚节区任一点,弹出“Text”和“未绑定”两个文本框。右键单击“Text”文本框,选择“属性”,弹出属性表。选择“全部”选项卡,在“标题”行输入“平均年龄:”,然后关闭属性表。

步骤 5:右键单击“未绑定”文本框选择“属性”,弹出属性表。选择“全部”选项卡,在“名称”行输入“tAvg”,在“控件来源”行输入“=Avg([年龄])”,然后关闭属性表。

步骤 6:按 Ctrl+S 保存修改,之后关闭设计视图。

(2) 步骤 1:单击“窗体”对象,选择“fStud”窗体,右键打开“设计视图”。

步骤 2:在窗体的任意位置右击,在弹出的快捷菜单中选择“Tab 键次序”命令,打开“Tab 键次序”对话框,在“自定义顺序”列表中通过拖动各行来调整 Tab 键的次序,第一行为“CItem”,第二行为“TxtDetail”,第三行为“CmdRefer”,第四行为“CmdList”,第五行为“CmdClear”,第六行为“fDetail”,第七行为“简单查询”。单击“确定”按钮,关闭“Tab 键次序”对话框。

步骤 3:按 Ctrl+S 保存修改。

(3) 步骤 1:右键单击窗体空白处,在弹出的菜单中选择“属性”。

步骤 2:单击“事件”选项卡中“加载”属性右边的“…”打开代码生成器。设置窗体标题为标签“tTitle”的标题内容的代码语句,在 Add4 空行内输入:Caption=tTitle.Caption。

步骤 3:按 Ctrl+S 保存修改,关闭代码生成器。

(4) 步骤 1:在设计视图中的任意位置右击,在弹出的快捷菜单中选择“事件生成器”命令,在弹出的对话框中选择“代码生成器”选项,单击“确定”按钮.

步骤 2:在 Add1 空行输入代码:

```
'************************** Add1 **************************
Dim aa
aa = cItem.Value
Ldetail.Caption = aa + "内容:"
'************************** Add1 **************************
```

步骤 3:Add2 空行输入代码:

```
'************************** Add2 **************************
fDetail.Form.RecordSource = " tStud "
'************************** Add2 **************************
```

步骤 4:Add3 空行输入代码:

```
'************************** Add3 **************************
MsgBox "查询项目或查询内容不能为空", vbOKOnly, "注意"
'************************** Add3 **************************
```

步骤 5:按 Ctrl+S 保存修改,关闭代码生成器。

操作题真题库试题 15 答案解析

二、基本操作题

本题考点：字体、行高设置；字段属性中的字段大小设置；更改图片；设置隐藏字段和删除字段等。第 1、4、5、6 小题在数据表中设置字体、行高、更改图片，隐藏字段和删除字段；第 2，3 小题在设计视图中设置字段属性。

【操作步骤】

(1) 步骤 1：选择"表"对象，右键单击表"tStud"，在弹出的快捷菜单中选择"打开"或双击打开"tStud"表。

步骤 2：单击选项卡"开始"选项卡下的"文字格式"组，在"字号"列表选择"14"。

步骤 3：单击开始选项卡的"记录"组中的"其他"按钮，从弹出的快捷菜单中选择"行高"，输入"18"，单击"确定"按钮，单击快速访问工具栏中的"保存"按钮。

(2) 打开表"tStud"的设计视图，在"简历"字段的"说明"列输入"自上大学起的简历信息"。

(3) 在设计视图中单击"年龄"字段行任一处，在"字段大小"列表选择"整型"。单击快速访问工具栏中的"保存"按钮，关闭设计视图。

(4) 步骤 1：双击打开表"tStud"，右键单击学号为"20011001"对应的照片列，从弹出的快捷菜单中选择"插入对象"命令。

步骤 2：选择"由文件创建"单选按钮，单击"浏览"按钮，在"考生文件夹"处找到"photo. bmp"文件。单击"保存"按钮，关闭数据表。

(5) 在数据表中单击开始选项卡中的"记录"组中的"其他"按钮，在弹出的快捷菜单中选择"取消隐藏字段"，勾选"党员否"复选框，然后单击"关闭"按钮。

(6) 在数据表中右键单击"备注"列，选择"删除字段"，在弹出的对话框中单击"是"，然后再单击快速访问工具栏中的"保存"按钮，关闭数据表。

三、简单应用题

本题考点：创建条件查询、总计查询和追加查询。第 1、2、3、4 小题在查询设计视图中创建不同的查询，按题目要求添加字段和条件表达式。设置查询条件时要输入正确的格式，添加新字段时要正确选择对应的字段。

【操作步骤】

(1) 步骤 1：在设计视图中新建查询，从"显示表"对话框中添加表"tStud""tScore""tCourse"，关闭"显示表"对话框。

步骤 2：双击添加"姓名""课程名""成绩"字段，单击快速访问工具栏中的"保存"按钮，另存为"qT1"。关闭设计视图。

(2) 步骤 1：在设计视图中新建查询，从"显示表"对话框中添加表"tStud"，关闭"显示表"对话框。

步骤 2：双击添加"学号""姓名""性别""年龄""入校时间""简历"字段，在"简历"字段的"条件"行输入"like" * 摄影 * ""，单击"显示"行取消字段显示的勾选，单击快速访问工具栏中的"保存"按钮，另存为"qT2"。关闭设计视图。

(3) 步骤 1：在设计视图中新建查询，从"显示表"对话框中添加表"Score"，关闭"显示表"对话框。

步骤 2：双击"学号"、"成绩"字段，单击"选项工具"选项卡中"显示/隐藏"组中的"汇总"按钮，在"成绩"字段"总计"行下拉列表中选中"平均值"。在"成绩"字段前添加"平均成绩："字样。单击快速访问工具栏中的"保存"按钮，另存为"qT3"。关闭设计视图。

(4) 步骤 1：在设计视图中新建查询，从"显示表"对话框中添加表"tStud"，关闭"显示表"对话框。

步骤 2：在"查询工具"选项卡中的"查询类型"组中单击"追加"按钮，在"表名称"中输入"tTemp"，单击"确定"按钮。

步骤 3：双击"学号""姓名""性别""年龄""所属院系""入校时间"字段，在"性别"字段的"条件"行输入"女"。

步骤 4：从"查询工具"选项卡"结果"组中单击"运行"按钮，在弹出的对话框中单击"是"按钮。单击快速访问工具栏中的"保存"按钮，另存为"qT4"。关闭设计视图。

四、综合应用题

本题考点：窗体中添加标签控件及属性设置；报表中文本框控件属性的设置。第 1 小题在窗体的设计视图中添加控件并右键单击选择属性，设置属性；第 2、3 小题在报表的设计视图中直接右键单击控件选择“属性”，对控件进行设置。

【操作步骤】

(1) 步骤 1：在窗体对象中右击窗体“fEmployee”，在弹出的快捷菜单中选择“设计视图”，打开窗体设计视图。

步骤 2：在“窗体设计工具”选项卡中的“控件”组中选择“标签”控件，然后单击窗体页眉节区任一点，输入“雇员基本信息”，单击窗体任一点。右键单击“雇员基本信息”标签，从弹出的快捷菜单中选择“属性”，在“全部”选项卡的“名称”行输入“bTitle”，在“字体名称”和“字号”行列表中选中“黑体”和“18”，关闭属性窗口。

(2) 在设计视图中右键单击命令按钮“bList”，在弹出的快捷菜单中选择“属性”，在“全部”选项卡下的“标题”行输入“显示雇员情况”，关闭属性界面。

(3) 步骤 1：右键单击命令按钮“bList”，从弹出的快捷菜单中选择“事件生成器”，在空行内输入代码：

```
'*****Add1*****
DoCmd.RunMacro "m1"
'*****Add1*****
```

关闭界面。

(4) 在设计视图中右键单击“窗体选择器”，从弹出的快捷菜单中选择“属性”，分别在“格式”选项卡的“滚动条”和“最大化最小化按钮”行列表中选中“两者均无”和“无”，关闭属性界面。

(5) 步骤 1：在“窗体设计工具”选项卡中的“控件”组中选择“标签”控件，单击窗体页眉节区任一点，输入“系统日期”，然后单击窗体任一点。

步骤 2：右键单击“系统日期”标签，从弹出的快捷菜单中选择“属性”，在“全部”选项卡的“名称”行输入“Tda”，在“上边距”和“左”行分别输入“0.3cm”和“0.5cm”，关闭属性界面。

步骤 3：在设计视图中右键单击“窗体选择器”，从弹出的快捷菜单中选择“事件生成器”命令，进入编程环境，在空行内输入代码：

```
'*****Add1*****
Tda.Caption = Date
'*****Add1*****
```

关闭界面。

操作题真题库试题 16 答案解析

二、基本操作题

本题考点：字段属性中的主键、必填字段、有效性规则、有效性文本设置；添加记录；导入表。第 1、2、3、4 小题在设计视图中设置字段属性；第 5 小题在数据表中输入数据；第 6 小题通过单击菜单栏【文件】|【获取外部数据】|【导入表】导入表。设置年龄字段有效性文本时要用“and”连接。

【操作步骤】

(1) 步骤 1：选择“表”对象，右击表“tVisitor”，在弹出的快捷菜单中选择“设计视图”。

步骤 2：选择“游客 ID”字段，单击工具栏中的“主键”按钮。

(2) 在设计视图中单击“姓名”字段行任一处，在“必填字段”行列表选中“是”。

(3) 在设计视图中单击“年龄”字段行任一处，在“有效性规则”行输入“>=10 and <=60”。

(4) 在设计视图中单击“年龄”字段行任一处，在“有效性文本”行输入“输入的年龄应在 10 岁到 60 岁之间，请重新输入。”，单击工具栏中“保存”按钮，关闭设计视图。

(5) 步骤 1:双击打开表“tVisitor”,按照题干中的表输入数据。

步骤 2:右键单击游客 ID 为“001”的照片列,从弹出的快捷菜单中选择【插入对象】,在“对象类型”列表中选中“位图图像”,单击“确定”按钮。

步骤 3:弹出“位图图像”界面后,单击菜单栏【编辑】|【粘贴来源】,在“考生文件夹”中找到“照片 1.bmp”图片。双击“照片 1.bmp”文件,关闭“位图图像”界面。单击工具栏中“保存”按钮,关闭数据表。

(6) 步骤 1:单击菜单栏【文件】|【获取外部数据】|【导入】,在“考生文件夹”中找到“exam.accdb”文件,选中“exam.accdb”文件,单击“导入”按钮;选中“tLine”,单击“确定”按钮。

三、简单应用题

本题考点:创建条件查询、追加查询;窗体命令按钮属性设置。第 1、2、3 小题在查询设计视图中创建不同的查询,按题目要求添加字段和条件表达式;第 4 小题在窗体设计视图右键单击控件选择“属性”,设置属性。

【操作步骤】

(1) 步骤 1:单击“创建”选项卡中的“查询”组中的“查询设计”按钮,打开“显示表”对话框。在“显示表”对话框中双击表″″tTeacher1″,然后关闭“显示表”对话框。

步骤 2:分别双击“编号”“姓名”“性别”“年龄”和“职称”字段添加到“字段”行。

步骤 3:单击快速访问工具栏中的“保存”按钮,将查询保存为“qT1”。关闭设计视图。

(2) 步骤 1:单击“创建”选项卡中的“查询”组中的“查询设计”按钮,打开“显示表”对话框。在“显示表”对话框双击表“Teacher1”,关闭“显示表”对话框。

步骤 2:分别双击“编号”“姓名”“联系电话”和“在职否”字段。

步骤 3:在“在职否”字段的“条件”行输入“no”,单击“显示”行取消该字段的显示。

步骤 4:单击快速访问工具栏中的“保存”按钮,将查询保存为“qT2”。关闭设计视图。

(3) 步骤 1:单击“创建”选项卡下“查询”组中的“查询设计”按钮,打开“显示表”对话框。在“显示表”对话框中双击表“tTeacher1”,关闭“显示表”对话框。

步骤 2: 单击“查询工具”选项卡下“设计”选项卡中“查询类型”组中的“追加”按钮,在弹出对话框中输入“tTeacher2”,单击“确定”按钮。

步骤 3:分别双击“编号”“姓名”“性别”“年龄”“职称”和“政治面目”字段。

步骤 4:在“年龄”“职称”和“政治面目”字段的“条件”行分别输入“<=45”、“教授”和“党员”,在“或”行分别输入“<=35”、“副教授”和“党员”。

步骤 5:单击“查询工具”选项卡下“设计”选项卡中“结果”组的“运行”按钮,在弹出的对话框中单击“是”按钮。

步骤 6:单击快速访问工具栏中的“保存”按钮,将查询保存为“qT3”。关闭设计视图。

(4) 步骤 1:单击“创建”选项卡中“窗体”组中的“窗体设计”按钮。

步骤 2:右键单击“窗体选择器”,从弹出的快捷菜单中选择“属性”,在“标题”行输入“测试窗体”。

步骤 3:选择“窗体设计工具”→“设计”选项卡中“控件”组中的“按钮”控件,单击窗体主体节区适当位置,弹出一对话框,单击“取消”按钮。

步骤 4:右键单击该命令按钮,从弹出的快捷菜单中选择“属性”,单击“全部”选项卡,在“名称”和“标题”行分别输入“btnR”和“测试”。

步骤 5:单击“事件”选项卡,在“单击”行右侧下拉列表中选中“mTest”。

四、综合应用题

本题考点:报表中添加标签、文本框、计算控件及其属性的设置。第 1、2、3 小题在报表的设计视图中添加控件,并右键单击该控件选择“属性”,对控件属性进行设置;第 4 小题直接右键单击“报表选择器”选择“属性”,设置标题。添加计算控件时要选择正确的函数,本题要求计算团队总数,因此选择“Count()”函数。

【操作步骤】

(1) 步骤 1:选择“报表”对象,右击报表“rBand”,在弹出的快捷菜单中选择“设计”命令。

步骤 2:单击“报表设计工具”→“设计”选项卡“控件”组中的“标签”控件,单击报表页眉节区任一点,输入“团队旅游信息表”，然后再单击报表任一点。

步骤 3：右键单击“团队旅游信息表”标签，从弹出的快捷菜单中选择“属性”，在“名称”行输入“bTitle”，在“字体名称”和“字号”行分别选中下拉列表中的“宋体”和“22”，在“字体粗细”和“倾斜字体”行分别选中“加粗”和“是”，关闭属性界面。

(2) 步骤 1：单击“报表设计工具”→“设计”选项卡“控件”组中的“文本框”控件，单击报表主体节区适当位置，生成“Text”和“未绑定”文本框。选中“Text”，按 Del 键将它删除。

步骤 2：右键单击“未绑定”文本框，从弹出的快捷菜单中选择“属性”，在“名称”行输入“tName”，在“控件来源”下拉列表中选中“导游姓名”，关闭属性界面。

(3) 步骤 1：单击“报表设计工具”→“设计”选项卡“控件”组中的“文本框”控件，单击报表页脚节区的“团队数”右侧位置，生成“Text”和“未绑定”文本框。选中“Text”，按 Del 键将它删除。

步骤 2：右键单击“未绑定”文本框，从弹出的快捷菜单中选择“属性”，在“名称”行输入“bCount”，在“控件来源”行输入“=Count(团队 ID)”，关闭属性界面。

(4) 在设计视图中右键单击“报表选择器”，从弹出的快捷菜单中选择“属性”，在“标题”行输入“团队旅游信息表”，关闭属性界面。单击快速访问工具栏中的“保存”按钮，关闭设计视图。

操作题真题库试题 17 答案解析

二、基本操作题

(1) 考查主键字段的分析以及主键的设计方法。(2) 考查空字值和非空值的值的表达方法。(3) 考查有效值和有效规则的设置方法。(4) 考查有效值和有效规则的设置以及条件值的表达方法。(5) 考查表记录的添加方法。(6) 考查在 Access 数据库中导入外部数据的方法。

【操作步骤】

(1) 步骤 1：双击打开“samp1.accdb”数据库，右击“tVisitor”表，选择“设计视图”快捷菜单命令，打开表设计视图。在“tVisitor”表设计视图窗口下单击“游客 ID”所在行，右键单击鼠标，在快捷菜单中选择“主键”命令。

步骤 2：单击快速访问工具栏中的“保存”按钮。关闭“表设计视图”。

(2) 步骤 1：右击“tVisitor”表，选择“设计视图”快捷菜单命令，打开表设计视图。单击“姓名”字段，在“字段属性”中的“必需”所在行选择“是”。

步骤 2：单击快速访问工具栏中的“保存”按钮。关闭“表设计视图”。

(3) 步骤 1：右击“tVisitor”表，选择“设计视图”快捷菜单命令，打开表设计视图。单击“年龄”字段，在“字段属性”中“有效性规则”所在行输入：＞=10 and ＜=60。

步骤 2：单击快速访问工具栏中的“保存”按钮。关闭“表设计视图”。

(4) 步骤 1：右击“tVisitor”表，选择“设计视图”快捷菜单命令，打开表设计视图。在表设计视图下，单击“年龄”字段，在“字段属性”中“有效性文本”所在行输入：“输入的年龄应在 10 岁到 60 岁之间，请重新输入。”。

步骤 2：单击快速访问工具栏中的“保存”按钮。关闭“表设计视图”。

(5) 步骤 1：双击打开“tVisitor”表。光标在第二条记录的第一列单击开始输入记录，输入完毕后按＜→＞键右移。在输入“照片”时，在其“单元格”内右键单击，选择“插入对象”快捷菜单命令，打开对象对话框。在其对话框内选择“由文件创建”选项。

步骤 2：单击“浏览”按钮，查找“照片 1.bmp”的存储位置，双击“1.bmp”，将文件导入。

步骤 3：单击“确定”按钮，关闭表。

(6) 步骤 1：在“samp1.accdb”数据库窗口下，在【外部数据】功能区的“导入并链接”组中单击“Access”按钮。在【导入】对话框内选择“exam.accdb”数据存储位置，然后在弹出的【导入对象】对话框中选择“tLine”表。

步骤 2：单击“确定”按钮。

步骤 3：关闭“samp1.accdb”数据库窗口。

三、简单应用题

(1) 本题主要考查一般的表的查询。(2) 本题主要考查一般的表的查询,但是本题要求考生对"是/否"逻辑值的表示。是:-1、否:0。(3) 本题主要考查"追加表查询"。但是在此要求考试掌握多条件的表达。涉及两个条件:其一,小于35岁且是"副教授""党员"。其二,小于45岁且是"教授""党员"。这两个条件用或表达式。(4) 本题主要考查窗体的创建,在窗体中简单控件设置以及样式设置,利用系统函数或宏控制控件的功能与作用。

【操作步骤】

(1) 步骤1:双击"samp2.accdb"数据库,在【创建】功能区的【查询】分组中单击"查询设计"按钮,系统弹出查询设计器。在【显示表】对话框中添加"tTeacher1"表。关闭【显示表】对话框。双击"编号""姓名""性别""年龄"和"职称"字段。

步骤2:单击快速访问工具栏中的"保存"按钮,输入文件名"qT1"。单击"确定"按钮,关闭"qT1"设计视图。

(2) 步骤1:在【创建】功能区的【查询】分组中单击"查询设计"按钮,系统弹出查询设计器。在【显示表】对话框中添加"tTeacher1"表。关闭【显示表】对话框。双击"编号""姓名"和"联系电话"、"在职否"字段。在"在职否"的条件行内输入:0,取消"显示"复选框的勾选。

步骤2:单击工具栏上的"保存"按钮,输入文件名"qT2"。单击"确定"按钮,关闭"qT2"查询视图。

(3) 步骤1:在【创建】功能区的【查询】分组中单击"查询设计"按钮,系统弹出查询设计器。在【显示表】对话框中添加"tTeacher1"表。关闭【显示表】对话框。

步骤2:单击【查询类型】分组中的"追加"按钮,在【追加】对话框表名称的行中选择"tTeacher2",单击"确定"按钮。

步骤3:双击"编号""姓名""性别""年龄""职称""政治面目"字段。在"年龄"条件行内输入:<=35,"或"所在行输入:<=45。在"职称"所在条件行内输入:副教授,"或"所在行输入:教授。在"政治面目"条件行内输入:党员,"或"所在行输入:党员。

步骤4:单击"运行"按钮运行查询。单击工具栏上的"保存"按钮,输入文件名"qT3"。单击"确定"按钮,关闭"qT3"设计视图。

(4) 步骤1:在【创建】功能区的【窗体】分组中单击"窗体设计"按钮,系统弹出新窗体的设计视图。在【控件】分组内单击"按钮"控件,在窗体的主体区内拖动,产生按钮。取消向导对话框。

步骤2:在按钮上右键单击,在快捷菜单中选择"属性"命令,在【属性表】对话框修改"名称"为:btnR,添加"标题"为:测试。在【属性表】对话框左上角的下拉列表中选择"窗体",修改窗体的"标题"为:测试窗体。

步骤3:单击快速访问工具栏中的"保存"按钮,输入"fTest",单击"确定"按钮,关闭窗体。

步骤4:关闭"samp2.accdb"数据库。

四、综合应用题

主要考查在窗体中如何设置控件,控件格式的设计方法,利用过程事件实现控件的功能。

【操作步骤】

(1) 步骤1:双击打开"samp3.accdb"数据库,在【开始】功能区的"窗体"面板中右击"fStud"窗体,选择"设计视图"快捷菜单命令,打开fStud的设计视图。

步骤2:在【控件】分组中单击"标签"控件,在窗体的页眉内单击鼠标,在光标闪动输入:学生基本情况浏览;右击标签选择"属性"快捷菜单命令,在【属性表】对话框中修改"左"为:2.5cm,"上边距"为:0.3cm,"宽"为:6.5cm,"高"为:0.95cm,"名称"为:bTitle,"前景色"为:16711680,(前景色的值会自动转换成#0000FF),"字体"为:黑体,"字号大小"为:22。

步骤3:单击快速访问工具栏中的"保存"按钮。

(2) 步骤1:在【属性表】对话框的左上角单击选择"窗体",设置"边框样式"为:细边框,"滚动条"为:两者均无,"最大化和最小化按钮"为:无。

步骤2:在窗体面板中右击"fScore 子窗体",选择"设计视图"快捷菜单命令,在【属性表】对话框的左上角单击选择"窗体",修改"记录选择器"为:否,"浏览按钮(导航按钮)"为:否,"分隔线"为:否。

(3) 步骤1:返回到"fStud"窗体设计视图界面,选中"年龄"文本框,在【属性表】对话框修改"控件来源"为:=Year(Date())-Year([出生日期])。

步骤2:在【属性表】对话框左上角的下拉列表中选择"CmdQuit",在其"单击"行内选择:[事件过程],单击"代码生成器"按钮,在VBA编辑窗口的两行"****Add****"之间输入代码:DoCmd.Close,关闭代码窗口。

步骤3:单击快速访问工具栏中的"保存"按钮,保存设置。

(4) 步骤1:在"fStud"窗体的设计视图下,单击"专业"文本框,把鼠标定位在框内并输入:=IIf(Mid([学号],5,2)=10,"信息","经济")。

步骤 2:单击快速访问工具栏中的“保存”按钮,保存设置。

(5) 步骤 1:在子窗体中拖出滚动条,单击“平均成绩”标签旁的“未绑定”文本框控件,在文本框中输入:=Avg([成绩])。

步骤 2:在“fStud”窗体的设计视图下。单击“txtMAvg”文本框,把鼠标定位在框内输入:=[fScore 子窗体]! txtAvg。(引用 fScore 子窗体的平均值)。

步骤 3:单击快速访问工具栏中的“保存”按钮,保存设置。

步骤 4:关闭“samp3. accdb”数据库。

操作题真题库试题 18 答案解析

二、基本操作题

本题考点:建立新表;字段属性主键、默认值和输入掩码的设置;添加记录;隐藏字段。第 1、2、3 小题在设计视图中新建表,设置字段属性;第 4、5 小题在数据表中输入数据和设置隐藏字段。设计字段输入掩码只能为 8 位数字或字母的格式是“AAAAAAAA”。

【操作步骤】

(1) 步骤 1:单击“创建”选项卡的“表格”组中的“表设计”按钮,打开表设计视图。

步骤 2:按照题目表建立新字段。

步骤 3:单击快速访问工具栏中的“保存”按钮,另存为“tBook”。

(2) 步骤 1:在“tBook”表设计视图中,选中“编号”字段行。

步骤 2:右键单击“编号”行,在弹出的快捷菜单中选择“主键”命令。

(3) 步骤 1:单击“入库日期”字段行任一点。

步骤 2:在“默认值”行输入“Date()-1”。

步骤 3:单击快速访问工具栏中的“保存”按钮。

(4) 步骤 1:右键单击“tBook”表,在弹出的快捷菜单中选择“打开”或双击打开“tBook”表。

步骤 2:按照题目表记录添加新记录。

步骤 3:单击快速访问工具栏中的“保存”按钮。

(5) 步骤 1:单击“开始”选项卡的“视图”组中视图下拉按钮中的“设计视图”按钮。

步骤 2:单击“编号”字段行任一点。在“输入掩码”行输入“AAAAAAAA”。

步骤 3:单击快速访问工具栏中的“保存”按钮。

(6) 步骤 1:右键单击表“tBook”,在弹出的快捷菜单中选择“打开”或双击打开“tBook”表。

步骤 2:选中“简介”字段列,右键单击“简介”列,从弹出的快捷菜单中选择“隐藏字段”命令。

步骤 3:单击快速访问工具栏中的“保存”按钮。关闭数据表视图。

三、简单应用题

本题考点:创建条件查询、无条件查询和更新查询。第 1、2、3、4 小题在查询设计视图中创建不同的查询,按题目要求添加字段和条件表达式。创建更新查询时,更新字段必须用“[]”括起来。

【操作步骤】

(1) 步骤 1:单击“创建”选项卡的“查询”组中的“查询设计”按钮。在“显示表”对话框中分别双击表“tAttend”、“tEmployee”和“tWork”,关闭“显示表”对话框。

步骤 2:分别双击“姓名”、“项目名称”、“承担工作”字段添加到“字段”行。

步骤 3:单击快速访问工具栏中的“保存”按钮,将查询保存为“qT1”。关闭设计视图。

(2) 步骤 1:单击“创建”选项卡 “查询”组中的“查询设计”按钮。在“显示表”对话框中双击表“tWork”,关闭“显示表”对话框。

步骤 2:分别双击“项目名称”“项目来源”和“经费”字段将其添加到“字段”行。

步骤 3:在“经费”字段的“条件”行输入“＜＝10000”字样,单击“显示”行取消该字段的显示。

步骤 4:单击快速访问工具栏中的“保存”按钮,将查询保存为“qT2”。关闭设计视图。

(3) 步骤 1:单击“创建”选项卡 “查询”组“查询设计”按钮。在“显示表”对话框中双击表 “tWork”,关闭“显示表”对话框。

步骤 2:双击“ * ”字段将其添加到“字段”行。

步骤 3:在“字段”行下一列添加新字段“单位奖励:[经费] * 0.1”,单击勾选“显示”行复选框显示该行。

步骤 4:单击快速访问工具栏中的“保存”按钮,将查询保存为“qT3”。关闭设计视图。

(4) 步骤 1:单击“创建”选项卡 “查询”组的“查询设计”按钮。在“显示表”对话框中双击表“tWork”,关闭“显示表”对话框。

步骤 2:在“查询工具”选项卡中的“查询类型”组中单击“更新”按钮。

步骤 3:双击“经费”字段将其添加到“字段”行,在“更新到”行输入“[经费]＋2000”。

步骤 4:单击快速访问工具栏中的“保存”按钮,将查询保存为“qT4”。关闭设计视图。

四、综合应用题

本题考点:在报表中添加标签框控件及文本框属性的设置;在窗体中添加命令按钮控件及其属性的设置;宏的重命名等。第 1、4 小题分别在报表和窗体设计视图中添加控件,并用鼠标右键单击控件选择“属性”,对其设置属性;第 2 小题直接用鼠标右键单击“窗体选择器”,从弹出的快捷菜单中选择“事件生成器”命令,输入代码;第 3 小题用鼠标右键单击宏名,从弹出的快捷菜单中选择“重命名”命令;第 5 小题直接用鼠标右键单击“窗体选择器”,从弹出的快捷菜单中选择“事件生成器”,输入代码。加载窗体设置系统日期为当前日期要用“Date()”函数。

【操作步骤】

(1) 步骤 1:右键单击“rReader”报表,弹出快捷菜单,选择“设计视图”命令,打开报表设计视图。

步骤 2:单击“报表设计工具”“设计”选项卡“控件”组中的“标签”控件按钮,单击报表页眉处,然后输入“读者借阅情况浏览”,单击设计视图任意处,右键单击该标签,从弹出的快捷菜单中选择“属性”命令,弹出标签属性对话框。

步骤 3:选中“全部”选项卡,在“名称”行输入“bTitle”。

步骤 4:分别在“字体名称”和“字号”行右侧下拉列表中选中“黑体”和“22”,分别在“左”和“上边距”行输入“2cm”和“0.5cm”,关闭对话框。单击快速访问工具栏中的“保存”按钮。

(2) 步骤 1:右键单击文本框“tSex”,从弹出的快捷菜单中选择“属性”命令。

步骤 2:在“控件来源”行右侧下拉列表中选中“性别”,关闭属性界面。

步骤 3:单击快速访问工具栏中的“保存”按钮,关闭设计视图。

(3) 步骤 1:选择宏对象,右键单击“rpt”宏,从弹出的快捷菜单中选择“重命名”命令。

步骤 2:在光标处输入“mReader”。

(4) 步骤 1:选择窗体对象,右键单击“fReader”窗体,弹出快捷菜单,选择“设计视图”命令。

步骤 2:选择“窗体设计工具”选项卡下“设计”选项卡中“控件”组中的“命令按钮”控件,单击窗体页脚节区适当位置,弹出一对话框,单击“取消”按钮。

步骤 3:右键单击该命令按钮,从弹出的快捷菜单中选择“属性”命令,单击“全部”选项卡,在“名称”和“标题”行分别输入“bList”和“显示借书信息”。

步骤 4:单击“事件”选项卡,在“单击”行右侧下拉列表中选中“mReade”,关闭属性界面。

(5) 在窗体设计工具“设计”选项卡“工具”组中单击“查看代码”按钮,进入编程环境,在空行内输入代码:

```
'*****Add*****
Form.Caption = Date
'*****Add*****
```

关闭界面,单击快速访问工具栏中的“保存”按钮,关闭设计视图。

操作题真题库试题 19 答案解析

二、基本操作题

本题考点：删除记录；删除字段；字段属性默认值、主键有效性规则设置；建立新表；添加记录；建立表间关系。第 1 小题创建删除查询、删除记录；第 1、2、3、4、5 小题在设计视图中设置字段属性和新建表；第 6 小题在关系界面设置表间关系。

【操作步骤】

(1) 步骤 1：单击【创建】选项卡中【查询设计】按钮，在“显示表”对话框双击表“tEmployee”，关闭“显示表”对话框。

步骤 2：单击【设计】选项卡中【删除】。

步骤 3：双击字段“出生日期”添加到字段行。

步骤 4：在“出生年月”字段的“条件”行输入“＜＃1949-1-1＃”。

步骤 5：单击【设计】选项卡中【运行】，在弹出的对话框中单击“是”按钮。

步骤 6：关闭设计视图，在弹出对话框中单击“否”按钮。

(2) 步骤 1：选中“表”对象，右键单击“tEmployee”选择【设计视图】。

步骤 2：选中“简历”字段行，右键单击“简历”行选择【删除行】，在弹出的对话框中单击“是”按钮。

(3) 步骤 1：单击“联系电话”字段行任一点。

步骤 2：在“默认值”行输入“″010-″”。

步骤 3：按 Ctrl＋S 保存修改，关闭设计视图。

(4) 步骤 1：单击【创建】选项卡中【表设计】。

步骤 2：按照题目表表 1 建立新字段。

步骤 3：选中“ID”字段行，右键单击“ID”行选择【主键】。

步骤 4：按 Ctrl＋S 保存修改，另存为“tSell”。

步骤 5：按照题目表表 2 输入数据，按 Ctrl＋S 保存修改。

(5) 步骤 1：单击“数量”字段行任一点。

步骤 2：在“有效性规则”和“有效性文本”行分别输入“＞＝0”和“数据输入有误，请重新输入”。

步骤 3：按 Ctrl＋S 保存修改，关闭设计视图。

(6) 步骤 1：单击【数据库工具】选项卡中【关系】，单击【设计】|【显示表】，分别添加表“tEmployee”和“tSell”，关闭显示表对话框。

步骤 2：选中表“tEmployee”中的“雇员 ID”字段，拖动鼠标到表“tSell”的“雇员 ID”字段，放开鼠标，在弹出对话框中单击“实施参照完整性”处，然后单击“创建”按钮。

步骤 3：按 Ctrl＋S 保存修改，关闭“关系”界面。

三、简单应用题

本题考点：创建条件查询、无条件查询和建立表间关系等。第 1 小题在关系界面设置表间关系；第 1、2、3、4 小题在查询设计视图中创建不同的查询，按题目要求填添加字段和条件表达式。

【操作步骤】

(1) 步骤 1：单击【数据库工具】选项卡中【关系】，单击【设计】|【显示表】，添加“档案表”和“工资表”，关闭显示表对话框。

步骤 2：选中“档案表”中“职工号”字段拖动到“工资表”的“职工号”字段，在弹出对话框中单击“创建”按钮。保存并关闭“关系”对话框。

步骤 3：在【创建】选项卡下，单击【查询设计】按钮。在“显示表”对话框分别双击表“档案表”“工资表”，关闭“显示表”对话框。

步骤 4：分别双击“姓名”“性别”，“基本工资”字段添加到“字段”行。

步骤 5：按 Ctrl＋S 保存修改，另存为“qT1”。关闭设计视图。

(2) 步骤 1：单击【创建】选项卡中【查询设计】按钮，在“显示表”对话框双击表“档案表”，关闭“显示表”对话框。

步骤 2：分别双击“职工号”“出生日期”“婚否”“职称”字段添加到“字段”行。

步骤 3：在“职称”字段的“条件”行输入“教授 or 副教授”字样，单击“显示”行，取消该字段的显示。

步骤 4:按 Ctrl+S 保存修改,另存为“qT2”。关闭设计视图。

(3) 步骤 1:单击【创建】选项卡中【查询设计】按钮,在“显示表”对话框双击表“工资表”和“档案表”,关闭“显示表”对话框。

步骤 2:分别双击“姓名”“性别”“职称”字段添加到“字段”行。

步骤 3:在“姓名”字段的“条件”行输入“[请输入要查询的姓名]”字样。

步骤 4:在“字段”行的下一列输入“工资总额:[基本工资]+[津贴]-[住房公积金]-[失业保险]”。

步骤 5:按 Ctrl+S 保存修改,另存为“qT3”。关闭设计视图。

(4) 步骤 1:在【创建】选项卡下,单击【查询向导】按钮,选中“查找不配项查询”,单击“确定”按钮。

步骤 2:选中“档案表”,单击“下一步”按钮,选中“工资表”,单击“下一步”按钮。分别选中表中“职工号”字段,单击“下一步”按钮。双击“职工号”和“姓名”字段,单击“下一步”按钮,在“请为查询指定名称”处输入“qT4”,单击“完成”按钮。运行“qT4”结果。

四、综合应用题

本题考点:表中删除记录;窗体命令按钮和报表文本框控件属性设置。

【操作步骤】

(1) 步骤 1:单击【创建】选项卡中【查询设计】按钮,在“显示表”对话框中双击表“tTemp”,关闭“显示表”对话框(源程序中需将 tTemp 中主键取消,否则运行出错)。

步骤 2: 单击【设计】选项卡中【追加】,在弹出的对话框中输入“tEmp”,单击“确定”按钮。

步骤 3:分别双击“*”“年龄”“性别”和“职务”字段。

步骤 4:在“年龄”字段的“条件”行输入“<30”,在“性别”字段的“条件”行输入“女”,在“职务”字段的“条件”行输入“职员”。删除“年龄”“性别”和“职务”字段“追加到”行的字段。

步骤 5:单击【设计】选项卡|【运行】,在弹出的对话框中单击“是”按钮。

步骤 6:关闭设计视图,在弹出的对话框中单击“否”按钮。

(2) 步骤 1:选中“窗体”对象,右键单击“fEmp”,在弹出的快捷菜单中选择“设计视图”命令。

步骤 2:右键单击“窗体选择器”,并在弹出的菜单中选择“属性”命令,在“标题”行输入“信息输出”。关闭属性表。

步骤 3:右键单击命令按钮“btnP”并在弹出的菜单中选择“属性”命令,选择“格式”选项卡,单击“图片”行右侧生成器按钮,在弹出的对话框中单击“浏览”按钮,在“考生文件夹”内找到需要的文件“test. bmp”,单击“打开”按钮,然后单击对话框中的“确定”按钮。

步骤 4:单击“事件”选项卡的“单击”行右侧下拉列表,选中“事件过程”,关闭属性表。

步骤 5:按 Ctrl+S 保存修改,关闭设计视图。

(3) 步骤 1:选中“报表”对象,右键单击“rEmp”,在弹出的快捷菜单中选择“设计视图”命令。

步骤 2:右键单击“tName”文本框,在弹出的快捷菜单中选择“属性”命令,选择“数据”选项卡,在“控件来源”行右侧下拉列表中选中“姓名”。按 Ctrl+S 保存修改,关闭设计视图。

步骤 3:选中“宏”对象,右键单击“mEmp”,在弹出的快捷菜单中选择“重命名”命令,在光标处输入“AutoExec”。

步骤 4:按 Ctrl+S 保存修改。

操作题真题库试题 20 答案解析

二、基本操作题

本题考点:外键的判断、字段值的设置、删除表记录、获取外部数据、字段属性的设置、表之间关系的创建。第 1 小题要在表设计视图中打开“表属性”窗口,在其中输入外键。第 2 小题和第 3 小题都在相应字段的筛选目标中输入相应的条件。第 4 小题要在数据表关闭的情况下选择【外部数据】|【文本文件】。

【操作步骤】

(1) 步骤 1:右键表对象“员工表”,单击“设计视图”按钮。

步骤 2:在设计视图中右键,在弹出的快捷菜单中选择“属性”,弹出“属性表”窗口。

步骤 3:在“属性表”窗口中的“常规”选项卡下的“说明”中输入“部门号”,关闭该窗口。

步骤 4:按 Ctrl+S 保存修改,保存“员工表”设计,关闭“员工表”设计视图。

(2) 步骤 1:在表对象中双击打开“员工表”。

步骤 2:在“员工表”的“简历”字段列中选择“摄影”两字,单击【文件】|【选择】,在其下拉列表中选择【包含“摄影”】。

步骤 3:在筛选出的记录的“备注”字段的复选框里打上钩。

步骤 4:按 Ctrl+S 保存修改属性表,保存“员工表”,关闭“员工表”数据视图。

(3) 步骤 1:单击【创建】选项卡中【查询设计】按钮,在“显示表”对话框双击表“员工表”,关闭“显示表”对话框。单击【设计】选项卡中【删除】。

步骤 2:双击“年龄”字段,在条件行输入“>55”。单击【设计】|【运行】,在弹出的对话框中单击“是”按钮。

步骤 3:关闭查询,在弹出的对话框中单击“否”按钮。

(4) 步骤 1:右键表“员工表”,选择【导入】|【文本文件】。

步骤 2:点击“浏览”,找到考生文件夹下的 Test. txt 文件,单击“向表中追加一份记录的副本”,并在下拉列表中选择“员工表”,单击“确定”按钮。

步骤 3:单击“下一步”,选择“第一行包含字段名称”,再单击“下一步”,在“导入到表”中填“员工表”,单击“完成”按钮,再单击“关闭”即可。

(5) 在表对象列表中选中“员工表”,单击“设计视图”按钮,选择“密码”字段,在输入掩码中输入:00000,保存并关闭该表。

(6) 步骤 1:单击【数据库工具】选项卡中【关系】,单击【设计】|【显示表】。

步骤 2:双击“部门表”和“员工表”,然后关闭“显示表”对话框。

步骤 3:把“部门表”中的“部门号”字段拖到“员工表”中的“部门号”的位置上,在弹出的对话框中选择“实施参照完整性”,单击创建,保存关系。

(注:四和六步骤矛盾,单独可实现,若顺序,则后者不能实现)

三、简单应用题

本题考点:创建条件查询、参数查询和删除查询。第 1、2、3、4 小题在查询设计视图中创建不同的查询,按题目要求填添加字段和条件表达式。创建删除查询时,条件设置时要注意表达式的书写。

【操作步骤】

(1) 步骤 1:单击【创建】选项卡中【查询设计】按钮,在“显示表”对话框双击表“tStud”,关闭“显示表”对话框。

步骤 2:分别双击“所属院系”“年龄”字段。

步骤 3:单击【设计】选项卡中【汇总】。

步骤 4:在“年龄”字段下的“总计”行选择“平均值”项,把“年龄”字段改为“平均年龄:年龄”。

步骤 5:按 Ctrl+S 保存修改,另存为“qT1”。关闭设计视图。

(2) 步骤 1:单击【创建】选项卡中【查询设计】按钮,在“显示表”对话框分别双击表“tStud”“tScore”“tCourse”,关闭“显示表”对话框。

步骤 2:用鼠标拖动“tScore”表中“学号”至“tStud”表中的“学号”字段,建立两者的关系,用鼠标拖动“tCourse”表中“课程号”至“tScore”表中的“课程号”字段,建立两者的关系。

步骤 3:分别双击“姓名”“课程名”两个字段添加到“字段”行。按 Ctrl+S 保存修改,另存为“qT2”。关闭设计视图。

(3) 步骤 1:单击【创建】选项卡中【查询设计】按钮,在“显示表”对话框双击表“tStud”“tScore”“tCourse”,关闭“显示表”对话框。

步骤 2:用鼠标拖动“tScore”表中“学号”至“tStud”表中的“学号”字段,建立两者的关系,用鼠标拖动“tCourse”表中“课程号”至“tScore”表中的“课程号”字段,建立两者的关系。

步骤 3:分别双击“课程名”“学分”和“先修课程”字段。在“先修课程”字段的“条件”行输入“Is Not Null”,取消显示。

步骤 4:取消“先修课程”字段“显示”行的勾选。

步骤 5:按 Ctrl+S 保存修改,另存为“qT3”。关闭设计视图。

(4) 步骤 1:单击【创建】选项卡中【查询设计】按钮,在“显示表”对话框双击表“tTemp”,关闭“显示表”对话框。

步骤 2: 单击【设计】选项卡中【删除】。

步骤 3:双击“年龄”字段添加到“字段”行,在“条件”行输入“>(select Avg(tTemp.年龄) From tTemp)”。

步骤 4:单击【设计】选项卡中【运行】,在弹出的对话框中单击“是”按钮。

步骤 5:按 Ctrl+S 保存修改,另存为“qT4”。关闭设计视图。

四、综合应用题

本题主要考的是窗体、报表的设计和 VBA 的数据库编程。

【操作步骤】

(1) 步骤 1:打开报表对象“rEmp”的设计视图。

步骤 2:单击【设计】选项卡中【分组和排序】,在“分组、排序和汇总”中选择【添加组】,在“分组依据”中选择“表达式”,并在弹出的对话框中输入“=Left([姓名],1)”,单击“确定”按钮,在“更多”中选择“有页眉节”,分组形式选择“按整个值”。关闭“排序与分组”窗口。

步骤 3:选择【设计】选项卡中【控件】组的“文本框”控件,在组页眉中单击添加一个文本框控件。

步骤 4:删除“Text”控件,右键该控件选择“属性”按钮,在弹出的属性表中设置名称为 tnum。

步骤 5:在“控件来源”属性中输入:=Count(*),关闭“属性”窗口。

步骤 6:保存并关闭报表设计视图。

(2) 步骤 1:打开窗体对象“fEmp”的设计视图。

步骤 2:右击窗体,在弹出的菜单中选择“属性”。

步骤 3:在“属性”窗口中的“格式”选项卡下的“图片”属性中设置为考生文件夹下的“bk.bmp”。

步骤 4:保存并关闭窗体。

(3) 步骤 1:打开窗体“fEmp”的设计视图。

步骤 2:右击窗体,在弹出的菜单中选择“属性”。单击“加载”属性右边的“…”打开代码生成器,在第一处填写:Caption=Right(Year(Now), 2) & "年度报表输出"

第二处填写:bt2.FontBold=True

第三处填写:DoCmd.OpenReport "rEmp", acViewPreview

第四处填写:ErrHanle(该句运行时有错误“子过程或函数未定义”)

保存所有设置。

(4) 步骤 1:选中“bt2”按钮,右击选择“属性”菜单,选中“事件”选项卡下的“单击”属性并在下拉列表中选择“mEmp”,关闭“属性”窗口。

步骤 2:保存并关闭窗体。

操作题真题库试题 21 答案解析

二、基本操作题

本题考点:新建表;字段属性中主键、有效性规则、默认值、输入掩码设置;添加记录等。第 1、2、3、4、5 小题在设计视图中建立新表和设置字段属性;第 6 小题在数据表中直接输入数据。设置工作时间的有效性规则时要选择正确的函数,设置联系电话时应根据要求输入正确的格式。

【操作步骤】

(1) 在设计视图中新建表,按题干中的表建立新字段。在第一行“字段名称”列输入“编号”,单击“数据类型”,在“字段大小”行输入“5”。按上述操作设置其他字段。单击快速访问工具栏中的“保存”按钮,将表另存为“tTeacher”。

(2) 在表“tTeacher”设计视图中右键单击“编号”字段行,在弹出的快捷菜单中选择“主键”。

(3) 在表“tTeacher”设计视图中单击“工作时间”字段行任一处,在“有效性规则”行输入“<=DateSerial(Year(Date())-1,5,1)”。

(4) 步骤 1:在表“tTeacher”设计视图中单击“在职否”字段行任一处,在“默认值”行输入“True”,单击快速访问工具栏中的“保存”按钮。

步骤 2:单击“邮箱密码”字段行任一处,单击“输入掩码”行的右侧生成器按钮,弹出“输入掩码向导”对话框,在列表选中“密码”行,单击“完成”按钮。

步骤 3:单击“联系电话”字段行任一处,在 “输入掩码”行输入“"010-"00000000”。

(5) 在“性别”字段“数据类型”列表选中“查阅向导”,弹出“查阅向导”对话框,选中“自行输入所需的值”复选框,单击“下一步”按钮,在光标处输入“男”在下一行输入“女”,单击“完成”按钮。单击快速访问工具栏中的“保存”按钮,关闭设计视图。

(6) 双击表“tTeacher”,按照题干表添加数据。单击快速访问工具栏中的“保存”按钮,关闭数据表。

三、简单应用题

本题考点:创建条件查询;建立表间关系等。第 1、3、4 小题在查询设计视图中创建条件查询,在“条件”行按题目要求填写条件表达式;第 2 小题在关系界面中建立表间关系。

【操作步骤】

(1) 步骤 1:在设计视图中新建查询,从“显示表”对话框添加表“tEmployee”,关闭“显示表”对话框。

步骤 2:双击“编号”“姓名”“性别”“年龄”“职务”“简历”字段,取消“简历”字段的显示,在下面的条件行中输入“Not Like" * 运动 * "”。单击快速访问工具栏中的“保存”按钮,将查询另存为“qT1”,关闭设计视图。

(2) 步骤 1:单击选项卡“数据库工具”选项卡下“关系”组中的“关系”按钮,然后单击“显示表”,分别添加表“tGroup”和“tEmployee”,关闭显示表对话框。

步骤 2:选中表“tGroup”中的“部门编号”字段,拖动到表“tEmployee”的“所属部门”字段,放开鼠标,单击“实施参照完整性”选项,然后单击“创建”按钮。单击快速访问工具栏中的“保存”按钮,关闭“关系”界面。

(3) 步骤 1:在设计视图中新建查询,从“显示表”对话框添加表“tGroup”和“tEmployee”到关系界面,关闭“显示表”对话框。

步骤 2:双击“编号”“姓名”“职务”“名称”“聘用时间”字段,在“名称”字段条件行输入“开发部”,添加新字段“Year(Date())-Year([聘用时间])”,在条件行中输入“>5”,取消该字段和“名称”字段的显示。单击快速访问工具栏中的“保存”按钮,将查询另存为 “qT2”,关闭设计视图。

(4) 步骤 1:在设计视图中新建查询,在“显示表”对话框添加表“tEmployee”,关闭“显示表”对话框。

步骤 2:添加新字段“管理人员:[编号]+[姓名]”,双击添加“职务”字段。

步骤 3:在“职务”字段条件行输入“经理”,取消“职务”字段的显示。单击快速访问工具栏中的“保存”按钮,将查询另存为 “qT3”,关闭设计视图。

四、综合应用题

本题考点:窗体中添加标签、命令按钮、复选框控件及其属性的设置。第 1、2、3 小题在窗体的设计视图中添加控件,并右键单击该控件属性,对控件属性进行设置;第 6 小题直接右键单击窗体选择器,选择属性,设置标题。

【操作步骤】

(1) 步骤 1:在窗体对象中右击窗体“fTest”,在弹出的快捷菜单中选择“设计视图”。

步骤 2:选择“窗体设计工具”选项卡中的“标签”控件,单击窗体页眉节区适当位置,输入“窗体测试样例”。右键单击“窗体测试样例”标签选择“属性”,在“名称”行输入“bTitle”,关闭属性界面。

(2) 步骤 1:选择窗体设计工具控件组中的“复选框”按钮,单击窗体主体节区适当位置。右键单击“复选框”按钮选择“属性”,在 “名称”行输入“opt1”,关闭属性界面。

步骤 2:右键单击“复选框”标签选择“属性”,在“名称”行输入“bopt1”, 在“标题”行输入“类型 a”,关闭属性界面。按步骤 1、2 创建另一个复选框控件。

(3) 右键单击“opt1”复选框,选择“属性”,在“默认值”行输入“=False”。相同方法设置另一个复选框按钮。

(4) 步骤 1:选择“窗体设计工具”选项卡中的“命令按钮”控件,单击窗体页脚节区适当位置,弹出一个对话框,单击“取消”按钮。

步骤 2:右键单击刚添加的命令按钮选择“属性”,在“名称”和“标题”行分别输入“bTest”和“测试”。关闭属性界面。

(5) 步骤 1:右键单击命令按钮“bTest”,选择“属性”。

步骤 2:在“事件”选项卡的“单击”行列表中选中“m1”,关闭属性界面。

(6) 步骤 1:右键单击“窗体选择器”,选择“属性”,在“标题”行输入“测试窗体”,关闭属性界面。

步骤 2:单击快速访问工具栏中的“保存”按钮,关闭设计视图。

操作题真题库试题 22 答案解析

二、基本操作题

本题考点:字体、行高设置,字段属性中的字段大小设置;更改图片;设置隐藏字段和删除字段等。第 1、4、5、6 小题在数据表中设置字体,行高,更改图片,隐藏字段和删除字段;第2,3小题在设计视图中设置字段属性。

【操作步骤】

(1) 步骤1:在窗口左侧导航窗格中选择“表”对象,双击“tStud”打开表。

步骤2:单击“文本格式”功能区,在“字号”下拉列表中选择“14”,单击“确定”按钮。

步骤3:单击“记录”功能区的“其他”按钮,在弹出的快捷菜单中选择“行高”,在弹出对话框中输入“18”,单击“确定”按钮。

步骤4:单击快速工具栏中“保存”按钮。

(2) 步骤1:单击“视图”功能区的“设计视图”(或者右击“tStud”表,在弹出的快捷菜单中选择“设计视图”)。

步骤2:在“简历”字段的“说明”列输入“自上大学起的简历信息”。

(3) 步骤1:单击“入校时间”字段行任一点。

步骤2:在“格式”右侧下拉列表中选择“中日期”。

步骤3:单击快速工具栏中“保存”按钮。

(4) 步骤1:单击“视图”功能区的“数据表视图”。

步骤2:右键单击学号为“20011002”对应的照片列选择【插入对象】。

步骤3:在弹出的对话框中选择“由文件创建”,单击“浏览”按钮,在考生文件夹中找到要插入图片的位置。

步骤4:双击“photo.bmp”文件,然后单击“确定”按钮。

(5) 步骤1:选择“姓名”字段列。

步骤2:右击,在弹出的快捷菜单中选择“冻结字段”。

(6) 步骤1:选择“备注”列。

步骤2:右键单击“备注”列在弹出的快捷菜单中选择“删除字段”,单击“确定”按钮。

步骤3:单击快速工具栏中“保存”按钮,关闭表。

三、简单应用题

本题考点:创建总计查询、条件查询;建立表间关系。第1、3、4小题在查询设计视图中创建不同的查询,按题目要求添加字段和条件表达式;第2小题在关系界面设置表间关系。建立表间关系要正确选择连接表间关系的字段,查询添加新字段时要注意新字段书写格式。

【操作步骤】

(1) 步骤1:单击“创建”对象选项卡,在“查询”功能区单击“查询设计”按钮。在“显示表”对话框中,双击表“tStud”添加到关系界面中,关闭“显示表”。

步骤2:在第一个字段处输入“s_data:Max([年龄])－Min([年龄])”。

步骤3:单击快速工具栏中“保存”按钮,另存为“qStud1”,关闭设计视图。

(2) 步骤1:单击“数据库工具”选项卡,在“关系”功能区单击“关系”按钮,如不出现“显示表”对话框则单击“关系”功能区的“显示表”按钮,分别添加表“tStud”和“tScore”,关闭显示表对话框。

步骤2:选中表“tStud”中的“学号”字段,拖动鼠标到表“tSore”的“学号”字段,放开鼠标,在弹出对话框中单击“创建”按钮。

步骤3:单击快速工具栏中“保存”按钮,关闭“关系”界面。

(3) 步骤1:单击“创建”对象选项卡,在“查询”功能区单击“查询设计”按钮。在“显示表”对话框分别双击表“tStud”,“tScore”,关闭“显示表”对话框。

步骤2:分别双击“姓名”“性别”和“数学”字段。

步骤3:在“数学”字段的“条件”行输入“＜60”。

步骤4:单击快速工具栏中“保存”按钮,另存为“qStud2”。关闭设计视图。

(4) 步骤1:单击“创建”对象选项卡,在“查询”功能区单击“查询设计”按钮。在“显示表”对话框双击表“tScore”,关闭“显示表”对话框。

步骤2:双击“学号”字段添加到“字段”行。

步骤3:在“字段”行下一列输入“平均成绩:([数学]＋[计算机]＋[英语])/3”。

步骤4:单击快速工具栏中“保存”按钮,另存为“qStud3”。关闭设计视图。

四、综合应用题

本题考点：窗体中标签、选项组、命令按钮和复选框控件的添加及属性设置。第1，2，3，4在窗体设计视图添加控件，并右键单击控件名选择【属性】，设置属性；第5小题直接右键单击"窗体选择器"选择【属性】，设置属性。新建选项按钮时不要把选项按钮和选项按钮控件混淆。

【操作步骤】

(1) 步骤1：在窗口左侧导航窗格中选择"窗体"对象，右键单击"fStaff"选择【设计视图】。

步骤2：选择控件功能区中"标签"控件按钮，单击窗体页眉处，然后输入"员工信息输出"，单击窗体任一点。

步骤3：右键单击"员工信息输出"标签选择【属性】，在"名称"行输入"bTitle"，关闭属性界面。

步骤4：单击快速工具栏中"保存"按钮。

(2) 步骤1：选择控件功能区中"选项组"控件，单击窗体主体节区处，在弹出的"选项组"对话框中单击"取消"按钮。

步骤2：右键单击选项组控件选择【属性】，在"名称"行输入"opt"。右键单击选项组标签选择【属性】，在"名称"和"标题"行分别输入"bopt"和"性别"，关闭属性界面。

(3) 步骤1：选择控件功能区中"选项按钮"控件，单击选项组内任一点。

步骤2：右键单击选项按钮选择【属性】，在"名称"输入"opt1"，关闭属性界面。

步骤3：右键单击选项按钮标签选择【属性】，在"名称"和"标题"行分别输入"bopt1"和"男"，关闭属性界面。

步骤4：按照步骤1～3新建另一个选项按钮控件opt2，其标签名称为"bopt2"，标题为"女"。

(4) 步骤1：选择工具栏"命令按钮"控件，单击窗体页脚节区适当位置，弹出一对话框，单击"取消"按钮。

步骤2：右键单击该命令按钮选择【属性】，单击"全部"选项卡，在"名称"和"标题"行输入"bOk"和"确定"。

步骤3：按照1、2步骤新建另一命令按钮bQuit，标题为"退出"。

(5) 步骤1：右键单击"窗体选择器"选择【属性】。

步骤2：在"标题"行输入"员工信息输出"。

步骤3：单击快速工具栏中"保存"按钮，关闭设计视图。

操作题真题库试题23答案解析

二、基本操作题

本题考点：建立新表；字段属性主键、输入掩码、默认值设置；添加记录。第1、2、3、4小题在设计视图中建立新表，设置字段属性；第5小题在数据表中输入数据。

【操作步骤】

(1) 步骤1：单击"创建"对象选项卡，在"表格"功能区单击"表设计"按钮，进入表"设计视图"。

步骤2：按照题目表要求建立字段。

步骤3：单击快速工具栏中"保存"按钮，将表另存为"tCourse"。

(2) 步骤1：在表设计视图中选择"课程编号"字段行。

步骤2：右键单击"课程编号"行选择【主键】。

(3) 步骤1：单击"学时"字段行任一点。

步骤2：在"有效性规则"行输入"＞＝0 And Is Not Null"。

(4) 步骤1：单击"开课日期"字段行任一点。

步骤2：单击"输入掩码"行右侧生成器按钮，在弹出对话框中选择"短日期"行，连续两次单击"下一步"按钮，然后单击"完成"按钮。

步骤3：在"默认值"行输入"DateSerial(Year(Date()),9,1)"。

步骤4：单击快速工具栏中"保存"按钮。

(5) 步骤 1:单击“视图”功能区的“数据表视图”。

步骤 2:按照题目表输入记录。

(6) 步骤 1:选择并右键单击“课程名称”列选择【冻结字段】。

步骤 2:单击快速工具栏中“保存”按钮,关闭数据表。

三、简单应用题

本题考点:创建总计查询、子查询和追加查询。第 1、2、3、4 小题在查询设计视图中创建不同的查询,按题目要求添加字段和条件表达式。

【操作步骤】

(1) 步骤 1:单击“创建”对象选项卡,在“查询”功能区单击“查询设计”按钮。在“显示表”对话框分别双击表“tStudent”“tCourse”“tGrade”,关闭“显示表”对话框。

步骤 2:分别双击“姓名”“政治面貌”“课程名”和“成绩”字段添加到“字段”行。

步骤 3:单击快速工具栏中“保存”按钮,另存为“qT1”。关闭设计视图。

(2) 步骤 1:单击“创建”对象选项卡,在“查询”功能区单击“查询设计”按钮。在“显示表”对话框分别双击表“tStudent”“tCourse”“tGrade”,关闭“显示表”对话框。

步骤 2:分别双击“姓名”“学分”字段将其添加到“字段”行。

步骤 3:单击查询工具“设计”选项卡中“显示/隐藏”功能区的“汇总”按钮,在“学分”字段“总计”行下拉列表中选择“总计”。

步骤 4:在“学分”字段前添加“学分:”字样。

步骤 5:单击快速工具栏中“保存”按钮,另存为“qT2”。关闭设计视图。

(3) 步骤 1:单击“创建”对象选项卡,在“查询”功能区单击“查询设计”按钮。在“显示表”对话框中双击表“tStudent”,关闭“显示表”对话框。

步骤 2:分别双击“姓名”“年龄”字段将其添加到“字段”行。

步骤 3:在“年龄”字段“条件”行输入“＜(SELECT AVG([年龄])from[tStudent])”,单击“显示”行取消字段显示。

步骤 4:单击快速工具栏中“保存”按钮,另存为“qT3”。关闭设计视图。

(4) 步骤 1:单击“创建”对象选项卡,在“查询”功能区单击“查询设计”按钮。在“显示表”对话框分别双击表“tStudent”“tCourse”“tGrade”,关闭“显示表”对话框。

步骤 2:单击“查询类型”功能区的“追加查询”,在弹出的对话框中输入“tSinfo”,单击“确定”按钮。

步骤 3:在“字段”行第一列输入“班级编号: Left([tStudent]! [学号],6)”,在“追加到”行下拉列表中选择“班级编号”。分别双击“姓名”“课程名”“成绩”字段将其添加到“字段”行。

步骤 4:单击“结果”功能区的“运行”按钮,在弹出的对话框中单击“是”按钮。

步骤 5:单击快速工具栏中“保存”按钮,另存为“qT4”。关闭设计视图。

四、综合应用题

本题考点:表中删除记录;窗体命令按钮和报表文本框控件属性设置。第 1 小题创建删除查询删除记录;第 2、3 小题分别在窗体和报表设计视图中右键单击控件名选择【属性】,设置属性。设置文本框控件来源要选择正确的字段名。

【操作步骤】

(1) 步骤 1:单击“创建”对象选项卡,在“查询”功能区单击“查询设计”按钮。在“显示表”对话框中双击表“tTemp”,关闭“显示表”对话框。

步骤 2: 单击“查询类型”功能区的“追加查询”,在弹出的对话框中输入“tEmp”,单击“确定”按钮。

步骤 3:分别双击“*”“年龄”“性别”和“职务”字段。

步骤 4:在“年龄”字段的“条件”行输入“＜30”,在“性别”字段的“条件”行输入“女”,在“职务”字段的“条件”行输入“职工”。删除“年龄”“性别”和“职务”字段“追加到”行的字段。

步骤 5:单击“结果”功能区的“运行”按钮,在弹出的对话框中单击“是”按钮。

步骤 6:关闭设计视图,在弹出的对话框中单击“否”按钮。

(2) 步骤 1:在窗口左侧的导航窗格中选择“窗体”对象,右键单击“fEmp”选择【设计视图】。

步骤 2:右键单击“窗体选择器”选择【属性】,在“标题”行输入“信息输出”。

步骤 3:右键单击命令按钮“btnP”选择【属性】,单击“图片”行右侧生成器按钮,在弹出的对话框中单击“浏览”按钮,在“考生文件夹”内找到 test. bmp 文件,选择并单击“打开”按钮,单击对话框“确定”按钮。

步骤 4:单击“事件”选项卡的“单击”行右侧下拉列表,选择“【事件过程】”,关闭属性界面。

步骤 5:单击快速工具栏中“保存”按钮,关闭设计视图。

(3) 步骤 1:在窗口左侧的导航窗格中选择“报表”对象,右键单击“rEmp”选择【设计视图】。

步骤 2:右键单击“tName”文本框选择【属性】,在“控件来源”行右侧下拉列表中选择“姓名”。

步骤 3:选择“宏”对象,右键单击“mEmp”选择【重命名】,在光标处输入“AutoExec”。

步骤 4:单击快速工具栏中“保存”按钮,关闭设计视图。

操作题真题库试题 24 答案解析

二、基本操作题

本题考点:建立新表;字段属性主键、默认值设置;添加记录。第 1、2、3 小题在设计视图中新建表和设置字段属性;第 4 小题在数据表中输入数据。

【操作步骤】

(1) 步骤 1:单击“创建”对象选项卡,在“表格”功能区单击“表设计”按钮。

步骤 2:按照题目表要求建立新字段。

步骤 3:单击快速工具栏中“保存”按钮,另存为“tTeacher”。

(2) 步骤 1:在设计视图中,选择“编号”字段行。

步骤 2:右键单击“编号”行选择【主键】。

(3) 步骤 1:单击“职称”字段行任一点。

步骤 2:在“默认值”行输入“讲师”。

步骤 3:单击快速工具栏中“保存”按钮,关闭设计视图。

(4) 步骤 1:单击“视图”功能区的“数据表视图”。

步骤 2:按照题目表给出记录添加新纪录。

三、简单应用题

本题考点:创建条件查询、删除查询和无条件查询;新建窗体;添加命令按钮及属性设置等。第 1、2、3 小题在查询设计视图中生成,并按不同的要求在条件文本框中输入表达式;第 4 小题直接用设计视图新建窗体,并在设计视图中完成控件及其属性的设置。创建查询时要注意查询条件的设置,设置窗体时要注意控件的名称和标题不要混淆。

【操作步骤】

(1) 步骤 1:以设计视图的形式新建查询,并添加数据源。

步骤 2:弹出“查询 1”对话框, 双击要显示的字段,单击工具栏中的“保存”按钮,保存并命名查询。

(2) 以“tStud1”为数据源,在查询设计视图中创建查询,选择所需的字段,并在“姓名”字段的“条件”行中输入“Like”李 * “”,保存并命名查询为“qStud2”,关闭设计视图。

(3) 新建查询设计视图,将“tStud2”表添加到设计视图中,单击菜单栏【查询】|【删除查询】,选择“性别”字段,并在“条件”行输入“男”,单击“运行”按钮运行查询,在弹出的对话框中单击“是”按钮,单击保存按钮。

(4) 步骤 1:以设计视图的方式建立窗体。

步骤 2:右键单击“窗体生成器”按钮选择【属性】,弹出窗体属性对话框。在窗体属性对话框中设置窗体导航按钮属性和标题。

步骤 3:选中工具箱中“命令按钮”控件,添加按钮。右键单击命令按钮选择“属性”,弹出命令按钮属性对话框。在对话框中按题目要求设置按钮"btnR1"名称和标题,然后关闭命令按钮对话框。

步骤4:同理设置命令按钮btnR2。单击工具栏中的"保存"按钮,保存并命名窗体为"fs",然后关闭窗体设计视图。

四、综合应用题

本题考点:窗体中添加标签、命令按钮控件及其属性设置。第1、3小题在设计视图中添加控件,并右键单击控件选择【属性】,设置属性;第2、4、5小题直接右键单击控件选择【事件生成器】,设置属性。

【操作步骤】

(1) 步骤1:在导航窗格中选择"窗体"对象,右键单击【fEmployee】|【设计视图】。

步骤2:选择工具栏"命令按钮"控件,单击窗体页脚节区适当位置,弹出一对话框,单击"取消"按钮。

步骤3:右键单击该命令按钮选择【属性】,单击"全部"选项卡,在"名称"和"标题"行输入"bList"和"显示图书信息"。

(2) 步骤1:单击"事件"选项卡。

步骤2:在"单击"行右侧下拉列表中选择"m1"。关闭属性界面。

(3) 步骤1:选择控件功能区中"标签"控件按钮,单击窗体页眉处,然后输入"雇员售书情况浏览",单击窗体任一点。

步骤2:右键单击"雇员售书情况浏览"标签选择【属性】,单击"全部"选项卡,在"名称"行输入"bTitle",分别在"字体名称""字号"和"字体粗细"行右侧下拉列表中选择"黑体"、"22"和"加粗"。关闭属性界面。

(4) 步骤1:右键单击"窗体选择器"选择【属性】。

步骤2:在"标题"行输入"雇员售书情况"。

(5) 步骤1:分别在"记录选择器"和"导航按钮"右侧下拉列表中选择"否"。

步骤2:单击快速工具栏中"保存"按钮,关闭设计视图。

操作题真题库试题25答案解析

二、基本操作题

本题考点:字段属性中标题、格式设置;导入表;建立表间关系,表中字段属性设置;窗体命令按钮设置;宏重命名。第1小题在设计视图中设置字段属性;第3小题在关系界面中设置表间关系;第2小题单击"外部数据"选项卡,在"导入并链接功能区"选择【Excel】按钮;第4小题在窗体设计视图单击该控件选择【属性】,设置属性;第6小题右键单击宏名选择【重命名】。

【操作步骤】

(1) 步骤1:在导航窗格中选择"表"对象,右键单击"物品表"选择【设计视图】。

步骤2:在"字段名称"列将"研制时间"改为"研制日期",在"格式"下拉列表中选择"长日期"。

步骤3:单击快速工具栏中"保存"按钮,关闭设计视图。

(2) 步骤1:在导航窗体中右击"销售业绩表",在弹出的快捷菜单中选择"设计视图"。

步骤2:选择"时间""编号""物品号"三行,右击,在弹出的快捷菜单中选择"主键"命令。

步骤3:保存设计,关闭视图。

(3) 步骤1:在导航窗格中右击任一表对象,在弹出的快捷菜单中选择【导入】,在下一级菜单中选择【Excel】(或者单击"外部数据"选项卡,在"导入并链接功能区"选择"文本文件"按钮,选择"将源数据导入到当前数据库的新表中"选项,单击"浏览"按钮,在"考生文件夹"找到要导入的文件,选择"Test. txt"文件,单击"确定"按钮。

步骤2:连续2次单击"下一步"按钮,在右侧下拉列表中选择"tTemp",单击"下一步"按钮。

步骤3:单击"完成"按钮,在弹出的对话框中单击"确定"按钮。

(4) 步骤1:单击"数据库工具"选项卡,在"关系"功能区单击"关系"按钮,如不出现"显示表"对话框则单击"关系"功能区的"显示表"按钮,分别选择表"职工表"和"物品表"和"销售业绩表",关闭"显示表"对话框。

步骤2:选中表"职工表"中的"编号"字段,拖动鼠标到表"销售业绩表"的"编号"字段,放开鼠标,单击"实施参照完整性”处，然后单击“创建”按钮。

步骤 3：同理拖动“销售业绩表”的“物品号”字段拖动到“物品表”的“产品号”字段，建立“销售业绩表”和“物品表”之间的关系。单击快速工具栏中“保存”按钮，关闭“关系”界面。

(5) 步骤 1：在导航窗格中选择“窗体”对象，右键单击“fTest”选择【设计视图】。

步骤 2：右键单击“bt1”按钮选择【属性】，查看“左边距”“上边距”“宽度”和“高度”，分别为 3.5cm，0.5cm，3cm，1cm 并记录下来。关闭属性界面。步骤 3：右键单击“bt3”按钮选择【属性】，查看“左”“上边距”“宽度”和“高度”，分别为3.5cm，3.5cm，3cm，1cm 并记录下来。关闭属性界面。

步骤 4：要设置“bt2”与“bt1”大小一致，左对齐且位于“bt1”和“bt3”之间，右键单击“bt2”按钮选择【属性】，分别在“左”“上边距”“宽度”和“高度”行输入“3.5cm”“2cm”“3cm”和“1cm”。关闭属性界面。

步骤 5：单击快速工具栏中“保存”按钮，关闭窗体界面。

(6) 步骤 1：在导航窗格中选择“宏”对象，右键单击“mTest”选择【重命名】。

步骤 2：在光标处输入“AutoExec”。

三、简单应用题

本题考点：创建参数查询、分组总计查询和条件查询。第 1、2、3、4 小题在查询设计视图中创建不同的查询，按题目要求添加字段和条件表达式。

【操作步骤】

(1) 步骤 1：单击“创建”对象选项卡，在“查询”功能区单击“查询设计”按钮。在“显示表”对话框双击表“tTeacher”“tCourse”，关闭“显示表”对话框。

步骤 2：分别双击“教师姓名”“课程名称”及“上课日期”字段。

步骤 3：在“名称”字段的“条件”行输入“[请输入教师姓名]”，在“上课日期”字段的“排序”下拉列表中选择“降序”。

步骤 4：单击快速工具栏中“保存”按钮，另存为“qT1”。关闭设计视图。

(2) 步骤 1：单击“创建”对象选项卡，在“查询”功能区单击“查询设计”按钮。在“显示表”对话框双击表“tStud”“tCourse”“tGrade”，关闭“显示表”对话框。

步骤 2：分别双击“学生姓名”“课程名称”“成绩”字段。

步骤 3：在“成绩”字段的“条件”行输入“＞＝80 And ＜＝100”。

步骤 4：单击快速工具栏中“保存”按钮，另存为“qT2”。关闭设计视图。

(3) 步骤 1：单击“创建”对象选项卡，在“查询”功能区单击“查询设计”按钮。在“显示表”对话框双击表“tStud”“tCourse”“tGrade”，关闭“显示表”对话框。

步骤 2：在“字段”行第一列输入“年级：Left([tGrade]！[学生 ID]，4)”，分别双击字段“课程 ID”和“成绩”字段。

步骤 3：单击查询工具“设计”选项卡中“显示/隐藏”功能区的“汇总”按钮，在“成绩”字段“总计”行下拉列表中选择“平均值”。在成绩字段前加上“成绩之平均值：”。

步骤 4：在“年级”字段的“排序”行下拉列表中选择“降序”。

步骤 5：单击快速工具栏中“保存”按钮，另存为“qT3”。关闭设计视图。

(4) 步骤 1：单击“创建”对象选项卡，在“查询”功能区单击“查询设计”按钮。在“显示表”对话框双击表 “tCourse”、“tGrade”，关闭“显示表”对话框。

步骤 2：分别双击“课程 ID”“课程名称”字段。单击查询工具“设计”选项卡中“显示/隐藏”功能区的“汇总”按钮。

步骤 3：在下一列“字段”行输入“最高分与最低分的差：Max([成绩])－Min([成绩])”，在“总计”行下拉列表中选择“Expression”。单击“课程 ID”字段“显示”行。

步骤 4：单击快速工具栏中“保存”按钮，另存为“qT4”。关闭设计视图。

四、综合应用题

本题考点：窗体中添加标签及其属性设置。

【操作步骤】

(1) 步骤 1：在窗口左侧导航窗格中选择“窗体”对象，右键单击【fStud】|【设计视图】。

步骤 2:选择控件功能区中“标签”控件按钮,单击窗体页眉处,然后输入“学生基本情况浏览”,单击窗体任一点。

步骤 3:右键单击“学生基本情况浏览”标签,在弹出的快捷菜单中选择“属性”命令,单击“全部”选项卡,在“名称”行输入“bTitle”;在“左”“上边距”“宽度”“高度”行分别输入“2.5”“0.3”“6.5”“0.95”;在“字体名称”行下拉列表中选择“黑体”;在“前景色”行输入“16711680”;在“字号”行下拉列表中选择“22”,关闭属性界面。

(2) 步骤 1:右键单击【窗体选择器】|【属性】,在“边框样式”行下拉列表中选择“细边框”。

步骤 2:在“滚动条”行下拉列表中选择“两者均无”。

步骤 3:在“最大最小化按钮”行下拉列表中选择“无”;分别在“记录选择器”,“导航按钮”和“分隔线”行下拉列表中选择“否”;关闭属性界面。

(3) 步骤 1:右键单击【tAge】|【属性】,在“控件来源”行输入“Year(Date())-Year([出生日期])”,关闭属性界面。

步骤 2:右键单击命令按钮【CmdQuit】|【事件生成器】。输入以下代码:

```
'*****Add*****
DoCmd.Close
'*****Add*****
```

关闭界面。

步骤 3:单击快速工具栏中“保存”按钮,关闭代码设计界面。

(4) 步骤 1:右键单击文本框【tSub】|【属性】。

步骤 2:在“控件来源”行输入"=IIf(Mid([学号],5,2)="10","信息","经济")",保存并闭属性界面。

(5) 步骤 1:右键单击文本框【txtAvg】|【属性】。

步骤 2:在“控件来源”行输入“=Avg([成绩])”,保存并闭属性界面。

步骤 3:右键单击文本框【txtMAvg】|【属性】。

步骤 4:在“控件来源”行输入“=[fScore 子窗体]! [txtAvg]”,保存并闭属性界面。

操作题真题库试题 26 答案解析

二、基本操作题

(1)本题考查表结构的调整和主键的设置方法。(2)考查字段属性默认值的设置、字段大小的修改方法、字段类型的修改和表结构的调整。(3)考查有效文本的设置方法。(4)考查设置表的数据格式。(5)考查设置“掩码”的方法。(6)考查字段的“隐藏”与“显示”设置。

【操作步骤】

(1) 步骤 1:双击打开“samp1.accdb”数据库,双击“tNorm”表,分析具有字段值唯一性只有“产品代码”,故将“产品代码”设为主键。

步骤 2:右击 tNorm 表,选择“设计视图”快捷菜单命令,打开表设计视图。在 tNorm 表设计视图窗口下单击“产品代码”所在行,右键单击鼠标,在快捷菜单中选择“主键”命令。

步骤 3:单击快速访问工具栏中的“保存”按钮。保存设置。

(2) 步骤 1:右击 tNorm 表,选择“设计视图”快捷菜单命令,打开表设计视图。单击“单位”字段,在其“字段属性”中的“默认值”行内输入:“只”,“字段大小”设为:1。

步骤 2:单击“最高储备”,单击“字段大小”所在的行,选择“长整型”。

步骤 3:单击“最低储备”字段,单击“字段大小”所在行,选择“整型”。

步骤 4:右键单击“备注”字段,在弹出的快捷菜单中选择“删除行”,单击“是”按钮。单击快速访问工具栏中的“保存”按钮,关闭表的设计视图。

步骤 5:双击打开“tNorm”表,在【开始】功能区下的【排序和筛选】分组中单击“高级”按钮,在下拉菜单中选择“高级筛选/排序”命令,打开筛选对话框。在筛选窗口中双击“tNorm”表中的“规格”字段,在其所对应的条件行输入:220V-4W。

单击【排序和筛选】分组中的“切换筛选”按钮，按＜Ctrl＋A＞键全选，再按＜Del＞键删除。

步骤 6：单击快速访问工具栏中的“保存”按钮关闭表。

(3) 步骤 1：右击 tNorm 表，选择“设计视图”快捷菜单命令，打开表设计视图。右键单击标题栏，选择“属性”命令。在【表属性】对话框中的“有效性规则”行内输入：[最低储备]＜[最高储备]，在“有效性文本”输入：请输入有效数据。

步骤 2：关闭对话框，单击快速访问工具栏中的“保存”按钮，关闭视图。

(4) 步骤 1：右击 tNorm 表，选择“设计视图”快捷菜单命令，打开表设计视图。单击“出厂价”，在“字段属性”中的“格式”行下拉框中选择“货币”。

步骤 2：单击快速访问工具栏中的“保存”按钮，关闭设计视图。

(5) 步骤 1：右击 tNorm 表，选择“设计视图”快捷菜单命令，打开表设计视图。单击“规格”，在其“字段属性”中的“输入掩码”所在行内输入：000〃V-〃000〃W〃。

步骤 2：单击快速访问工具栏中的“保存”按钮，关闭视图。

(6) 步骤 1：双击“tNorm”打开表，在数据表视图中，右击“出厂价”字段名，在弹出的快捷菜单中选择“隐藏字段”命令。

步骤 2：关闭对话框，关闭表。

步骤 3：关闭“samp1. accdb”数据库。

三、简单应用题

(1) 本题考查模糊查询的应用，掌握 like 的应用，掌握通配符“?”“*”的应用。(2) 本题主要考查多表查询，以及查询中对 SQL 语句的应用。其中用到系统函数 AVG()求平均成绩。(3) 本题主要考查交叉表查询，要求考生掌握交叉表“行标题”“列标题”“值”的含义。(4) 本题主要考查追加表查询，在追加中涉及运算函数 LEFT()、MID()取“姓”和“名”的值。

【操作步骤】

(1) 步骤 1：双击“samp. accdb”打开数据库。在【创建】功能区的【查询】分组中单击“查询设计”按钮，系统弹出查询设计器。在【显示表】对话框中添加表“tStud”。关闭【显示表】对话框。

步骤 2：双击“学号”“姓名”“性别”“年龄”“简历”字段。在“简历”的条件所在行输入：like〃*书法*〃or like〃*绘画*〃，取消“显示”复选框的勾选。

步骤 3：单击快速访问工具栏中的“保存”按钮，输入“qT1”文中名，单击“确定”按钮，关闭“qT1”查询视图。

(2) 步骤 1：在【创建】功能区的【查询】分组中单击“查询设计”按钮，系统弹出查询设计器。在【显示表】对话框中分别双击“tStud”“tCourse”和“tScore”表。

步骤 2：建立 3 个表之间的联系，拖动“tCourse”表中的“课程号”字段到“tScore”表的“课程号”字段上，拖动“tStud”表中的“学号”字段到“tScore”表中的“学号”字段上，关闭【显示表】对话框。

步骤 3：双击“tStud”表的“姓名”字段，双击“tCourse”表的“课程名”字段，双击“tScore”表中的“成绩”字段，在“成绩”所在的条件行内输入：＜(select avg([成绩]) from tScore)。

步骤 4：单击快速访问工具栏中的“保存”按钮，输入“qt2”文件名，单击“确定”按钮，关闭“qt2”的查询视图。

(3) 步骤 1：在【创建】功能区的【查询】分组中单击“查询设计”按钮，系统弹出查询设计器。在【显示表】对话框中添加表“tScore”“tCourse”，拖动“tCourse”表中的“课程号”字段到“tScore”表的“课程号”字段上，建立两表间的联系，关闭【显示表】对话框。单击【查询类型】分组中的“交叉表”按钮。

步骤 2：双击“tScore”表的“学号”字段，在“总计”行中选择“Group By”，在“交叉表”行中选择“行标题”。

步骤 3：双击“tScore”表的“课程号”字段，在“总计”行中选择“Group By”，在“交叉表”行中选择“列标题”。

步骤 4：双击“tScore”表的“成绩”字段，在其“总计”行选择“平均值”，在“交叉表”行中选择“值”。

步骤 5：双击 tCourse”表“学分”字段，在其“总计”行选择“where”。在对应的“条件”行输入：＜3。

步骤 6：单击快速访问工具栏中的“保存”按钮，输入“qT3”文件名，单击“确定”按钮。

(4) 步骤 1：在【创建】功能区的【查询】分组中单击“查询设计”按钮，系统弹出查询设计器。在【显示表】对话框中添加“TSTUD”表，关闭【显示表】对话框，单击【查询类型】分组中的“追加”按钮，在弹出的对话框中输入目标表名“tTemp”。

步骤 2：双击“学号”，在“字段”行的第二列输入求“姓”的表达式：LEFT([姓名],1)，在“追加到”行选择“姓”。双击“性别”“追加到”行选择“性别”。双击“年龄”“追加到”行选择“年龄”。

步骤 3：在第五列输入求“名”的运算式：mid([姓名],2)，在“追加到”行选择“名”。

步骤 4:单击“运行”按钮运行查询。单击快速访问工具栏中的“保存”按钮,输入“qt4”文件名。单击“确定”按钮,关闭“qt4”的查询设计视图。

四、综合应用题

本题主要考查窗体控件的设计方法以及控制的格式设计,在窗体下如何通过宏的调用来实现控件的功能与作用。

【操作步骤】

(1) 步骤 1:双击打开“samp3. accdb”数据库。在【开始】功能区的“窗体”面板中右击“fStock”窗体,选择“设计视图”快捷菜单命令,打开 fStock 的设计视图。单击【控件】分组中的”标签”控件。在页脚区上拖动一个“矩形框”。在“矩形框”内输入:库存浏览。在矩形框上右键单击,在弹出的快捷菜单上选择“属性”命令。在【属性表】对话框中修改“名称”为:bTitle,“字体名称”所在行选择:黑体,“字号”选择:18,“字体粗细”所在行选择:加粗。

步骤 2:单击快速访问工具栏中的“保存”按钮。

(2) 步骤 1:单击【控件】分组中的“按钮”控件。在窗体页脚区拖动产生一个按钮,在【属性表】对话框内修改“名称”为:bList。在“标题”行内输入:显示信息。关闭对话框。

步骤 2:单击快速访问工具栏中的“保存”按钮。保存修改设置。

(3) 步骤 1:在“fStock”的设计视图中选中“bList”命令按钮,在【属性表】对话框中的“单击”行内选择:M1,关闭窗口。

步骤 2:单击快速访问工具栏中的“保存”按钮。

(4) 步骤 1:在“fStock”的设计视图中的空白处右键单击鼠标,在快捷菜单上选择“表单属性”命令,在【属性表】对话框中修改“标题”为:库存浏览。

步骤 2:单击快速访问工具栏中的“保存”按钮。

(5) 步骤 1:接上小题操作,接续在【属性表】对话框中修改“导航按钮”为:否。

步骤 2:单击快速访问工具栏中的“保存”按钮,关闭窗体。

步骤 3:关闭“samp3. accdb”数据库。

操作题真题库试题 27 答案解析

二、基本操作题

本题考点:字段属性主键、有效性规则、输入掩码设置;添加和删除字段;添加记录。第 1、2、3、4、5 小题在设计视图设置字段属性,添加和删除字;第 6 小题在数据表输入数据。

【操作步骤】

(1) 步骤 1:在导航窗格中选择“表”对象,右键单击“tEmployee”选择【设计视图】。

步骤 2:选择“编号”字段行,右键单击“编号”行选择【主键】。

(2) 步骤 1:选择“所属部门”字段行。

步骤 2:右键单击“所属部门”行选择【删除行】。

步骤 3:单击“年龄”字段任一点,在“有效性规则”行输入“＞16”。

(3) 步骤 1:右键单击“职务”行选择【插入行】。

步骤 2:在“字段名称”列输入“党员否”,在“数据类型”下拉列表中选择“是/否”。

步骤 3:单击快速工具栏中“保存”按钮,单击【视图】|【数据表视图】。

步骤 4:选择职工编号为“00014”的对应行,右键单击该行选择【删除字段】,在弹出对话框中单击“是”按钮。

步骤 5:单击快速工具栏中“保存”按钮。

(4) 步骤 1:单击“视图”功能区的“设计视图”。

步骤 2:在“职务”字段“数据类型”的下拉列表中选择“查阅向导”,在弹出对话框中选择“自行输入所需值”复选框,单击“下一步”按钮。

步骤 3:在每一行依次输入“职员”、“主管”和“经理”,单击“下一步”按钮,单击“完成”按钮。

(5) 步骤 1:单击“聘用时间”字段任一点。

步骤 2:单击“输入掩码”行右侧生成器按钮,在弹出对话框中选择“短日期”行,两次单击“下一步”按钮,单击“完成”按钮。

步骤 3:单击快速工具栏中“保存”按钮。

(6) 步骤 1:单击“视图”功能区的“数据表视图”。

步骤 2:按照题目表中记录向表中添加记录。

步骤 3:单击快速工具栏中“保存”按钮,关闭设计视图。

三、简单应用题

本题考点:创建条件查询,总计查询和追加查询。第 1、2、3、4 小题在查询设计视图中创建不同的查询,按题目要求添加字段和条件表达式。

【操作步骤】

(1) 步骤 1:单击“创建”对象选项卡,在“查询”功能区单击“查询设计”按钮。在“显示表”对话框双击表“tStud”,关闭“显示表”对话框。

步骤 2:分别双击“身份证号”“姓名”和“家长身份证号”字段添加到“字段”行。在“家长身份证号”字段对应的“条件”行输入“Is Not Null”,并取消该字段的显示。

步骤 3:单击快速工具栏中“保存”按钮,另存为“qT1”。关闭设计视图。

(2) 步骤 1:单击“创建”对象选项卡,在“查询”功能区单击“查询设计”按钮。在“显示表”对话框双击表“tStud”,关闭“显示表”对话框。

步骤 2:分别双击“身份证号”“姓名”和“家长身份证号”字段添加到“字段”行。

步骤 3:在“家长身份证号”字段“条件”行输入“In (SELECT [身份证号] FROM [tStud])”。

步骤 4:单击快速工具栏中“保存”按钮,另存为“qT2”。关闭设计视图。

(3) 步骤 1:单击“创建”对象选项卡,在“查询”功能区单击“查询设计”按钮。在“显示表”对话框双击“tStud”,关闭“显示表”对话框。

步骤 2:双击“数学”字段添加列字段行,在“条件”行输入“=100”,并取消“数学”字段的显示。

步骤 3:在“字段”行下一列输入“num: 身份证号”,单击查询工具“设计”选项卡中“显示/隐藏”功能区的“汇总”按钮,在 “总计”行下拉列表中选择“计数”。

步骤 4:单击快速工具栏中“保存”按钮,另存为“qT3”。关闭设计视图。

(4) 步骤 1:单击“创建”对象选项卡,在“查询”功能区单击“查询设计”按钮。在“显示表”对话框双击表“tStud”,关闭“显示表”对话框。

步骤 2: 单击“查询类型”功能区的“追加查询”,在弹出对话框中输入“tTemp”,单击“确定”按钮。

步骤 3:分别双击“身份证号”和“姓名”字段。

步骤 4:在“字段”行下一列输入“入学成绩:[数学]+[语文]+[物理]”,在 “条件”行输入“>=270”。

步骤 5:单击“结果”功能区的“运行”按钮,在弹出的对话框中单击“是”按钮。

步骤 6:单击快速工具栏中“保存”按钮,另存为“qT4”。关闭设计视图。

四、综合应用题

本题考点:报表中添加计算控件及其属性的设置;报表中文本框和窗体中命令按钮控件属性设置。第 2 小题在报表设计视图添加控件,并右键单击控件选择【属性】,设置属性;第 1、3 小题直接右键单击控件选择【属性】,设置属性。

【操作步骤】

(1) 步骤 1:在窗口左侧导航窗格中选择“报表”对象,右键单击“rTeacher”选择【设计视图】。

步骤 2:右键单击“性别”文本框选择【属性】。

步骤 3:在“控件来源”行右侧下拉列表中选中“性别”字段,在“名称”行输入“tSex”。关闭属性界面。

（2）步骤1：选中控件功能区中“文本框”控件，单击报表页脚节区任一点，弹出“Text”和“未绑定”两个文本框。

步骤2：选中“Text”标签，按“Del”键将其删除。

步骤3：右键单击“未绑定”文本框选择【属性】，选择“全部”选项卡，在“名称”行输入“tAvg”，分别在“上边距”和“左”输入“0.3cm”和“3.6cm”。在“控件来源”行输入“＝Avg(年龄)”，关闭属性界面。

步骤4：单击快速工具栏中“保存”按钮，关闭设计视图。

（3）步骤1：在窗口左侧导航窗格中选择“窗体”对象，右键单击“tTest”选择【设计视图】。

步骤2：右键单击命令按钮“btest”选择【属性】，在“事件”选项卡的“单击”行右侧下拉列表中选择“m1”。关闭属性界面。

步骤3：单击快速工具栏中“保存”按钮，关闭设计视图。

操作题真题库试题28答案解析

二、基本操作题

本题考点：表的导入；建立表间关系；字段属性必填字段、有效性规则设置；删除记录；设置数据表格式。第1小题单击“外部数据”选项卡，在“导入并链接功能区”选择【Excel】按钮导入表；第2小题在设计视图中设置字段属性；第3小题创建删除查询删除记录；第4小题在数据表中设置数据表格式；第5小题在关系界面设置表间关系。

【操作步骤】

（1）步骤1：在导航窗格中右击任一表对象，在弹出的快捷菜单中选择【导入】，在下一级菜单中选择【Excel】(或者单击“外部数据”选项卡，在“导入并链接功能区”选择【Excel】按钮，选择“将源数据导入到当前数据库的新表中”选项，单击“浏览”按钮，在“考生文件夹”找到要导入的文件，选择“tCourse.xls”文件，单击“确定”按钮。

步骤2：连续4次单击“下一步”按钮，在弹出的对话框中选择“我自己选择主键”，在右侧下拉列表中选择“课程编号”，单击“下一步”按钮，单击“完成”按钮。

（2）步骤1：在窗口左侧的导航窗格中选择“表”对象，右键单击“tGrade”选择【设计视图】。

步骤2：单击“学号”字段行，在“必需”右侧下拉列表中选择“是”。

步骤3：单击“成绩”字段行，在“有效性规则”和“有效性文本”行分别输入“＞＝0”和“成绩应为非负值，请重新输入！”。

步骤4：单击快速工具栏中“保存”按钮，关闭设计视图。

（3）步骤1：单击“创建”对象选项卡，在“查询”功能区单击“查询设计”按钮。在“显示表”对话框双击表“tGrade”，关闭“显示表”对话框。

步骤2：单击“查询类型”功能区的“删除”。

步骤3：双击“成绩”字段。在“条件”行输入“＜60”。

步骤4：单击“结果”功能区的“运行”按钮，在弹出的对话框中单击“是”按钮。

步骤5：关闭设计视图，在弹出的对话框中单击“否”按钮。

（4）步骤1：在窗口左侧导航窗格中选择“表”对象，右键单击“tGrade”选择【打开】。

步骤2：单击“文本格式”功能区右下角的“设置数据表格式”按钮，在弹出的对话框的“单元效果”列表中选择“凹陷”复选框，单击“确定”按钮。

步骤3：在“文本格式”功能区“字体”和“字号”列表中分别选择“宋体”和“11”。

步骤4：单击快速工具栏中“保存”按钮，关闭数据表。

（5）步骤1：单击“数据库工具”选项卡，在“关系”功能区单击“关系”按钮，如不出现“显示表”对话框则单击“关系”功能区的“显示表”按钮，分别添加表“tStudent”和“tGrade”、“tCourse”关闭“显示表”对话框。

步骤2：选中表“tStudent”中的“学号”字段，拖动鼠标到表“tGrade”的“学号”字段，放开鼠标，在弹出的对话框中单击“实施参照完整性”，单击“创建”按钮。

步骤3：选中表“tGrade”中的“课程编号”字段，拖动鼠标到表“tCourse”的“课程编号”字段，放开鼠标，在弹出的对话框中单击“实施参照完整性”，单击“创建”按钮。

步骤 4：单击快速工具栏中“保存”按钮，关闭“关系”界面。

三、简单应用题

本题考点：创建条件查询，更新查询和参数查询。第 1、2、3、4 小题在查询设计视图中创建不同的查询，按题目要求添加字段和条件表达式。

【操作步骤】

(1) 步骤 1：单击“创建”对象选项卡，在“查询”功能区单击“查询设计”按钮。在“显示表”对话框双击表“tEmp”，关闭“显示表”对话框。

步骤 2：分别双击“编号”“姓名”“性别”“年龄”“职务”字段。

步骤 3：在“姓名”字段的“条件”行输入″Like ″王 * ″″。

步骤 4：单击快速工具栏中“保存”按钮，另存为“qT1”。关闭设计视图。

(2) 步骤 1：单击“数据库工具”选项卡，在“关系”功能区单击“关系”按钮，如不出现“显示表”对话框则单击“关系”功能区的“显示表”按钮，双击添加表“tEmp”“tGrp”，关闭显示表对话框。

步骤 2：从关系对话框中可以看到表“tEmp”和“tGrp”已经建立关系。

步骤 3：单击“创建”对象选项卡，在“查询”功能区单击“查询设计”按钮。在“显示表”对话框双击表“tEmp”“tGrp”，关闭“显示表”对话框。

步骤 4：分别双击“编号”“姓名”“所属部门”“名称”和“职务”字段。

步骤 5：在“职务”字段的“条件”行输入“经理 or 主管”，单击“显示”行取消该字段显示。

步骤 6：单击快速工具栏中“保存”按钮，另存为“qT2”。关闭设计视图。

(3) 步骤 1：单击“创建”对象选项卡，在“查询”功能区单击“查询设计”按钮。在“显示表”对话框双击表“tEmp”，关闭“显示表”对话框。

步骤 2：分别双击“编号”“姓名”“职务”和“聘用时间”字段。

步骤 3：在“职务”字段的“条件”行输入“[请输入职工的职务]”。

步骤 4：单击快速工具栏中“保存”按钮，另存为“qT3”。关闭设计视图。

(4) 步骤 1：单击“创建”对象选项卡，在“查询”功能区单击“查询设计”按钮。在“显示表”对话框双击表“tBmp”，关闭“显示表”对话框。

步骤 2：单击“查询类型”功能区的“更新”。

步骤 3：双击“年龄”字段，在“年龄”字段的“更新到”行输入“[年龄] +1”。

步骤 4：单击“结果”功能区的“运行”按钮，在弹出的对话框中单击“是”按钮。

步骤 5：单击快速工具栏中“保存”按钮，另存为“qT4”。关闭设计视图。

四、综合应用题

本题考点：表中字段数据类型设置；报表中文本框和窗体中标签控件属性设置。第 1 小题在表设计视图中设置字段数据类型；第 2、3 小题在报表和窗体设计视图中右键单击控件选择【属性】，设置属性。设置控件的单击事件时要选择正确的宏。

【操作步骤】

(1) 步骤 1：在左侧导航空格中选择“表”对象，右键单击“tEmp”选择【设计视图】。

步骤 2：在“简历”字段行的“数据类型”下拉列表中选择“备注”。

步骤 3：选中“所属部门”字段行，拖动鼠标到题目要求的位置放开鼠标。

步骤 4：按照步骤 3 改变“聘用时间”字段的位置。

步骤 5：单击快速工具栏中“保存”按钮，关闭设计视图。

(2) 步骤 1：在左侧导航空格中选择“报表”对象，右键单击“rEmp”选择【设计视图】。

步骤 2：右键单击复选框“tOpt”选择【属性】。

步骤 3：在“控件来源”行输入=″IIf([tSex]=″男″ And [tAge]<20,Yes,No)″，关闭属性界面。

步骤 4:单击快速工具栏中“保存”按钮,关闭设计视图。

(3) 步骤 1:在左侧导航空格中选择“窗体”对象,右键单击“fEmp”选择【设计视图】。

步骤 2:右键单击标签控件“bTitle”选择【属性】。单击“前景色”右侧生成器按钮,在弹出的对话框中选择红色,单击“确定”按钮。关闭属性界面。

步骤 3:右键单击“btnP”选择【属性】。

步骤 4:单击“事件”选项卡,在“单击”行右侧下拉列表中选择“mEmp”。关闭属性界面。

步骤 5:单击快速工具栏中“保存”按钮,关闭设计视图。

操作题真题库试题 29 答案解析

二、基本操作题

本题考点:字段属性主键、默认值、格式、输入掩码设置;隐藏字段。第 1、2、3、4、5 小题在设计视图中设置字段属性;第 6 小题在数据表设置隐藏字段。设置规格字段的输入掩码时要根据要求选择正确的输入格式。

【操作步骤】

(1) 步骤 1:在窗口左侧导航窗格中选择“表”对象,右键单击“tNorm”选择【设计视图】。

步骤 2:选中“产品代码”行,右键单击“产品代码”行选择【主键】。

(2) 步骤 1:单击“单位”字段行任一点,在“默认值”行输入“只”,在“字段大小”行输入“1”。

步骤 2:单击“最高储备”字段行任一点,在“字段大小”行右侧下拉列表中选择“长整型”。

步骤 3:单击“最低储备”字段行任一点,在“字段大小”行右侧下拉列表中选择“整型”。用鼠标右键单击“备注”字段,选择“删除行”,在弹出的对话框中选择“是”按钮。

步骤 4:单击快速工具栏中“保存”按钮,关闭设计视图。

步骤 5:单击“创建”对象选项卡,在“查询”功能区单击“查询设计”按钮。在“显示表”对话框双击表“tNorm”,关闭“显示表”对话框。

步骤 6: 单击“查询类型”功能区的“删除”按钮。

步骤 7:双击“规格”字段,在“条件”行输入“220 V—40 W”。

步骤 8:单击“结果”功能区的“运行”按钮,在弹出的对话框中单击“是”按钮。

步骤 9:关闭设计视图,在弹出的对话框中单击“否”按钮。

(3) 步骤 1:在窗口左侧导航窗格中选择“表”对象,右键单击“tNorm”选择“设计视图”。

步骤 2:在“设计”选项卡的“显示/隐藏”功能区单击“属性表”按钮,或者右键单击“tNorm”表设计视图上边框的“tNorm ”字样处选择“属性”,在窗口右侧弹出“属性”对话框,在“有效性规则”行输入“[最低储备]<[最高储备]”。在“有效性文本”行输入“请输入有效数据”。关闭属性界面。

(4) 步骤 1:单击“出厂价”字段行任一点。

步骤 2:在“格式”行右侧下拉列表中选择“货币”。

(5) 步骤 1:单击“规格”字段行任一点。

步骤 2:在“输入掩码”行输入“000V—aaaW”。

步骤 3:单击快速工具栏中“保存”按钮。

(6) 步骤 1:单击“视图”功能区的“数据表视图”。

步骤 2:选中“出厂价”列,右键单击“出厂价”列选择【隐藏字段】。

步骤 3:单击快速工具栏中“保存”按钮,关闭数据表视图。

三、简单应用题

本题考点:创建子查询、计算汇总查询、生成表查询;设置窗体的属性值。

【操作步骤】

(1) 步骤1:单击“创建”选项卡下的“查询”组中的“查询设计”按钮。在“显示表”对话框中双击表“tStudent”,然后单击“关闭”按钮,关闭“显示表”对话框。

步骤2:双击“姓名”“年龄”“性别”字段,取消“年龄”和“性别”字段的“显示”复选框的勾选,在“年龄”的“条件”行中输入“<(select avg([年龄]) from tStudent)”,在“性别”的“条件”行输入“男”,单击“保存”按钮,另存为“qT1”,关闭设计视图。

(2) 步骤1:单击“创建”选项卡下的“查询”组中的“查询设计”按钮。在“显示表”对话框中双击 “tStudent”“tGrade”表,然后单击“关闭”按钮,关闭“显示表”对话框。

步骤2:双击“tStudent”表的“姓名”“毕业学校”字段;在“毕业学校”右侧的两个字段行中分别输入 “成绩合计: 成绩”和“所占百分比: Sum([成绩])/(select Sum([成绩]) from tGrade)”,并取消“毕业学校”字段的“显示”行复选框的勾选。

步骤3:单击“查询工具”选项卡的“设计”选项卡下的“显示/隐藏”组中的“汇总”按钮,在“毕业学校”字段的“总计”行选择“Where”,在“成绩合计”字段的“总计”行选择“合计”,在“所占百分比”字段的“总计”行选择“Expression”;在“毕业学校”字段的“条件”行中输入“北京五中”。

步骤4:右键单击“所占百分比”列的任一点,在弹出的快捷菜单中,选择“属性”按钮,弹出“属性表”对话框,在该对话框的“格式”行中选择“百分比”,在“小数位数”行中选择“2”,关闭属性表。

步骤5:单击快速访问工具栏中的“保存”按钮,另存为“qT2”,然后关闭“设计视图”。

(3) 步骤1:单击“创建”选项卡的“查询”组中的“查询设计”按钮。在“显示表”对话框中双击表“tStudent”“tCourse”“tGrade”,然后单击“关闭”按钮,关闭“显示表”对话框。

步骤2:在第一个“字段”行输入“班级编号: Left([tStudent]! [学号],6)”,然后双击“tStudent”表的“学号”字段、“tCourse”表的“课程名”字段、“tGrade”表的“成绩”字段。

步骤3:单击“查询工具”的“设计”选项卡下的“查询类型”组中的“追加”按钮,弹出“追加”对话框,在“表名称(N)”行的下拉列表中选择“tSinfo”,然后单击“确定”按钮。

步骤4:单击”查询工具“的“设计”选项卡下的“结果”组中的“运行”按钮,在弹出的对话框中单击“是”按钮。

步骤5:单击快速访问工具栏中的“保存”按钮,另存为“qT3”,然后关闭“设计视图”。

(4) 步骤1:选择“窗体”对象,然后右键单击“tStudent”窗体,在弹出的快捷菜单中选择“设计视图”命令,打开设计视图。

步骤2:右键单击文本框控件“tCountZ”(即未绑定控件),在弹出的快捷菜单中选择“属性”命令,弹出“属性表”对话框,在该对话框中单击“全部”选项卡,在该选项卡下的“控件来源”行中输入″=DCount(″成绩 ID ″,″ tGrade ″,″学号='″ & [学号] & ″'″)″,单击快速工具栏中的“保存”按钮,然后关闭“属性表”对话框,再关闭“设计视图”。

步骤3:选择“窗体”对象,然后右键单击“tGrade”窗体,在弹出的快捷菜单中选择“设计视图”命令。打开设计视图。

步骤4:在设计视图中右键单击文本框控件“tCount”(即未绑定控件),在弹出的快捷菜单中选择“属性”命令,打开“属性表”对话框,在该对话框中单击“全部”选项卡,在该选项卡下的“控件来源”行中输入″=[tGrade 子窗体].[Form]![tCount],单击快速工具栏中的“保存”按钮,关闭“属性表”,然后关闭“设计视图”。

操作题真题库试题 30 答案解析

二、基本操作题

【操作步骤】

(1) 步骤1:打开考生文件夹下的数据库文件 samp1. accdb,单击“表”对象,选中“员工表”,右击,在弹出菜单中选择“设计视图”。

步骤2:在设计视图中,单击“职务”字段行任一处,在“有效性规则”行输入“″经理″ or ″主管″ or ″职员″”。

步骤3:在“有效性文本”行输入“请输入有效职务”,单击“保存”按钮,在弹出的窗口选择“否”,关闭设计视图。

(2) 步骤 1:在【创建】选项卡下,单击【查询设计】按钮。

步骤 2:在"显示表"对话框中过双击表"员工表",之后关闭"显示表"对话框。分别双击"聘用时间""说明"两个字段添加到查询字段。

步骤 3:单击【设计】选项卡中【更新】,在"聘用时间"字段"条件"行输入" 2008-year([聘用时间])>=10",在"说明"字段"更新到"行输入"老职工",单击"运行"按钮,在弹出对话框中单击"是"按钮,完成更新操作。

步骤 4:按 Ctrl+S 保存修改,关闭设计视图,在弹出对话框中单击"否"按钮,完成更新操作

(3) 步骤 1:单击【创建】选项卡中【查询设计】按钮,在"显示表"对话框双击表"员工表",关闭"显示表"对话框。

步骤 2: 单击【设计】选项卡中【删除】。

步骤 3:双击"姓名"字段添加到"字段"行,在"条件"行输入"Like "* 钢 * ""。

步骤 4:单击【设计】选项卡中【运行】,在弹出的对话框中单击"是"按钮。

步骤 5:按 Ctrl+S 保存修改,另存为"qT4"。关闭设计视图,在弹出对话框中单击"否"按钮。

(4) 步骤 1:在【创建】选项卡下,单击【查询设计】按钮。

步骤 2:在弹出的"显示表"窗口中双击"员工表",然后关闭"显示表"窗口。

步骤 3:单击【设计】选项卡中【生成表】,输入表名称"Test",单击"确定"按钮。

步骤 4:在"员工表"中双击"编号""姓名""性别"和"年龄"字段。

步骤 5:在"性别"字段的条件行中输入"女",单击"运行"按钮运行查询,在弹出的窗口选择"是",完成生成表操作。关闭设计视图,在弹出对话框中单击"否"按钮。

步骤 6:选择"表"对象列表,右键单击表"Test",在弹出的菜单中选择【导出】|【文本文件】,在打开的对话框中,选择"浏览",设置保存位置为考生文件夹,保存类型为"文本文件",输入文件名"Test",然后单击"确定"按钮,接着单击"下一步"按钮,"下一步"按钮,确认文件导出的路径无误,单击"完成"按钮,按 Ctrl+S 保存修改。

(5) 步骤 1:单击【数据库工具】选项卡中【关系】,在弹出的"显示表"窗口中双击"员工表"和"部门表"进行添加,之后关闭"显示表"窗口。

步骤 2:把"部门表"中的"部门号"字段拖到"员工表"中对应字段"所属部门"的位置上,在弹出的对话框中勾选"实施参照完整性",单击"创建"按钮。按 Ctrl+S 保存修改,关闭关系界面。

(6) 步骤 1:选择"报表"对象,右键单击"rEmp",从弹出的快捷菜单中选择"设计视图"。

步骤 2:右键单击报表,从弹出的快捷菜单中选择"属性",在"记录源"行右侧下拉列表中选中"员工表",关闭属性窗口。

步骤 3:按 Ctrl+S 保存修改,之后关闭设计界面。

三、简单应用题

【操作步骤】

(1) 步骤 1:在【创建】选项卡下,单击【查询设计】按钮,在"显示表"对话框中过双击表"tStud",关闭"显示表"对话框。

步骤 2:然后分别双击"姓名""性别""学号"三个字段。单击【设计】选项卡中【汇总】,在"字段"行中将"学号"改为"NUM:学号",在该列的"总计"行选择"计数"。

步骤 3:在"姓名"字段的"总计"行选择"WHERE",在该列的"条件"行中输入"like "??? "",确认取消"显示"复选框的勾选。

步骤 4:按 Ctrl+S 保存修改,将查询保存为"qT1",关闭设计视图。

(2) 步骤 1:在【创建】选项卡下,单击【查询设计】按钮。

步骤 2:在弹出的"显示表"窗口中选择表"tStud""tCourse""tScore",之后关闭显示表。用鼠标拖动"tScore"表中"学号"至"tStud"表中的"学号"字段,建立两者的关系,用鼠标拖动"tCourse"表中"课程号"至"tScore"表中的"课程号"字段,建立两者的关系。

步骤 3:在"tStud"表中双击"姓名", 在"tCourse"表中双击"课程名",在"tScore"表中双击"成绩",再在"tStud"表中双击"所属院系"。在"所属院系"字段的"条件"中输入:"02",取消"显示"复选框的勾选。

步骤 4:按 Ctrl+S 保存修改,将查询保存为"qT2",关闭设计视图。

(3) 步骤 1:在【创建】选项卡下,单击【查询设计】按钮。

步骤 2:在"显示表"窗口中双击"tCourse"表,关闭"显示表"窗口。双击"课程号"和"课程名"字段,添加到查询字段。

步骤 3:在“课程号”字段的“条件”行中输入:Not In (select tScore.课程号 from tScore),取消“显示”复选框的勾选。

步骤 4:按 Ctrl+S 保存修改,将查询保存为“qT3”,关闭设计视图。

(4) 步骤 1:在【创建】选项卡下,单击【查询设计】按钮。

步骤 2:在弹出的“显示表”窗口中选择“tStud”表,单击“添加”按钮,关闭“显示表”窗口。

步骤 3:单击【设计】选项卡中【追加】,表名称选择“tTemp”,即追加到“tTemp”表中。

步骤 4:在“tStud”表中双击“学号”“姓名”“年龄”字段,之后选择“视图”下拉菜单中的“SQL 视图”命令,切换到 SQL 视图,将第二行的 SQL 语句修改为:SELECT TOP 5 tStud.学号, tStud.姓名, tStud.年龄。

步骤 5:单击“运行”按钮,在弹出的窗口中选择“是”,完成追加。

步骤 6:按 Ctrl+S 保存修改,将查询保存为“qT4”。

四、综合应用题

【操作步骤】

(1) 步骤 1:选中“报表”对象,右键单击报表“rEmp”,从弹出的快捷菜单中选择“设计视图”。

步骤 2:单击【设计】选项卡中【分组和排序】,在“分组、排序和汇总”中选择【添加排序】,在“排序依据”下拉列表中选中“年龄”,在“排序次序”下拉列表中选中“升序”,关闭“排序与分组”界面。

步骤 3:右键单击“tPage”未绑定文本框,从弹出的快捷菜单中选择“属性”,在“全部”选项卡的“控件来源”行输入“=[Page]& "/ " & [Pages]”。

步骤 4:按 Ctrl+S 保存修改,关闭设计视图。

(2) 步骤 1:选中“窗体”对象,右键单击窗体“fEmp”,从弹出的快捷菜单中选择“设计视图”。

步骤 2:右键窗体空白处,在弹出的菜单中选择“属性”。

步骤 3:在“属性”窗口中的“格式”选项卡下的“图片”属性中设置为考生文件夹下的“photo.bmp”。

步骤 4:按 Ctrl+S 保存修改。

(3) 单击“事件”选项卡中“加载”属性右边的“…”打开代码生成器。在 Add1 空行内输入:Caption=bTitle.Caption。按 Ctrl+S 保存修改。

(4) 步骤 1:选择窗体设计视图中的“输出”按钮,右击选择“属性”。

步骤 2:单击“事件”选项卡中“单击”属性右边的“…”按钮。

在 Add2 空行内输入:

```
Dim sum As Integer
sum = 0
n = 0
Do While sum <= 30000
    n = n + 1
    sum = sum + n
Loop
n = n - 1
```

步骤 3:在 Add3 空行内输入:DoCmd.RunMacro "mEmp"。

步骤 4:最后按 Ctrl+S 保存修改,关闭设计视图,并运行该窗体。

操作题真题库试题 31 答案解析

二、基本操作题

本题考点:字段属性主键、默认值设置;删除字段;删除记录;导入表。第 1、2、3、5 小题在设计视图中设置字段属性和删除字段；第 4 小题在数据表中删除记录；第 6 小题通过单击“外部数据”选项卡，在“导入并链接功能区”选择【Excel】按钮导入表。

【操作步骤】

(1) 步骤 1：在窗口左侧导航窗格中选择“表”对象，右键单击“tStud”选择【设计视图】。

步骤 2：将“字段名称”行的“编号”改为“学号”。

步骤 3：选择“学号”字段行，右键单击“学号”行选择【主键】。

(2) 步骤 1：单击“入校时间”字段行任一点。

步骤 2：在“有效性规则”行输入″＜＃2005-1-1＃″。

(3) 步骤 1：选中“照片”字段行。

步骤 2：右键单击“照片”选择【删除行】。

步骤 3：单击快速工具栏中“保存”按钮。

(4) 步骤 1：单击“视图”功能区的“数据表视图”。

步骤 2：选中学号为“000003”的数据行，右键单击该行选择【删除记录】，在弹出对话框中单击“是”按钮。

步骤 3：按步骤 2 删除另一条记录。

步骤 4：单击快速工具栏中“保存”按钮。

(5) 步骤 1：单击“视图”功能区的“设计视图”。

步骤 2：单击“年龄”字段行任一点，在“默认值”行输入“23”。

步骤 3：单击快速工具栏中“保存”按钮，关闭设计视图。

(6) 步骤 1：在导航窗格中右击任一表对象，在弹出的快捷菜单中选择【导入】，在下一级菜单中选择【文本文件】(或者单击“外部数据”选项卡，在“导入并链接功能区”选择【文本文件】按钮)，选择“向表中追加一份记录的副本”选项，在选项后边的下拉列表中选择“tStud”，单击“浏览”按钮，在“考生文件夹”找到要导入的文件，选择“tStud.txt”文件，单击“确定”按钮。

步骤 2：连续单击“下一步”按钮，选择“第一行包含字段名称”单击“下一步”按钮，单击“完成”按钮。

三、简单应用题

本题考点：创建条件查询、分组总计查询、参数查询和删除查询。第 1、2、3、4 小题在查询设计视图中创建不同的查询，按题目要求填添加字段和条件表达式。

【操作步骤】

(1) 步骤 1：单击“创建”对象选项卡，在“查询”功能区单击“查询设计”按钮。在“显示表”对话框双击表“tStaff”，关闭“显示表”对话框。

步骤 2：分别双击“编号”“姓名”“性别”“政治面目”“学历”字段。

步骤 3：在“学历”字段的“条件”行输入“研究生”，单击“显示”行取消该字段显示。

步骤 4：单击快速工具栏中“保存”按钮，另存为“qT1”。关闭设计视图。

(2) 步骤 1：单击“创建”对象选项卡，在“查询”功能区单击“查询设计”按钮。在“显示表”对话框双击表“tStaff”，关闭“显示表”对话框。

步骤 2：分别双击“性别”和“年龄”字段。

步骤 3：单击查询工具“设计”选项卡中“显示/隐藏”功能区的“汇总”按钮，在“年龄”字段“总计”行下拉列表中选择“平均值”。

步骤 4：在“年龄”字段前添加“平均年龄：”字样。

步骤 5：单击快速工具栏中“保存”按钮，另存为“qT2”。关闭设计视图。

(3) 步骤 1：单击“创建”对象选项卡，在“查询”功能区单击“查询设计”按钮。在“显示表”对话框双击表“tStaff”，关闭“显示表”对话框。

步骤 2：分别双击“编号”“姓名”“性别”“职称”字段。

步骤 3：在“性别”字段的“条件”行输入“[forms]！[fTest]！[tSex]”。

步骤 4：单击快速工具栏中“保存”按钮，另存为“qT3”。关闭设计视图。

(4) 步骤 1：单击“创建”对象选项卡，在“查询”功能区单击“查询设计”按钮。在“显示表”对话框双击表“tTemp”，关闭

“显示表”对话框。

步骤 2：单击”查询类型“功能区的“删除”按钮。

步骤 3:双击“姓名”字段添加到“字段”行,在“条件”行输入“like ″李 *″”。

步骤 4:在“姓名”字段右边一列输入“Mid([姓名],3,1)”,在条件行输入“明”。

步骤 5:单击“结果”功能区的“运行”按钮,在弹出的对话框中单击“是”按钮。

步骤 6:另存为“qT4”。关闭设计视图。

四、综合应用题

本题考点:新建报表;添加计算控件及其属性的设置。第 1 小题选择“报表”,单击“新建”;第 2 小题右键单击“报表选择器”选择【属性】,设置属性;第 3、4 小题添加控件,并右键单击控件选择【属性】,设置属性。

【操作步骤】

(1) 步骤 1:单击“创建”选项卡,在“报表”功能区选择报表向导按钮。

步骤 2:弹出“报表向导”对话框,在“表/查询”下拉列表中选择“查询:qT”,单击按钮,连续 5 次单击“下一步”按钮,在“请为报表指定标题”处输入“eSalary”,单击“完成”按钮。

(2) 步骤 1:右键单击“eSalary”选择【设计视图】。

步骤 2:右键单击“报表选择器”选择【属性】,在“标题”行输入“工资汇总表”,关闭属性界面。

(3) 步骤 1:在“报表设计工具”的“设计”选项卡中“分类和汇总”功能区单击“分组与排序”按钮(或者右击报表任一空白处,在弹出的快捷菜单中选择“排序与分组”命令),在报表下面出现的“分组、排序和汇总”在对话框中单击“添加组”,在弹出的下拉列表框 中的“分组形式”下拉列表中选择“职称”字段,在“升序”下拉列表中选择“降序”,关闭“排序与分组”对话框。分别在“有页眉节”和“有页脚节”右侧下拉列表中选择“有页眉节”和“有页脚节”,关闭界面。

步骤 2:选中主体节区的“职称”字段拖动鼠标到“职称页眉”,放开鼠标。

步骤 3:选择控件功能区中“文本框”控件,单击报表“职称页脚”节区适当位置,弹出“Text”和“未绑定”两个文本框。

步骤 4:右键单击“Text”文本框选择【属性】,在“标题”行输入“基本工资平均值”,关闭属性界面。

步骤 5:右键单击“未绑定”文本框选择【属性】,在“名称”行输入“savg”,在“控件来源”行输入“Avg([基本工资])”,关闭属性界面。

步骤 6:按照步骤 3～5 添加另一个计算控件。在“名称”行输入“ssum”,“控件来源”行输入“Sum[基本工资]”。

(4) 步骤 1:选择控件功能区中“文本框”控件,单击报表主体节区适当位置,弹出“Text”和“未绑定”两个文本框。

步骤 2:右键单击“Text”文本框选择【属性】,在“标题”行输入“应发工资”,关闭属性界面。

步骤 3:右键单击“未绑定”文本框选择【属性】,在“名称”行输入“ySalary”,在“控件来源”行输入“[基本工资]+[津贴]+[补贴]”,关闭属性界面。

步骤 4:按步骤 1～3 添加另一个计算控件“sSalary”,“控件来源”行输入“[基本工资]+[津贴]+[补贴]-[住房基金]-[失业保险]”。

步骤 5:单击快速工具栏中“保存”按钮,关闭设计视图。

操作题真题库试题 32 答案解析

二、基本操作题

本题考点:字段属性主键、默认值、有效性规则设置;删除字段;表的导入与备份。第 1、2、3、4 小题在设计视图中设置字段属性和删除字段;第 5 小题单击“外部数据”选项卡,在“导入并链接功能区”选择【Excel】按钮导入表;第 6 小题右键单击表名选择【另存为】。

【操作步骤】

(1) 步骤 1:在窗口左侧导航窗格中选择“表”对象,右键单击“tEmp”选择【设计视图】。

步骤 2:在“字段名称”列将“编号”改为“工号”选中“工号”字段行,右键单击“工号”行选择【主键】。

(2) 步骤 1:单击“年龄”字段行任一点。

步骤 2:在“有效性规则”行输入“is not null”。

(3) 步骤 1:单击“聘用时间”字段行任一点。

步骤 2:在“默认值”行输入“DateSerial(Year(Date()),1,1)”。

(4) 步骤 1:选中“简历”字段行。

步骤 2:右键单击“简历”行选择【删除行】。

步骤 3:单击快速工具栏中“保存”按钮,关闭设计视图。

(5) 步骤 1:单击“外部数据”选项卡,在“导入并链接功能区”选择“Access”按钮,选择“将表、查询、窗体、报表、宏和模块导入到当前数据库”选项,单击“浏览”按钮。

步骤 2:在“考生文件夹”内选择要导入的文件 Samp0. accdb,单击“打开”按钮,再单击“确定”按钮。选中“tTemp”,单击“确定”按钮。

(6) 步骤 1:右键单击“tEmp”选择【复制】,再次右击,选择【粘贴】。

步骤 2:在对话框中输入“tEL”,在“粘贴选项”中选择“结构和数据”,单击“确定”按钮。

三、简单应用题

本题考点:创建条件查询、参数查询和追加查询。第 1、2、3、4 小题在查询设计视图中创建不同的查询,按题目要求填添加字段和条件表达式。

【操作步骤】

(1) 步骤 1:单击“创建”对象选项卡,在“查询”功能区单击“查询设计”按钮。在“显示表”对话框双击表“tTeacher1”,关闭“显示表”对话框。

步骤 2:分别双击“编号”“姓名”“年龄”“性别”“在职否”字段添加到“字段”行。

步骤 3:在“在职否”字段的条件行输入“Yes”,单击显示行取消该字段的显示。

步骤 4:单击快速工具栏中“保存”按钮,另存为“qT1”。关闭设计视图。

(2) 步骤 1:单击“创建”对象选项卡,在“查询”功能区单击“查询设计”按钮。在“显示表”对话框双击表“tTeacher1”,关闭“显示表”对话框。

步骤 2:在“字段”行第一列输入“编号姓名:[编号]+[姓名]”,双击“联系电话”字段添加到“字段”行。

步骤 3:单击快速工具栏中“保存”按钮,另存为“qT2”。关闭设计视图。

(3) 步骤 1:单击“创建”对象选项卡,在“查询”功能区单击“查询设计”按钮。在“显示表”对话框双击表“tTeacher1”,关闭“显示表”对话框。

步骤 2:分别双击“编号”“姓名”“年龄”“性别”字段添加到“字段”行。

步骤 3:在“年龄”字段的“条件”行输入“[请输入教工年龄]”。

步骤 4:单击快速工具栏中“保存”按钮,另存为“qT3”。关闭设计视图。

(4) 步骤 1:单击“创建”对象选项卡,在“查询”功能区单击“查询设计”按钮。在“显示表”对话框双击表“tTeacher1”,关闭“显示表”对话框。

步骤 2:单击“查询类型”功能区的“追加”按钮,在弹出对话框中输入“tTeacher2”,单击“确定”按钮。

步骤 3:分别双击“编号”“姓名”“年龄”“性别”“职称”和“政治面目”字段添加到“字段”行。

步骤 4:在“职称”字段的“条件”行输入“教授”。

步骤 5:在“政治面目”字段的“条件”行输入“党员”,删除“追加到”行的字段。

步骤 6:单击“结果”功能区的“运行”按钮,在弹出的对话框中单击“是”按钮。

步骤 7:单击快速工具栏中“保存”按钮,另存为“qT4”。关闭设计视图。

四、综合应用题

本题考点:报表中标签、文本框控件和窗体中标签控件属性设置。第 1、2、3 小题分别在报表和窗体设计视图中右键单击“控件”选择【属性】,设置属性。设置文本框控件来源时要注意表达式的书写格式应在英文状态下输入。

【操作步骤】

(1) 步骤 1:在窗口左侧导航窗格中选择"报表"对象,右键单击"rEmp"选择【设计视图】。

步骤 2:右键单击标签控件"bTitle"选择【属性】,在"文本对齐"行右侧下拉列表中选择"居中"。分别在"左"和"上边距"输入"5cm"和"0.5cm",关闭属性界面。

(2) 步骤 1:右键单击"tSex"文本框选择【属性】。

步骤 2:在"控件来源"行输入"=IIf([性别]=1,"男","女")",保存并关闭属性界面。

(3) 步骤 1:在窗口左侧导航窗格中选择"窗体"对象,右键单击"fEmp"选择【设计视图】。

步骤 2:右键单击标签控件"bTitle"选择【属性】。单击"前景色"右侧输入 255,单击"确定"按钮。关闭属性界面。

步骤 3:右键单击"btnP"按钮选择【属性】,单击"事件"选项卡,在"单击"行右侧下拉列表中选择"mEmp"。关闭属性界面。

步骤 4:单击快速工具栏中"保存"按钮,关闭设计视图。

操作题真题库试题 33 答案解析

二、基本操作题

(1) 本题主要考查表字段的修改和主键设置方法。(2) 主要考查空值 is null 和非空值 is not null 的设置方法(3) 主要考查时间/日期的系统函数的使用和默认值的设置。(4) 考查表结构的调整:删除字段。(5) 考查 Access 中数据导入。(6) 考查简单的数据备份功能相当于数据表的复制。

【操作步骤】

(1) 步骤 1:双击打开"samp1.accdb"数据库,右击"tEmp"表,选择"设计视图"快捷菜单命令,打开表设计视图,单击"编号"字段修改为"工号"。单击"工号"所在行,右键单击鼠标,在快捷菜单中选择"主键"命令。

步骤 2:单击快速访问工具栏中的"保存"按钮,保存修改和设置,关闭表设计视图。

(2) 步骤 1:右击"tEmp"表,选择"设计视图"快捷菜单命令,打开表设计视图。单击"年龄"字段,在"字段属性"的"有效性规则"中输入:is not null。

步骤 2:单击快速访问工具栏中的"保存"按钮,保存设置,关闭表设计视图。

(3) 步骤 1:右击"tEmp"表,选择"设计视图"快捷菜单命令,打开表设计视图。单击"聘用时间"字段,在"字段属性"中的"默认值"中输入:DateSerial(Year(Date()),1,1)。

步骤 2:单击快速访问工具栏中的"保存"按钮,保存设置。

(4) 步骤 1:右击"tEmp"表,选择"设计视图"快捷菜单命令,打开表设计视图。单击"简历"字段,右键单击鼠标,在快捷菜中选择"删除行"命令,单击"是"按钮。

步骤 2:单击快速访问工具栏中的"保存"按钮,保存删除。关闭表闭设计视图的窗口。

(5) 步骤 1:在"samp1.accdb"数据库窗口下,在【外部数据】功能区的"导入并链接"组中单击"Access"按钮。在【导入】对话框内选择"samp0.accdb"数据存储位置。然后在弹出的【导入对象】对话框中选择"tTemp"表并单击"确定"按钮。

(6) 步骤 1:在"samp1.accdb"数据库中选中"tEmp"表,然后单击【文件】功能区,单击"对象另存为"菜单命令,在对话框内输入修改表名"tEL"。

步骤 2:单击"确定"按钮,关闭"samp1.accdb"数据库窗口。

三、简单应用题

(1) 考查简单的条件查询条件。逻辑值:是:-1。否:0 (2) 本题考查字段连接运算。用到的连接符为:"+"或"&"。(3) 简单的条件查询条件,参数查询的设计方法。(4) 本题考查追加查询的设计方法,此方法主要用于数据分离。

【操作步骤】

(1) 步骤 1:双击打开"samp2.accdb"数据库。在【创建】功能区的【查询】分组中单击"查询设计"按钮,系统弹出查询设计器。在【显示表】对话框中添加"tTeacher1"表,关闭【显示表】对话框。双击教师的"编号""姓名""年龄""性别""联系电话”“在职否”字段。在“在职否”的条件行添加：－1，取消“显示”行复选框的勾选。

步骤 2：单击工具栏上的“保存”按钮，输入文件名“qT1”。单击“确定”按钮，关闭“qT1”设计视图。

(2) 步骤 1：在【创建】功能区的【查询】分组中单击“查询设计”按钮，系统弹出查询设计器。在【显示表】对话框中添加“tTeacher1”表，关闭【显示表】对话框。在字段行的第一列输入：编号姓名：[编号]＋[姓名]，然后双击“tTeacher1”表中的“联系电话”字段。

步骤 2：单击工具栏上的“保存”按钮，输入文件名“qt2”。单击“确定”按钮，关闭“qt2”设计视图。

(3) 步骤 1：在【创建】功能区的【查询】分组中单击“查询设计”按钮，系统弹出查询设计器。在【显示表】对话框中添加“tTeacher1”表。双击教师的“编号”“姓名”“年龄”和“性别”字段。在“字段“所在行内输入参数查询：[请输入教工年龄]。

步骤 2：单击工具栏上的“保存”按钮，输入文件名“qt3”，单击“确定”按钮。

(4) 步骤 1：在【创建】功能区的【查询】分组中单击“查询设计”按钮，系统弹出查询设计器。在【显示表】对话框中添加“tTeacher1”表，关闭【显示表】对话框。单击【查询类型】分组中的“追加”按钮，在弹出的追加对话框中选择“tTeacher2”，单击“确定”按钮。双击“tTeacher1”表中的“编号”“姓名”“性别”“年龄”“职称”和“政治面目”字段。

步骤 2：在“职称”列的“条件”行中输入：“教授”；在“政治面貌”的“条件”行中输入：“党员”。

步骤 3：单击“运行”按钮运行查询。单击工具栏上的“保存”按钮，输入文件名“qt4”。单击“确定”按钮，关闭“qt4”设计视图

步骤 4：关闭“samp2. accdb”数据库。

四、综合应用题

本题主要考查报表中的标签格式设置；控件中的数据添加来源的添加方法；窗体的控件设计；在窗体中对宏的调用。主要用到的系统函数是 switch()和 iif()，考生区别一下这两个函数。

【操作步骤】

(1) 步骤 1：双击打开“samp3. accdb”数据库，在【开始】功能区的“报表”面板中右击“rEmp”报表，选择“设计视图”快捷菜单命令，打开“rEmp”的设计视图。单击控件“bTitle”，在其上右键单击鼠标，在弹出的快捷菜单中选择“属性”命令，在【属性表】对话框内修改“上边距”为：0.5 cm，“左”为：5 cm，“文本对齐”为：居中。

步骤 2：单击快速访问工具栏中的“保存”按钮。

(2) 步骤 1：在“rEmp”设计报表下，单击“tSex”文本框。把光标定位在文本框中并输入：＝Switch([性别]＝'1'，"男"，[性别]＝'2'，"女")。或通过【属性表】对话框也可以实现。

步骤 2：单击快速访问工具栏中的“保存”按钮。关闭报表。

(3) 步骤 1：在【开始】功能区的“窗体”面板中右击“fEmp”窗体，选择“设计视图”快捷菜单命令，打开“fEmp”窗体的设计视图。右键单击“bTitle”标签，在弹出的快捷菜单中选择“属性”命令，在【属性表】对话框内将“前景色”所在行修改为：255。(数值会自动转换成＃FF0000)

步骤 2：在【属性表】对话框的左上角下拉列表中选择“btnP”，在“单击”行中选择：mEmp。

步骤 3：单击快速访问工具栏中的“保存”按钮，关闭报表。

步骤 4：关闭数据库“samp3. accdb”。

操作题真题库试题 34 答案解析

二、基本操作题

本题考点：添加字段；添加记录；字段属性中主键、默认值、有效性规则设置和导入表等。第 1、2、3、4、5 在设计视图中添加字段和设置字段属性；第 6 小题选择 “外部数据”选项卡下“导入并连接”组中相关数据。

【操作步骤】

(1) 步骤 1：选中“表”对象，右键单击表“employee”，从弹出的快捷菜单中选择“设计视图”。

步骤 2：在最后一个字段的下一行的“字段名称”列输入“姓名”，单击“数据类型”列，在“字段大小”行输入“6”，按 Ctrl＋S

保存修改,关闭设计视图。

步骤 3:右键单击表“employee”,从弹出的快捷菜单中选择“打开”,按题干表输入数据。

(2) 步骤 1:在设计视图中,右键单击“职工号”行,从弹出的快捷菜单中选择“主键”。

步骤 2:按 Ctrl+S 保存修改,关闭设计视图。

步骤 3:选中“表”对象,双击表“employee”,打开数据表视图。

步骤 4:选中“姓名”字段列,右击,从弹出的快捷菜单中选择“隐藏字段”。

步骤 5:按 Ctrl+S 保存修改,关闭数据表视图。

(3) 步骤 1:右键单击表“employee”,在弹出的快捷菜单中选择“设计视图”命令。

步骤 2:单击“基本工资”字段行任一点,在“默认值”行输入“1000”。

步骤 3:按 Ctrl+S 保存修改,关闭设计视图。

(4) 步骤 1:右键单击“employee”表,从弹出的快捷菜单中选择“复制”。

步骤 2:右键单击表对象下方空白处,从弹出的快捷菜单中选择“粘贴”。

步骤 3:在弹出的“粘贴表方式”对话框中输入表名称“tEmp”,在粘贴选项中选择“结构和数据”,单击“确定”按钮。

(5) 步骤 1:右键单击“employee”表,从弹出的快捷菜单中选择“设计视图”。

步骤 2:右击设计视图的任一处,从弹出的快捷菜单中选择“属性”命令(或直接单击“设计”选项卡下的“属性表”按钮),打开“属性表”。

步骤 3:在“有效性规则”行输入“[津贴]<=[基本工资]”,关闭属性表。

步骤 4:按 Ctrl+S 保存修改,关闭设计视图。

(6) 步骤 1:单击“外部数据”选项卡下“导入并链接”组中的 Excel 按钮,弹出“获取外部数据-Excel 电子表格对话框”。单击对话框中的“浏览”按钮,在“打开”对话框中选择“水费. xls”文件,并且选中“将元数据导入当前数据库的新表中”单选按钮,单击“确定”按钮。

步骤 2:在“导入数据表向导”对话框中连续单击 4 次“下一步”按钮,在“导入到表”中输入“水费记录”,单击“完成”按钮,在“保存导入步骤” 中单击“关闭”按钮。

三、简单应用题

本题考点:本题主要考的是数据库的查询。第 1、2、3、4 小题在查询设计视图中创建不同的查询,按题目要求填添加字段和条件表达式。

【操作步骤】

(1) 步骤 1:在“创建”选项卡下“查询”组中,单击“查询设计”按钮,在弹出的“显示表”窗口中选择“tStud”表,单击“添加”按钮,关闭“显示表”窗口。

步骤 2:双击添加字段“姓名”“性别”,单击“设计”选项卡下的“汇总”按钮。

步骤 3:在“姓名”字段的“总计”行中选择“WHERE”,在“条件”行中输入“Len([姓名])=3”,在“显示”行去掉勾选。

步骤 4:在第三个字段位置中输入:“NUM:性别”,在下面的“总计”行选择“计数”。

步骤 5:将查询保存为“qT1”,关闭设计视图。

(2) 步骤 1:在“创建”选项卡下的“查询”组中单击“查询设计”按钮,在弹出的“显示表”窗口中双击添加表“tStud”“tCourse”“tScore”,关闭“显示表”窗口。然后在“tStud”表中双击“姓名”, 在“tCourse”表中双击“课程名”,在“tScore”表中双击“成绩”,再在“tStud”表中双击“所属院系”。

步骤 2:在“所属院系”字段的“条件”中输入“02”,并取消“显示”行中复选框的勾选。

步骤 3:将查询保存为“qT2”,关闭设计视图。

(3) 步骤 1:在“创建”选项卡下的“查询”组中单击“查询设计”按钮,在“显示表”窗口中双击“tCourse”表,关闭“显示表”窗口。

步骤 2:双击“课程号”和“课程名”字段,添加到查询字段。

步骤 3:在“课程号”字段的“条件”行中输入:Not In (select tScore. 课程号 from tScore),并取消“显示”行中复选框的勾选。

步骤 4:单击“设计”选项卡下的“汇总”按钮,在两个字段的“总计”行选择“Group By”。

步骤 5:将查询保存为“qT3”,关闭设计视图。

(4) 步骤 1:在“创建”选项卡下的“查询”组中单击“查询设计”按钮,在弹出的“显示表”窗口中选择“tStud”表,单击“添加”按钮,关闭“显示表”窗口。

步骤 2:单击“设计”选项卡下的“查询类型”组中的“追加”按钮,在弹出的“追加”对话框中选择表名称为“tTemp”,单击“确定”按钮。

步骤 3:在“tStud”表中双击“学号”“姓名”“年龄”字段,再单击“设计”选项卡下的“视图”按钮下的下拉菜单,选择“SQL视图”,将第二行的 SQL 语句修改为:SELECT TOP 5 tStud.学号,tStud.姓名,tStud.年龄。

步骤 4:在“设计”中单击“运行”按钮,在弹出的对话框中选择“是”,最后以“qT4”保存查询并关闭。

四、综合应用题

本题考点:新建窗体;在窗体中添加命令按钮控件及其属性的设置等。第 1 小题在窗体的设计视图中添加控件,并用鼠标右键单击该控件,从弹出的快捷菜单中选择“属性”命令,对控件属性进行设置;第 2、3、4 小题直接用鼠标右键单击“报表选择器”,从弹出的快捷菜单中选择“属性”命令,设置属性。设置 3 个命令按钮时,要注意左边距的设置。

【操作步骤】

(1) 步骤 1:单击“创建”选项卡下“窗体”组中的“窗体设计”按钮。

步骤 2:单击“设计”选项卡下“控件”组中的“按钮”控件,单击窗体适当位置,弹出“命令按钮向导”对话框,单击“取消”按钮。

步骤 3:右键单击该命令按钮,从弹出的快捷菜单中选择“属性”命令,在“属性表”窗口中,单击“全部”选项卡,在“名称”和“标题”行输入“bt1”和“显示修改产品表”,在“上边距”“左”“宽度”和“高度”行分别输入“0.6cm”“1cm”“2cm”“1.5m”,关闭属性表。

步骤 4:按步骤 2～3 新建另两个命令按钮。左边距在“bt1”基础上累计加 3cm。

(2) 步骤 1:右键单击“窗体选择器”,从弹出的快捷菜单中选择“属性”,打开属性表。

步骤 2:单击“格式”选项卡,在 “标题”行输入“主菜单”,关闭属性表。

(3) 步骤 1:右键单击“bt1”按钮,从弹出的快捷菜单中选择“属性”。

步骤 2:单击“事件”选项卡,在“单击”行列表中选中“打开产品表”,关闭属性窗口。

(4) 步骤 1:右键单击“bt2”,从弹出的快捷菜单中选择“属性”。

步骤 2:单击“事件”选项卡,在“单击”行右侧下拉列表中选中“运行查询”,关闭属性窗口。

(5) 步骤 1:右键单击“bt3”,从弹出的快捷菜单中选择“属性”。

步骤 2:单击“事件”选项卡,在单击行右侧下拉列表中选中“关闭窗口”,关闭属性窗口。

步骤 3:按 Ctrl+S 保存修改,将窗体保存为“menu”,关闭设计视图。

操作题真题库试题 35 答案解析

二、基本操作题

本题考点:链接表;字段属性中默认值和标题设置;设置隐藏字段;数据表格式的设置和建立表间关系等。第 1 小题在“外部数据”选项卡下“导入并连接”组中相关数据;第 2、4 小题在数据表中设置隐藏字段和数据表格式;第 3 小题在设计视图中设置字段属性;第 5 小题在关系界面中设置表间关系。

【操作步骤】

(1) 步骤 1:单击“外部数据”选项卡下”导入并链接”组中的“Excel”按钮,打开“获取外部数据”对话框,单击“浏览”按钮,在“考生文件夹”找到要导入的“tCourse.xls”文件,单击“打开”按钮,选择“通过创建链接表来链接到数据源”,单击“确定”按钮。

步骤 2:单击“下一步”按钮,勾选“第一行包含列标题”复选框,单击“完成”按钮。

（2）步骤 1：右键单击“tGrade”表对象，从弹出的快捷菜单中选择“打开”命令。

步骤 2：在任一字段名称位置右击，选择“取消隐藏字段”命令，在打开的“取消隐藏列”对话框中勾选“成绩”复选框，单击“关闭”按钮。

步骤 3：按 Ctrl+S 保存修改，关闭数据表视图。

（3）步骤 1：右键单击“tStudent”表，在弹出的快捷菜单中选择“设计视图”命令。

步骤 2：单击“政治面貌”字段行任一点，在“默认值”行输入“团员”，在“标题”行输入“政治面目”。

步骤 3：按 Ctrl+S 保存修改，关闭设计视图。

（4）步骤 1：双击表“tStudent”，打开数据表视图。

步骤 2：单击“开始”选项卡“文本格式”组中“背景色”按钮右侧的下拉箭头，在“背景色”下拉列表中选中“蓝色”。

步骤 3：单击“文本格式”组右下角的按钮，打开“设置数据表格式”对话框，在“网格线颜色”下拉列表中选择白色，单击“确定”按钮，关闭对话框。

步骤 4：单击“开始”选项卡“文本格式”组中字号下拉列表，选中“11”。

步骤 5：按 Ctrl+S 保存修改，关闭数据表视图。

（5）步骤 1：单击“数据库工具”选项卡中“关系”组中的“关系”按钮，如不出现“显示表”对话框则单击“设计”选项卡“关系”组中的“显示表”按钮，双击添加表“tGrade”和“tStudent”，关闭显示表对话框。

步骤 2：选中表“tGrade”中的“学号”字段，拖动到表“tStudent”的“学号”字段，弹出“编辑关系”对话框，单击“创建”按钮。

步骤 3：按 Ctrl+S 保存修改，关闭关系界面。

三、简单应用题

本题考点：创建无条件查询、参数查询、删除查询和追加查询等。第 1、2、3、4 小题在查询设计视图中创建不同的查询，按题目要求添加字段和条件表达式。添加新字段时要选择正确的表达式，这里选择“Left()”函数。

【操作步骤】

（1）步骤 1：单击“创建”选项卡“查询”组中的“查询设计”按钮，在“显示表”对话框双击表“tStud”，关闭“显示表”对话框。

步骤 2：分别双击“学号”“姓名”“性别”“年龄”和“简历”字段。

步骤 3：在“简历”字段的“条件”行输入″not like ″*绘画*″″，单击“显示”行取消该字段显示。

步骤 4：按 Ctrl+S 保存修改，另存为“qT1”，关闭设计视图。

（2）步骤 1：单击“创建”选项卡“查询”组中的“查询设计”按钮，在“显示表”对话框分别双击表“tStud”“tCourse”“tScore”，关闭“显示表”对话框。

步骤 2：用鼠标拖动“tScore”表中“学号”至“tStud”表中的“学号”字段，建立两者的关系，用鼠标拖动“tCourse”表中“课程号”至“tScore”表中的“课程号”字段，建立两者的关系。

步骤 3：分别双击“姓名”“课程名”“成绩”字段将其添加到“字段”行。按 Ctrl+S 将查询保存为“qT2”。关闭设计视图。

（3）步骤 1：单击“创建”选项卡“查询”组中的“查询设计”按钮，在“显示表”对话框双击表“tStud”，关闭“显示表”对话框。

步骤 2：分别双击“学号”“姓名”“年龄”和“性别”字段。

步骤 3：在“年龄”字段的“条件”行输入“[Forms]! [fTemp]! [tAge]”。

步骤 4：按 Ctrl+S 将查询保存为“qT3”。关闭设计视图。

（4）步骤 1：单击“创建”选项卡“查询”组中的“查询设计”按钮，在“显示表”对话框双击表“tStud”，关闭“显示表”对话框。

步骤 2：在“字段”行的第一列输入“标识：[学号]+Left([姓名],1)”，然后双击“姓名”“性别”和“年龄”字段。

步骤 3：单击“设计”选项卡“查询类型”组中的“追加”按钮，在弹出对话框中输入“tTemp”，单击“确定”按钮。

步骤 4：单击“设计”选项卡“结果”组中的“运行”按钮，在弹出的对话框中单击“是”按钮。

步骤 5：按 Ctrl+S 将查询保存为“qT4”。关闭设计视图。

四、综合应用题

本题考点:窗体控件属性设置。

【操作步骤】

(1) 步骤1:选择"窗体"对象,右击"fStud",在弹出的快捷菜单中选择"设计视图"命令,打开设计视图。

步骤2:在窗体的任意位置右击,在弹出的快捷菜单中选择"属性"命令,在打开的"属性表"下拉列表中选择"窗体",在"全部"选项卡中的"标题"文本框中输入"学生查询"。

(2) 步骤1:在"属性表"的"格式"选项卡中,选择"边框样式"下拉列表中的"细边框"选项。

步骤2:分别单击选择"滚动条"、"记录选择器"、"导航按钮"和"分隔线"下拉列表中的"两者均无"或"否"选项。

步骤3:按照同样的方法设置子窗体的"边框样式"为"点线"。

(3) 在"属性表"中分别选择"Label1"和"Label2",在格式选项卡中设置"前景色"为"白色",设置"背景色"为"8388608"。关闭"属性表"。

(4) 步骤1:在窗体的任意位置右击,在弹出的快捷菜单中选择"Tab键次序"命令,如图所示,打开"Tab键次序"对话框,在"自定义顺序"列表中通过拖动各行来调整Tab键的次序。

步骤2:单击"确定"按钮,关闭"Tab键次序"对话框。

(5) 在设计视图中的任意位置右击,在弹出的快捷菜单中选择"事件生成器"命令,在弹出的对话框中选择"代码生成器"选项,单击"确定"按钮,在空行依次输入:

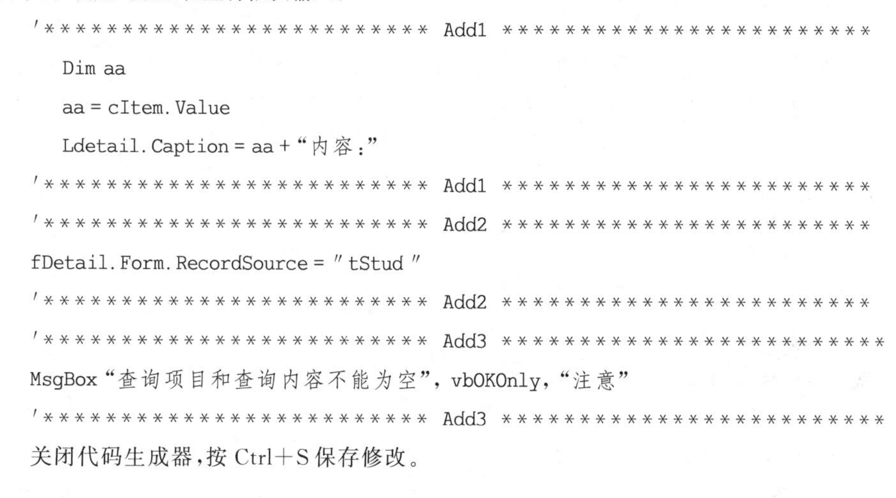

```
'************************ Add1 ************************
   Dim aa
   aa = cItem.Value
   Ldetail.Caption = aa + "内容:"
'************************ Add1 ************************
'************************ Add2 ************************
fDetail.Form.RecordSource = "tStud"
'************************ Add2 ************************
'************************ Add3 *************************
MsgBox "查询项目和查询内容不能为空", vbOKOnly, "注意"
'************************ Add3 *************************
```

关闭代码生成器,按Ctrl+S保存修改。

操作题真题库试题36答案解析

二、基本操作题

本题考点:字段属性中主键、默认值和输入掩码的设置;添加记录;删除记录等。第1、2、4、5小题在设计视图中设置字段属性和删除字段;第3小题创建删除查询删除记录;第6小题为在数据表中直接输入数据。设置"雇员编号"字段的输入掩码只能为10位数字或空格,因此要用"9999999999"格式。

【操作步骤】

(1) 步骤1:选择"表"对象,右键单击"tEmployee"表,从弹出的快捷菜单中选择"设计视图"命令。

步骤2:选中"雇员编号"字段行,右键单击"雇员编号"行,从弹出的快捷菜单中选择"主键"命令。

(2) 步骤1:单击"性别"字段行任一点,在"字段属性"的"默认值"行输入"男"。

步骤2:按Ctrl+S保存修改,关闭设计视图。

(3) 步骤1:单击"创建"选项卡,在"查询"组单击"查询设计"按钮,在"显示表"对话框中双击表"tEmployee",关闭"显示表”对话框。

步骤 2：单击“查询工具”的“设计”选项卡“查询类型”组中的“删除”按钮。

步骤 3：双击“出生日期”将其添加到“字段”行，在“条件”行输入“<＃1949-1-1＃”字样。

步骤 4：单击“查询工具”选项卡的“设计”选项卡“结果”组中的“运行”按钮，在弹出的对话框中单击“是”按钮。

步骤 5：关闭查询设计视图，在弹出的对话框中单击“否”按钮。

(4) 步骤 1：选择“表”对象，右键单击“tEmployee”，从弹出的快捷菜单中选择“设计视图”命令。

步骤 2：选中“照片字段”行，右键单击“照片”行，从弹出的快捷菜单中选择“删除行”按钮。在弹出的对话框中选择“是”。

(5) 步骤 1：单击“雇员编号”字段行任一点，在“字段属性”的“输入掩码”行输入“9999999999”。

步骤 2：按 Ctrl＋S 保存修改。

(6) 步骤 1：双击表对象，打开数据表视图。

步骤 2：在数据表中输入题目表中的内容。

步骤 3：按 Ctrl＋S 保存修改，关闭数据表。

三、简单应用题

本题考点：创建条件查询、更新查询等。第 1、2、3、4 小题在查询设计视图中创建不同的查询，按题目要求添加字段和条件表达式。创建更新查询时要注意更新条件的设置。

【操作步骤】

(1) 步骤 1：单击“创建”选项卡“查询”组中的“查询设计”按钮，添加表“tStud”，关闭“显示表”对话框。

步骤 2：分别双击“学号”“姓名”“性别”“年龄”“照片”字段，在“性别”字段条件行输入“男”，在“照片”字段条件行输入“Is Null”，取消“照片”行的显示。

步骤 3：按 Ctrl＋S 将查询保存为“qT1”。关闭设计视图。

(2) 步骤 1：单击“创建”选项卡“查询”组中的“查询设计”按钮，从“显示表”对话框添加表“tStud”“tCourse”“tScore”，关闭“显示表”对话框。

步骤 2：用鼠标拖动“tScore”表中“学号”至“tStud”表中的“学号”字段，建立两者的关系，用鼠标拖动“tCourse”表中“课程号”至“tScore”表中的“课程号”字段，建立两者的关系。

步骤 3：分别双击“姓名”“课程名”字段将其添加到“字段”行。另存为“qT2”。关闭设计视图。

步骤 4：将查询保存为“qT2”。关闭设计视图。

(3) 步骤 1：单击“创建”选项卡“查询”组中的“查询设计”按钮，从“显示表”对话框中添加表“tScore”，关闭“显示表”对话框。

步骤 2：分别双击“学号”和“成绩”字段。单击“查询工具”选项卡 “设计”选项卡中“显示/隐藏”组中的“汇总”按钮，在“成绩”字段“总计”行下拉列表中选中“平均值”，在“排序”行右侧下拉列表中选中“降序”。在“成绩”字段前添加“平均分:”字样。将查询保存为“qT3”，关闭设计视图。

(4) 步骤 1：单击“创建”选项卡“查询”组中的“查询设计”按钮，从“显示表”对话框中添加表“tTmp”，关闭“显示表”对话框。

步骤 2：分别双击“编号”和“性别”字段。单击“查询工具”选项卡中“设计”选项卡“查询类型”组中的“更新”按钮，在“编号”字段”更新到“行输入″'1'＆ Mid([编号],2)”，在“性别”字段“条件”行输入“女”字样。单击“设计”选项卡“结果”组中的“运行”按钮，在弹出对话框中单击“是”按钮。将查询保存为“qT4”。关闭设计视图。

四、综合应用题

本题考点：报表中添加标签计算控件及其属性的设置。第 1、3 小题在报表的设计视图添加控件，并通过右击控件从弹出的快捷菜单中选择“属性”命令，设置属性；第 2 小题直接右击控件，从弹出的快捷菜单中选择“属性”命令，设置属性。设置文本框控件来源要选择正确的字段名。

【操作步骤】

(1) 步骤 1：选择“报表”对象，右键单击“rEmployee”，从弹出的快捷菜单中选择“设计视图”命令。

步骤 2：选择“报表设计工具”选项卡中“设计”选项卡的“控件”组中“标签”按钮，单击报表页眉处，然后输入“职工基本信息表”，单击窗体任一点。

步骤 3：右键单击“职工基本信息表”标签，从弹出的快捷菜单中选择“属性”命令，在“名称”行输入“bTitle”。

（2）步骤 1：在属性窗口的对象下拉列表中选中“tDate”。

步骤 2：在“控件来源”行右侧下拉列表中选中“聘用时间”字段。

（3）步骤 1：选择“设计”选项卡“控件”组中的“文本框”按钮，单击报表页面页脚节区任一点，出现“Text”和“未绑定”两个文本框，选中“Text”文本框，按 Del 键将“Text”文本框删除。

步骤 2：右键单击“未绑定”文本框，从弹出的快捷菜单中选择“属性”命令，弹出属性对话框。选择“全部”选项卡，在“名称”行输入“tPage”，分别在“上边距”和“左”输入“0.25cm”和“14cm”。单击“控件来源”行输入"= Page& "/ " & Pages "。关闭属性表。

步骤 3：按 Ctrl＋S 保存修改。关闭设计视图。

操作题真题库试题 37 答案解析

二、基本操作题

（1）主要考查表的重命名操作，比较简单，属于 Windows 基本操作。（2）考查两个知识点，其一：表的主键的设置，其二：字段标题的添加。（3）考查字段属性中“索引”设置。希望考生能了解三种索引的含义。（4）考查表结构的调整，其中包括字段的修改与添加、数据类型的修改等。（5）考查字段属性的“掩码”的设置方法。（6）主要考查字段的显示与隐藏的设置的方法。

【操作步骤】

（1）步骤 1：打开“samp1.accdb”数据库，在【文件】功能区中选中“学生基本情况”表。

步骤 2：在“学生基本情况”表上单击右键，在快捷菜单中选择“重命名”命令，修改表名为“tStud”。

（2）步骤 1：右击“tStud”表，选择“设计视图”快捷菜单命令。在表设计视图窗口下单击“身份 ID”所在行，右键单击鼠标，在快捷菜单中选择“主键”命令。

步骤 2：在下方“字段属性”的“标题”行输入：身份证。单击快速访问工具栏中的“保存”按钮。

（3）步骤 1：在“tStud”表的设计视图中单击“姓名”所在行。单击“字段属性”中的“索引”所在行，在下拉列表选择“有（有重复）”选项。

步骤 2：单击快速访问工具栏中的“保存”按钮。

（4）步骤 1：在“tStud”表的设计视图中单击“语文”所在行。右键单击鼠标，在弹出的快捷菜单中选择“插入行”命令。在插入的空行中输入：电话，对应的数据类型选择“文本”。在“字段属性”中修改“字段大小”为：12。

步骤 2：单击快速访问工具栏中的“保存”按钮，关闭该表的设计视图。

（5）步骤 1：在“tStud”表的设计视图中单击“电话”所在行。在“字段属性”的“输入掩码”所在的行输入：“010-”00000000。如果考生对某些符号所表示掩码的含义不是很了解，请结合教材熟悉此考点。在此“0”代表 0～9 的数字。

步骤 2：单击快速访问工具栏中的“保存”按钮，关闭设计视图。

（6）步骤 1：双击打开“tStud”表，在【开始】功能区中，单击“记录”区域中“其他”按钮旁边的三角箭头，在弹出的下拉列表中选择“取消隐藏字段”菜单命令，打开【取消隐藏字段】对话框。

步骤 2：在【取消掩藏字段】对话框中勾选“编号”复选框。关闭【取消掩藏字段】对话框。

步骤 3：单击快速访问工具栏中的“保存”按钮，关闭“samp1.accdb”数据库。

三、简单应用题

（1）本题考查一般的条件查询。（2）本题考查两个知识点：其一是参数查询，其二是在查询中计算每个同学的平均值。（3）本题考查交叉表和查询计算的结合，同时在整个查询中引入系统函数的使用：left()从左侧开始取出如若干个文本、avg()求平均值、round()四舍五入取整。这些系统函数需要考生熟练掌握。（4）本题考查生成表查询，它的主要特点查询后的数据是一个表，出现在“表”对象中而在查询对象中出现是查询操作，而不是查询的数据。

【操作步骤】

（1）步骤 1：打开“samp2. accdb”数据库，在【创建】功能区的【查询】分组中单击“查询设计”按钮，系统弹出查询设计器。在【显示表】对话框中双击“tStud”表，将表添加到查询设计器中，关闭【显示表】对话框。双击“tStud”表的“姓名”“性别”“入校时间”和“政治面目”字段，在“政治面目”条件中输入：“党员”，作为条件字段不需要显示，取消“显示”行复选框的勾选。

步骤 2：单击【文件】功能区的【结果】分组中的“运行”按钮，执行操作。单击快速访问工具栏中的“保存”按钮，保存查询文件名为“qT1”，单击“确定”按钮，关闭“qT1”查询窗口。

（2）步骤 1：在【创建】功能区的【查询】分组中单击“查询设计”按钮，系统弹出查询设计器。在【显示表】对话框中双击“tScore”表，将表添加到查询设计器中，关闭【显示表】对话框。分别双击“tScore”表中的“学号”和“成绩”字段。

步骤 2：单击【查询工具-设计】功能区的【显示/隐藏】分组中的“汇总”按钮，将出现“总计”行。修改“成绩”字段标题为“平均分：成绩”。在“成绩”字段条件行输入：>[请输入要查询的分数：]。在“总计”行的下拉框中选择“平均值”。

步骤 3：单击快速访问工具栏中的“保存”按钮，保存输入文件名“qT2”。单击“确定”按钮，关闭 qT2 设计视图窗口。

（3）步骤 1：在【创建】功能区的【查询】分组中单击“查询设计”按钮，系统弹出查询设计器。在【显示表】对话框中分别双击 tScore 和 tCourse 表，将表添加到查询设计器中，关闭【显示表】对话框。

步骤 2：在【查询工具-设计】功能区的【查询类型】分组中单击“交叉表”按钮将出现“交叉表”行。添加标题“班级编号：left(学号，8)”，在“交叉表”行中选择“行标题”，此计算结果作为交叉表行；双击“tCourse”表的“课程名”字段，在“课程名”列的“交叉表”行中选择“列标题”；输入第 3 列的字段标题：Round(Avg([成绩]))，在“总计”行中选择“Expression”，在“交叉表”行中选择“值”，此计算结果作为交叉表的值。

步骤 3：单击“运行”按钮。单击快速访问工具栏中的“保存”按钮，保存输入文件名“qT3”，单击“确定”按钮，关闭 qT3 的查询窗口。

（4）步骤 1：打开“samp2. accdb”数据库，在【创建】功能区的【查询】分组中单击“查询设计”按钮，系统弹出查询设计器。添加 tStud、tCourse、tScore 表到查询设计器中，关闭【显示表】对话框。在 tStud 表中双击“学号”“姓名”“性别”字段；在 tCourse 表中双击“课程名”，在其对应的排序行中选择“降序”；在 tScore 表中双击“成绩”，在其对应的条件行内输入：>=90 or <60。

步骤 2：在【查询工具-设计】功能区的【查询类型】分组中单击“生成表”按钮，在【生成表】对话框中输入表名“tnew”，单击“确定”按钮。

步骤 3：单击“运行”按钮执行操作。单击快速访问工具栏中的“保存”按钮，保存输入文件名“qT4”。单击“确定”按钮，关闭 qT4 的查询窗口。

步骤 4：关闭“samp2. accdb”数据库窗口。

四、综合应用题

本题主要考查报表下的控件的设计和控件功能的实现、控件数据源的添加以及报表的样式设置。

【操作步骤】

（1）步骤 1：打开“samp3. accdb”数据库窗口。在【开始】功能区的“报表”面板中右击“rStud”报表，选择“设计视图”快捷菜单命令，打开 rStud 的设计视图。

步骤 2：单击【报表设计工具-设计】功能区中的“标签”控件，然后在“报表页眉”节区单击鼠标，在光标闪动处输入：97 年入学学生信息表。右键单击标签控件，在弹出的快捷菜单中选择“属性”命令。在【属性表】对话框中修改名称为：bTitle。

（2）步骤 1：继续单击【报表设计工具-设计】功能区中的“文本框”控件，然后在报表的“主体”节区拖出一个文本框（删除文本框前新增的标签）。

步骤 2：选中文本框，在【属性表】对话框中修改“名称”为：tname，单击“控件来源”所在行，从下拉列表中选择“姓名”，修改上边距为：0. 1cm、左为：3. 2cm。（注：此处系统会自动设置 3 位小数位，不影响结果）

（3）步骤 1：继续单击【报表设计工具-设计】功能区中的“文本框”控件，然后在页面页脚节区拖出一个文本框（删除文本框前出现的标签）。

步骤 2：选中文本框，在【属性表】对话框内修改“名称”为：tDa。在“控件来源”行中输入计算表达式：=year(date())& "年"

&month(date())& ″月″，修改“上边距”为：0.3 cm、“左”为：10.5 cm。

(4) 步骤 1：在“rStud”报表的设计视图中，单击【报表设计工具-设计】功能区中的“分组和排序”按钮，在底部的“分组、排序和汇总”区中单击“添加组”项，然后从弹出列表中单击“表达式”项，接着在弹出的【表达式生成器】对话框中输入表达式：＝Mid([编号],1,4)，单击“确定”按钮，此时，报表设计区中出现一个新的报表带区：＝Mid([编号],1,4)页脚。

步骤 2：在“＝Mid([编号],1,4) 页脚”区新增一个文本框控件(删除文本框前出现的标签)，在【属性表】对话框内修改文本框名称为：tAvg，在“控件来源”行内输入：＝Avg([年龄])。保存“rStud”报表的设计，关闭其窗口。

步骤 3：关闭“samp3.accdb”数据库窗口。

操作题真题库试题 38 答案解析

二、基本操作题

本题考点：字段属性中主键、标题、有效性规则的设置；设置删除、冻结字段；表的导出等。第 1、2、3 小题在设计视图中建立设置字段属性和删除字段；第 4、5 小题在数据表中设置图片和冻结字段；第 6 小题通过直接用鼠标右键单击表名，从弹出的快捷菜单中选择“导出”命令来实现。文件和表的导入导出都要注意选择正确的文件类型。

【操作步骤】

(1) 步骤 1：选择“表”对象，右键单击“tStud”，从弹出的快捷菜单中选择“设计视图”命令。

步骤 2：右键单击“ID”字段行，从弹出的快捷菜单中选择“主键”命令。在“标题”行输入“学号”。

(2) 步骤 1：选中“备注”字段行。

步骤 2：右键单击“备注”行，从弹出的快捷菜单中选择“删除行”。

(3) 步骤 1：单击“入校时间”字段行任一位置，在“有效性规则”行输入″>＃2000-1-1＃″。

步骤 2：在“有效性文本”行输入“输入的日期有误，请重新输入。”。

步骤 3：按 Ctrl＋S 保存修改。

(4) 步骤 1：双击表对象，打开数据表视图。

步骤 2：右键单击学号为“20011002”对应的照片列，从弹出的快捷菜单中选择“插入对象”，选中“由文件创建”单选项，单击“浏览”按钮，在“考生文件夹”内选中要插入的图像“photo.bmp”，单击“确定”按钮。

(5) 步骤 1：选中“姓名”字段列，右键单击，在弹出的快捷菜单中选择“取消冻结所有字段”命令。

步骤 2：选中“姓名”字段列，拖动鼠标到“学号”字段后，松开鼠标。

步骤 3：按 Ctrl＋S 保存修改。关闭数据表视图。

(6) 步骤 1：选择“外部数据”选项卡中“导出”组中的“文本文件”按钮，在弹出的对话框中“保存位置”找到要放置的位置，并设置文件名为“tStud.txt”，单击“确定”按钮，再单击“完成”按钮，最后单击“关闭”按钮。

三、简单应用题

本题考点：创建条件查询、更新查询、交叉表查询和追加查询等。第 1、2、3、4 小题在查询设计视图中创建不同的查询，按题目要求添加字段和条件表达式；创建交叉表时分别设置行、列、值的字段。创建交叉表查询时，注意设置行、列和值的字段，不要混淆。

【操作步骤】

(1) 步骤 1：单击“创建”选项卡“查询”组中的“查询设计”按钮，在“显示表”对话框双击表“tStud”，关闭“显示表”对话框。

步骤 2：分别双击“姓名”“性别”“年龄”“入校时间”字段。

步骤 3：在“年龄”字段的“条件”行输入“>＝18 And <＝20”。

步骤 4：按 Ctrl＋S 保存修改，另存为“qT1”。关闭设计视图。

(2) 步骤 1:单击“创建”选项卡“查询”组中的“查询设计”按钮,在“显示表”对话框中双击表“tStud”,关闭“显示表”对话框。

步骤 2: 单击“设计”选项卡“查询类型”组中的“更新”按钮。

步骤 3:双击字段 “党员否”,在“党员否”字段的“更新到”行输入“Not Yes”。

步骤 4:单击“设计”选项卡“结果”组中的“运行”按钮,在弹出的对话框中单击“是”按钮。

步骤 5:将查询保存为“qT2”。关闭设计视图。

(3) 步骤 1:单击“创建”选项卡“查询”组中的“查询设计”按钮,在“显示表”对话框双击“tStud”“tCourse”“tScore”,关闭“显示表”对话框。

步骤 2:单击“设计”选项卡“查询类型”组中的“交叉表”按钮。

步骤 3:分别双击“性别”“课程名”“成绩”和“成绩”字段。在第二个“成绩”字段“条件”行输入“<60”,在“总计”行选择“WHERE”。

步骤 4:在第一个“成绩”字段“总计”行右侧下拉列表中选中“计数”。

步骤 5:分别在“性别”“课程名”和“成绩”字段的“交叉表”行右侧下拉列表中选中“行标题”“列标题”和“值”。

步骤 6:将查询保存为“qT3”。关闭设计视图。

(4) 步骤 1:单击“创建”选项卡“查询”组中的“查询设计”按钮,在“显示表”对话框双击表“tStud”“tScore ”“tCourse”,关闭“显示表”对话框。

步骤 2:单击“设计”选项卡“查询类型”组中的“追加”按钮,在弹出的对话框中输入“tTemp”,单击“确定”按钮。

步骤 3:双击 ”姓名““性别”“课程名”“成绩”,在“性别”字段的“排序”下拉列表中选中“升序”,在“成绩”字段的“条件”行输入“<60”。

步骤 4:单击“设计”选项卡“结果”组中的“运行”按钮,在弹出的对话框中单击“是”按钮。

步骤 5:将查询保存为“qT4”。关闭设计视图。

四、综合应用题

本题考点:窗体中标签、命令按钮控件和窗体属性的设置等。第 1、2、3、4 小题在窗体设计视图中通过用鼠标右键单击该控件,从弹出的快捷菜单中选择“属性”命令,设置属性;第 5 小题直接单击工具栏中的“生成器”按钮,在弹出的对话框中选择”代码生成器“,进入编程环境,输入代码。

【操作步骤】

(1) 步骤 1:选择“窗体”对象,右键单击“fEdit”,从弹出的快捷菜单中选择“设计视图”命令。

步骤 2:右键单击窗体任一点,从弹出的快捷菜单中选择”属性“命令,打开属性表,在所选内容下拉列表中选择”Lremark“,在“格式”选项卡的“前景色”行输入“#0072BC”,在“字体粗细”行右侧下拉列表中选中“加粗”。关闭属性表。

(2) 步骤 1:右键单击“窗体选择器”,从弹出的快捷菜单中选择“属性”。

步骤 2:在“格式”选项卡的“标题”行输入“显示/修改用户口令”。

(3) 步骤 1:在“边框样式”行右侧下拉列表中选中“细边框”。

步骤 2:分别选中“滚动条”“记录选定器”“导航按钮”和“分隔线”右侧下拉列表中的“两者均无”或“否”。

步骤 3:在“关闭按钮”行右侧下拉列表中选中“是”,关闭属性表。

(4) 步骤 1:右键单击命令按钮“退出”,从弹出的快捷菜单中选择“属性”。

步骤 2:在“格式”选项卡的“前景色”行输入“128”(软件自动显示为 16 进制#800000),分别在“字体粗细”和“下划线”行右侧下拉列表中选中“加粗”和“是”,关闭属性表。

(5) 在设计视图中右键单击命令按钮“修改”,从弹出的快捷菜单中选择“事件生成器”命令,在“选择生成器”对话框中选择“代码生成器”,打开代码生成器,并在空行内输入代码

```
********Add*********
MsgBox "请重新输入口令!", vbOKquit
********Add*********
```

关闭界面,按 Ctrl+S 保存修改,关闭设计视图。

操作题真题库试题 39 答案解析

二、基本操作题

本题考点：字段属性中主键、索引的设置；添加新字段；删除表；建立表间关系；链接表；窗体属性设置。第 1、2 小题在设计视图中设置字段属性，添加新字段；第 3 小题在关系界面中设置表间关系；第 4 小题选择"外部数据"选项卡中"导入并链接"组中的相关数据；第 5 小题用鼠标右键单击表名，从弹出的快捷菜单中选择"删除表"命令来实现；第 6 小题在窗体设计视图中用鼠标右键单击该控件，从弹出的快捷菜单中选择"属性"命令，设置属性。

【操作步骤】

(1) 步骤 1：选择"表"对象，右键单击"线路"表，从弹出的快捷菜单中选择"设计视图"命令。

步骤 2：右键单击"线路 ID"行，从弹出的快捷菜单中选择"主键"命令。

步骤 3：单击"线路名"字段行任一点，在"必需"行右侧下拉列表中选中"是"。

步骤 4：按 Ctrl+S 保存修改，关闭设计视图。

步骤 5：右键单击"团队"表，从弹出的快捷菜单中选择"设计视图"命令。单击"团队 ID"字段行任一点，在"索引"行的右侧下拉列表中选中"有(无重复)"。

步骤 6：单击"导游姓名"字段行任一点，在"必需"行的右侧下拉列表中选中"是"。

步骤 7：在"出发日期"下一行的"字段名称"处输入"线路 ID"，单击"数据类型"列，在"字段大小"行输入"8"。

(2) 步骤 1：选中"团队 ID"字段行。

步骤 2：右键单击"团队 ID"行，从弹出的快捷菜单中选择"主键"命令。

步骤 3：按 Ctrl+S 保存修改，关闭设计视图。

(3) 步骤 1：单击"数据库工具"选项卡"关系"组中的"关系"按钮，如不出现"显示表"对话框，则单击关系工具"设计"选项卡"关系"组中的"显示表"按钮，添加表"线路"和"团队"，关闭"显示表"对话框。

步骤 2：选中表"线路"中的"线路 ID"字段，拖动鼠标到表"团队"的"线路 ID"字段，放开鼠标。选择"实施参照完整性"选项，然后单击"创建"按钮。

步骤 3：按 Ctrl+S 保存修改，关闭"关系"界面。

(4) 步骤 1：单击"外部数据"选项卡下"导入并链接"组中的"Excel"按钮，打开"获取外部数据"对话框，单击"浏览"按钮，在"考生文件夹"找到要导入的文件"Test. xls"，单击"打开"按钮，选择"通过创建链接表来链接到数据源"，单击"确定"按钮，在打开的"链接表"对话框中选中"tTest"表，单击"确定"按钮。

步骤 2：单击"下一步"按钮，选中"第一行包含列标题"复选框，单击"下一步"按钮。

步骤 3：在"链接表名称"处输入"tTest"，单击"完成"按钮。

(5) 右键单击"游客"表，从弹出的快捷菜单中选择"删除"，在弹出的对话框中选择"是"。

(6) 步骤 1：选择"窗体"对象，右键单击"brow"窗体，从弹出的快捷菜单中选择"设计视图"命令。

步骤 2：右键单击"窗体选择器"，从弹出的快捷菜单中选择"属性"。在"格式"选项卡的"标题"行输入"线路介绍"，在"记录选定器"和"分隔线"右侧下拉列表分别选中"否"。关闭属性表。

步骤 3：按 Ctrl+S 保存修改，关闭设计视图。

三、简单应用题

本题考点：创建无条件查询、参数查询、分组总计查询和交叉表查询等。第 1、2、3、4 小题在查询设计视图中创建不同的查询，按题目要求添加字段和条件表达式。创建交叉表时，行、列、值字段要分清楚。

【操作步骤】

(1) 步骤 1：单击"创建"选项卡"查询"组中的"查询设计"按钮，在"显示表"对话框中分别双击表"tA""tB"，关闭"显示表"对话框。

步骤 2:分别双击“姓名”“入住日期”“价格”字段将其添加到“字段”行。

步骤 3:按 Ctrl+S 保存修改,另存为“qT1”。关闭设计视图。

(2) 步骤 1:单击“创建”选项卡“查询”组中的“查询设计”按钮,在“显示表”对话框中双击表“tA”,关闭“显示表”对话框。

步骤 2:分别双击字段 “姓名”“房间号”“入住日期”。

步骤 3:在“姓名”字段的“条件”行输入“[请输入姓名]”。

步骤 4:按 Ctrl+S 保存修改,另存为“qT2”。关闭设计视图。

(3) 步骤 1:单击“创建”选项卡“查询”组中的“查询设计”按钮,在“显示表”对话框双击表“tB”,关闭“显示表”对话框。

步骤 2:单击“设计”选项卡“查询类型”组中的“交叉表”按钮。

步骤 3:在“字段”行的第一列输入“楼号: Left([tB]! [房间号],2)”,分别双击“房间类型”、“价格”字段。

步骤 4:在“价格”字段“总计”行右侧下拉列表中选中“平均值”。

步骤 5:分别在“楼号: Left([tB]! [房间号],2)”,“房间类型”、“房价”字段的“交叉表”行右侧下拉列表中选中“行标题”、“列标题”和“值”。

步骤 6:按 Ctrl+S 保存修改,另存为“qT3”。关闭设计视图。

(4) 步骤 1:单击“创建”选项卡“查询”组中的“查询设计”按钮,在“显示表”对话框中双击表“tB”,关闭“显示表”对话框。

步骤 2:分别双击“房间类别”和“房间号”字段。

步骤 3:单击“设计”选项卡“显示/隐藏”组中的“汇总”按钮,在“房间号”字段“总计”行下拉列表中选择“计数”。

步骤 4:在“房间类别”和“房间号”字段前添加“type:”和“ num: ”字样。

步骤 5:按 Ctrl+S 保存修改,另存为“qT4”。关闭设计视图。

四、综合应用题

本题考点:表中字段属性的有效性规则和有效性文本的设置;窗体命令按钮和报表文本框控件属性的设置等。第 1 小题在表设计视图中设置字段属性;第 2、3 小题分别在窗体和报表设计视图单击控件名,从弹出的快捷菜单中选择“属性”命令,设置属性;第 4 小题直接单击工具栏“生成器”按钮,在弹出的对话框中选择“代码生成器”,进入编程环境,输入代码。

【操作步骤】

(1) 步骤 1:选择“表”对象,右键单击“tEmp”表,从弹出的快捷菜单中选择“设计视图”命令。

步骤 2:单击“年龄”字段行任一点,在“有效性规则”行输入“>20 and <50”,在“有效性文本”行输入“请输入有效年龄”。

步骤 3:按 Ctrl+S 保存修改,关闭设计视图。

(2) 步骤 1:选择“报表”对象,右键单击“rEmp”报表,从弹出的快捷菜单中选择“设计视图”命令。

步骤 2:单击报表设计工具“设计”选项卡“分组和汇总”组中的【分组和排序】按钮,在“分组、排序和汇总”中选择“添加排序”,选择排序依据为下拉列表中的“性别”字段,选择“降序”,关闭界面。

步骤 3:右键单击“tPage”,从弹出的快捷菜单中选择“属性”命令,在“全部”选项卡“控件来源”行输入"="第 " & [Page] & " 页/共 " & [Pages] & " 页""。关闭属性表。将该控件调整到合适的大小。

步骤 4:按 Ctrl+S 保存修改,关闭设计视图。

(3) 步骤 1:选择“窗体”对象,右键单击“fEmp”窗体,从弹出的快捷菜单中选择“设计视图”命令。

步骤 2:右键单击命令按钮“btnp”,从弹出的快捷菜单中选择“属性”命令,在“数据”选项卡的“可用”右侧下拉列表中选中“是”。关闭属性表。

步骤 3:右键单击“窗体选择器”,从弹出的快捷菜单中选择“属性”命令,在“标题”行输入“职工信息输出”。关闭属性表。

(4) 步骤 1:右键单击命令按钮“输出”,从弹出的快捷菜单中选择“事件生成器”命令,在空行内输入以下代码。

```
Private Sub btnP Click()
Dim k As String
'***** Add1 *****
```

```
k = InputBox("请输入大于 0 的整数","Msg")
'***** Add1 *****
If k = "" Then Exit Sub
Select Case Val(k)
Case 2
'***** Add1 *****
DoCmd.OpenReport "mEmp"
'***** Add1 *****
Case 1
DoCmd.Close
End Select
End Sub
```

步骤 2:关闭代码生成器,按 Ctrl+S 保存修改,关闭设计视图。

操作题真题库试题 40 答案解析

二、基本操作题

(1) 主要考查 Access 数据库中获取外来数据的方法。(2) 主要考查表记录的删除,对表记录的批量删除。找出要删除的记录是非常关键的。一般要借助表的常用的数据处理:"排序""筛选"等方法。(3) 此题主要考查默认字段值的设置,这种方法对数据库的数据的添加起到非常好的作用。(4) 主要考查表"分析"操作。这个操作主要实现表"结构"的拆分。(5) 主要考查表与表之间联系的建立方法以及能够建立联系的两个表必须满足条件。

【操作步骤】

(1) 步骤 1:打开"samp1. accdb"数据库,在【外部数据】功能区的"导入并链接"组中单击"Excel"按钮。

步骤 2:在弹出的【获得外部数据-Excel 电子表格】对话框中,单击"浏览"按钮,在弹出的【打开】对话框内浏览"Stab. xls"文件所在的存储位置(考生文件夹下),选中"Stab. xls"Excel 文件,单击"打开"按钮。

步骤 3:接着在【获得外部数据-Excel 电子表格】对话框中选中"在表中追加一份记录的副本"项,并在其下方的列表框中选择"student"表,单击"确定"按钮。

步骤 4:系统弹出【导入数据表向导】对话框,此时默认的是 sheet1 表中的数据,不需要修改,单击"下一步"按钮,继续保持默认,单击"下一步"按钮,确认数据导入的是 student 表,单击"完成"按钮,最后单击"关闭"按钮,关闭向导。

(2) 步骤 1:双击"student"表打开数据表视图。选中"出生日期"列,再单击【开始】功能区"排序和筛选"组中的"升序"按钮。在按照"出生年月"排序后的记录中连续选择出生年在 1975~1980 年之间的记录,按键盘上<Del>键,确认删除记录。

步骤 2:单击快速访问工具栏中的"保存"按钮。

(3) 步骤 1:右击 student 表,选择"设计视图"快捷菜单命令,打开表设计视图。

步骤 1:单击"性别"字段。在下方的"字段属性"的"默认值"所在行内输入:男。

步骤 2:单击快速访问工具栏中的"保存"按钮保存设置,关闭表设计器。

(4) 步骤 1:在【数据库工具】功能区的"分析"组中单击"分析表"按钮,弹出【表分析向导】对话框。在对话框中直接单击"下一步"按钮,直到出现表选择向导界面。

步骤 2:单击快速访问工具栏中的"保存"按钮,输入"qT1"文件名,单击"确定"按钮,关闭"qT1"查询窗口。

三、简单应用题

(1) 本题考查查询的基本方法的应用 max()函数、min()函数的使用方法。(2) 本题考查一个比较简单的条件查询。

值得注意的是,“学历”作为条件字段不需要显示。(3) 本题考查多条件查询实现方法。同时要考生掌握“and”“or”“not”逻辑运算符的使用。注意:“年龄”和“职称”字段虽然作为条件,但是查询中要显示这两个字段的信息,所以不能去掉“显示”项。(4) 本题考查查询中的计算方法的应用。对不同职称的教师进行分组,然后求出不同组的平均年龄,同时还要求考生掌握“是/否”型的符号表达:是:-1(yes)、否:0(no)。

【操作步骤】

(1) 步骤1:双击打开“samp2.accdb”数据库,在【创建】功能区的【查询】分组中单击“查询设计”按钮,系统弹出查询设计器。在【显示表】对话框中添加“tTeacher”表。关闭对话框。在“字段”所在行的第一列输入标题“m_age:”,再输入求最大年龄和最小年龄之差的计算式:max([年龄])-min([年龄])。

步骤2:单击快速访问工具栏中的“保存”按钮,输入“qT1”文件名,单击“确定”按钮,关闭“qT1”查询窗口。

(2) 步骤1:在【创建】功能区的【查询】分组中单击“查询设计”按钮,系统弹出查询设计器。在【显示表】对话框中添加“tTeacher”表。关闭【显示表】对话框。双击“tTeacher”表中的“编号”“姓名”“性别”“系别”“学历”字段。在“学历”所在的条件行内输入:“研究生”。作为条件字段不需要显示,取消“显示”复选框的勾选。

步骤2:单击快速访问工具栏中的“保存”按钮,输入“qT2”文件名,单击“确定”按钮,关闭“qT2”查询窗口。

(3) 步骤1:在【创建】功能区的【查询】分组中单击“查询设计”按钮,系统弹出查询设计器。在【显示表】对话框中添加“tTeacher”表。关闭【显示表】对话框。双击“tTeacher”表中的“编号”“姓名”“性别”“年龄”“学历”“职称”字段。在字段“年龄”所在的条件行下输入:<=38,在字段“职称”所在的条件行下输入:“教授”or“副教授”。

步骤2:单击快速访问工具栏中的“保存”按钮,输入“qT3”文件名,单击“确定”按钮,关闭“qT3”查询窗口。

(4) 步骤1:在【创建】功能区的【查询】分组中单击“查询设计”按钮,系统弹出查询设计器。在【显示表】对话框中添加“tTeacher”表,关闭【显示表】对话框,单击“汇总”按钮。双击“tTeacher”表“职称”字段,在其“总计”所在行选择“Group By”。双击“年龄”字段,在“年龄”字段左侧单击定位鼠标。输入标题“平均年龄:”,在其“总计”行选择“平均值”。双击“在职否”字段,在其“总计”行中选择“where”,在其条件行内输入:-1,并去掉“显示”行中的勾选。

步骤2:单击快速访问工具栏中的“保存”按钮,输入“qT4”文件名,单击“确定”按钮,关闭“qT4”查询窗口。

步骤3:关闭“samp2.accdb”数据库。

四、综合应用题

本题主要考查报表一些常用控件的设计方法、控件在报表中的样式、控件在报表中显示的位置以及表的修改。利用函数对数据中显示的数据进行处理。Dlookup()函数的使用格式:DLookup(“字段名称”,“表或查询名称”,“条件字段名='"&forms!窗体名!控件名&"'")。

【操作步骤】

(1) 步骤1:双击打开“samp3.accdb”数据库,在【开始】功能区的“报表”面板中右击“rEmployee”报表,选择“设计视图”快捷菜单命令,打开“rEmployee”的设计视图,单击【控件】分组中的“标签”控件。在报表的页眉节区单击鼠标,在光标闪动处输入:职工基本信息表,在标签上右键单击鼠标,在快捷菜单中选择“属性”命令,在【属性表】对话框内修改“名称”为:bTitle。

步骤2:单击快速访问工具栏中的“保存”按钮保存报表的修改。

(2) 步骤1:在“rEmployee”报表设计视图下,单击【控件】分组中的“文本框”按钮,在报表主体节区上拖动产生一个“文本框”和一个“标签”,删除“标签”。选中新增的文本框,在【属性表】对话框内修改“名称”为:tSex,单击“控件来源”所在行的下拉框中选择:性别,把“上边距”修改为:0.1cm,“左”修改为:5.2cm。

步骤2:单击快速访问工具栏中的“保存”按钮保存报表的修改。

(3) 步骤1:在“rEmployee”报表设计视图中选中“tDept”文本框,在【属性表】对话框的“控件来源”所在行内输入运算式:=DLookUp("名称","tGroup","部门编号='"&[所属部门]&"'")。

步骤2:单击快速访问工具栏中的“保存”按钮保存报表的修改,关闭“rEmployee”报表。

步骤3:关闭“samp3.accdb”数据库。

操作题真题库试题 41 答案解析

二、基本操作题

本题考点：导入表；建立新表；表中字段属性主键，有效性规则设置；添加字段；添加记录。第 1 小题选择 “外部数据” 选项卡下“导入并连接”组中相关数据。；第 2、3、4 小题在设计视图中新建表，设置字段属性和添加新字段；第 6 小题在数据表中输入数据。设置“房间号”字段的有效性规则时要注意书写格式。

【操作步骤】

(1) 步骤 1：单击“外部数据”选项卡下“导入并链接”组中的“Access”按钮，打开“获取外部数据”对话框，单击“浏览”按钮，在“考生文件夹”找到要导入的文件“dResearch. accdb”，单击“打开”按钮，单击“确定”按钮。在打开的“链接表”对话框中选中“tEmployee”表，单击“确定”按钮。

(2) 步骤 1：单击“创建”选项卡“表格”组中的“表设计”按钮。

步骤 2：按照题表要求建立新字段。

步骤 3：按 Ctrl＋S 保存修改，另存为“tBranch”。

(3) 步骤 1：选中“部门编号”字段行。

步骤 2：右键单击“部门编号”行，从弹出的快捷菜单中选择“主键”命令。

(4) 步骤 1：单击“房间号”字段行任一点。

步骤 2：在“有效性规则”行输入“＞100AND＜900”。

步骤 3：按 Ctrl＋S 保存修改。

(5) 步骤 1：双击表“tBranch”对象，打开数据表视图。

步骤 2：按照题目所给表中的记录在表中添加新记录。

步骤 3：按 Ctrl＋S 保存修改，关闭数据表视图。

(6) 步骤 1：右键单击“tEmployee”表，从弹出的快捷菜单中选择“设计视图”命令。

步骤 2：在“职称”下一行“字段名称”列输入“照片”，在“数据类型”下拉列表中选中“OLE 对象”。

步骤 3：按 Ctrl＋S 保存修改。

步骤 4：双击表对象“tEmployee”，打开数据表视图。

步骤 5：右键单击“姓名”为“李丽”对应的“照片”列选择“插入对象”，选择“由文件创建”单选项，然后单击“浏览”按钮，从考生文件夹下找到指定的图片，单击“确定”按钮。

步骤 6：按 Ctrl＋S 保存修改，关闭数据表视图。

三、简单应用题

本题考点：创建无条件查询、参数查询和生成表查询等。第 1、2、3、4 小题在查询设计视图中创建不同的查询，按题目要求添加字段和条件表达式。新添加的“班级编号”字段由“学号”前 6 位组成，用“Left()”函数。

【操作步骤】

(1) 步骤 1：单击“创建”选项卡“查询”组中的“查询设计”按钮，在“显示表”对话框双击表“tStudent”，关闭“显示表”对话框。

步骤 2：分别双击“姓名”“政治面貌”“毕业学校”字段将其添加到“字段”行。

步骤 3：按 Ctrl＋S 保存修改，另存为“qT1”。关闭设计视图。

(2) 步骤 1：单击“创建”选项卡“查询”组中的“查询设计”按钮，在“显示表”对话框中双击表“tStudent”和“tGrade”，关闭“显示表”对话框。

步骤 2：分别双击“姓名”和“成绩”字段。

步骤 3：单击 “设计”选项卡下“显示/隐藏”组中“汇总”按钮，在“成绩”字段“总计”行下拉列表中选中“平均值”。

步骤 4：在“成绩”字段前添加“平均成绩：”字样。在“排序”行下拉列表中选中“降序”。

步骤 5：按 Ctrl＋S 保存修改，另存为“qT2”。关闭设计视图。

(3) 步骤 1：单击“创建”选项卡“查询”组中的“查询设计”按钮，在“显示表”对话框中双击表“tStudent”“tGrade”“tCourse”，关闭“显示表”对话框。

步骤 2：在“字段”行第一列位置输入“班级编号：Left([tStudent]！[学号],6)”，在“条件”行输入“[请输入班级编号：]”。

步骤 3：分别双击“姓名”、“课程名”和“成绩”字段。

步骤 4：按 Ctrl＋S 保存修改，另存为“qT3”。关闭设计视图。

(4) 步骤 1：单击“创建”选项卡“查询”组中的“查询设计”按钮，在“显示表”对话框中双击表“tStudent”“tGrade”“tCourse”，关闭“显示表”对话框。

步骤 2：单击“设计”选项卡下“查询类型”组中的“生成表”按钮，在弹出的“生成表”对话框中的“表名称”中输入“90 分以上”，单击“确定”按钮。

步骤 3：分别双击“姓名”、“课程名”和“成绩”字段，在“成绩”字段的“条件”行输入“＞＝90”。

步骤 4：单击“设计”选项卡“结果”组中的“运行”按钮，在弹出的对话框中单击“是”按钮。

步骤 5：按 Ctrl＋S 保存修改，另存为“qT4”。关闭设计视图。

四、综合应用题

在考生文件夹下有一个数据库文件“samp3. accdb”，里面已经设计了表对象“tEmp”、窗体对象“fEmp”、报表对象“rEmp”和宏对象“mEmp”。请在此基础上按照以下要求补充设计：

(1) 设置表对象“tEmp”中“聘用时间”字段的有效性规则为：1991 年 1 月 1 日(含)以后的时间。相应有效性文本设置为“输入一九九一年以后的日期”。

(2) 设置报表“rEmp”按照“性别”字段升序(先男后女)排列输出；将报表页面页脚区域内名为“tPage”的文本框控件设置为“－页码/总页数－”形式的页码显示(如－1/15－、－2/15－、…)。

(3) 将“fEmp”窗体上名为“bTitle”的标签上移到距“btnP”命令按钮 1 厘米的位置(即标签的下边界距命令按钮的上边界 1 厘米)，并设置其标题为“职工信息输出”。

(4) 根据以下窗体功能要求，对已给的命令按钮事件过程进行补充和完善。在“fEmp”窗体上单击“输出”命令按钮(名为“btnP”)，弹出一输入对话框，其提示文本为“请输入大于 0 的整数值”。

输入 1 时，相关代码关闭窗体(或程序)。

输入 2 时，相关代码实现预览输出报表对象“rEmp”。

输入＞＝3 时，相关代码调用宏对象“mEmp”以打开数据表“tEmp”。

注意：不要修改数据库中的宏对象“mEmp”；不要修改窗体对象“fEmp”和报表对象“rEmp”中未涉及的控件和属性；不要修改表对象“tEmp”中未涉及的字段和属性。

本题考点：表中字段属性有效性规则的设置；窗体中命令按钮和报表中文本框控件属性的设置等。第 1 题在设计视图中设置字段属性；第 2、3 小题通过分别在窗体和报表设计视图单击该控件，从弹出的快捷菜单中选择“属性”命令，设置属性；第 4 小题通过直接单击工具栏中的“生成器”按钮，在弹出的对话框中选择“代码生成器”，进入编程环境，输入代码。

【操作步骤】

(1) 步骤 1：选择“表”对象，右键单击“tEmp”表，从弹出的快捷菜单中选择“设计视图”命令。

步骤 2：单击“聘用时间”字段行任一点，在“有效性规则”和“有效性文本”行分别输入“＞＝＃1991-1-1＃”和“输入一九九一年以后的日期”。

步骤 3：单击“保存”按钮，关闭设计视图。

(2) 步骤 1：选择“报表”对象，右键单击“rEmp”报表，从弹出的快捷菜单中选择“设计视图”命令。

步骤 2：单击报表设计工具“设计”选项卡“分组和汇总”组中的“分组和排序”按钮，在“分组、排序和汇总”中选择“添加排序”，选择排序依据为下拉列表中的“性别”字段，选择“升序”，关闭“分组、排序和汇总”界面。

步骤 3：右键单击“tPage”，从弹出的快捷菜单中选择“属性”命令，在“全部”选项卡“控件来源”行输入"＝"－ " & [Page] & "/ " & [Pages] & " －""，关闭属性表。

步骤 4:按 Ctrl+S 保存修改,关闭设计视图。

(3) 步骤 1:选择“窗体”对象,右键单击“fEmp”窗体,从弹出的快捷菜单中选择“设计视图”命令。

步骤 2:右键单击“btnp”按钮,从弹出的快捷菜单中选择“属性”命令,查看“上边距”,并记录下来,关闭属性窗口。

步骤 3:bTitle 要放在 btnp 上面 1cm 处,所以 bTitle 的上边距应该是 btnp 的上边距减 1cm 再减 bTitle 的高度,右键单击“bTitle”标签,从弹出的快捷菜单中选择“属性”命令,在“标题”行输入“职工信息输出”,在“上边距”行输入“1cm”,关闭属性窗口。

(4) 步骤 1:右键单击命令按钮“输出”按钮,从弹出的快捷菜单中选择“事件生成器”命令,空行内输入以下代码。

```
'*****Add1*****
Case Is>=3
'*****Add1*****
'*****Add2*****
DoCmd.OpenReport "rEmp"
'*****Add2*****
```

关闭界面。

步骤 2:按 Ctrl+S 保存修改,关闭设计视图。

操作题真题库试题 42 答案解析

二、基本操作题

本题考点:表的导入,设置主键,设置图片,字段属性默认值、字段大小、格式、有效性规则设置,设置数据表格式,建立表间关系。

【操作步骤】

(1) 步骤 1:单击“外部数据”选项卡下“导入并链接”组中的 Excel 按钮,弹出“获取外部数据-Excel 电子表格对话框”。单击对话框中的“浏览”按钮,在“打开”对话框中选择“tScore. xls”文件,并且选中“将元数据导入当前数据库的新表中”单选按钮,单击“确定”按钮。

步骤 2:在“导入数据表向导”对话框中连续单击 3 次“下一步”按钮,选择“不要主键”单选按钮,单击“下一步”按钮,再单击“完成”按钮。

步骤 3:在设计视图中打开导入的表“tScore”,右击“成绩 ID”行,在弹出的快捷菜单中选择“主键”命令。

(2) 步骤 1:在“成绩 ID”行中选择“数据类型”为“文本”,在“常规”选项卡中设置“字段大小”为 5,在“标题”文本框中输入“成绩编号”。

步骤 2:选择“学号”行,在“常规”选项卡中设置“字段大小”为 10。

步骤 3:按 Ctrl+S 保存对表设计的修改。关闭设计视图。

(3) 步骤 1:在设计视图中打开表“tStud”,选择“性别”行,在“常规”选项卡的“默认值”文本框中输入“男”。

步骤 2:在“政治面目”行的“数据类型”下拉列表中选择“查阅向导”,根据向导提示,选择“自行键入所需的值”单选按钮,分别输入“党员”、“团员”和“其他”。最后单击“完成”按钮。

步骤 3:按 Ctrl+S 保存对表设计的修改后,单击“设计”选项卡中的“视图”按钮,选择“数据表视图”,将学号为“20061001”的记录设为当前活动记录,选择该行的“照片”列并右击,选择“插入对象”命令,在弹出的对话框中选择“由文件创建”单选按钮,并单击“浏览”按钮,在打开的“浏览”对话框中选择考生文件夹下的“photo. bmp”文件,最后单击“确定”按钮,完成图片的插入。关闭数据表视图。

(4) 步骤 1:在设计视图中打开表“tStud”,选择“入校时间”行,在“常规”选项卡的“格式”下拉列表中选择“长日期”。

步骤 2:在“有效性规则”文本框中输入“month([入校时间])=9”,在“有效性文本”文本框中输入“输入的月份有误,请重新输入”。

步骤 3:按 Ctrl+S 保存对表设计的修改。

(5) 步骤 1:在数据表视图中打开表“tStud ”,单击“开始”选项卡中的“文本格式”组中的“背景色”按钮,在其下拉列表中选择“蓝色”,单击“文本格式”组中的“网格线”按钮,在其下拉列表中选择“网格线:横向”,单击“确定”按钮。

步骤 2:单击“文本格式”组中“字号”框,在打开的“字号”列表中选择“11”。

步骤 3:按 Ctrl+S 保存对表的修改,并关闭数据表视图。

(6) 步骤 1:单击“数据库工具”选项卡下的“关系”按钮,在打开的“关系”窗口中右击,在弹出的快捷菜单中选择“显示表”命令。

步骤 2:在打开的“显示表”对话框中,分别双击表“tScore”和“tStud”,并关闭“显示表”对话框。

步骤 3:在“tStud”表中选择“学号”字段,拖动鼠标指针至表“Score”的“学号”字段处,在弹出“编辑关系”对话框中单击“创建”按钮,以建立两表之间的联系。

步骤 4:按 Ctrl+S 保存对表的修改。

三、简单应用题

本题考点:创建条件查询、参数查询、更新查询和删除查询。第 1、2、3、4 小题在查询设计视图中创建不同的查询,按题目要求填添加字段和条件表达式。

【操作步骤】

(1) 步骤 1:在【创建】选项卡下,单击“查询设计”按钮,在“显示表”对话框双击表“tEmp”,关闭“显示表”对话框。

步骤 2:分别双击“编号”“姓名”“性别”“年龄”“职务”字段。

步骤 3:在“年龄”字段的“条件”行输入“>=40”,在“性别”字段的“条件”行输入“男”。

步骤 4:按 Ctrl+S 保存修改,在弹出的“另存为”对话框中设置查询名称为“qT1”,单击“确定”按钮。关闭设计视图。

(2) 步骤 1:在“创建”选项卡下,单击“查询设计”按钮,在“显示表”对话框双击表“tEmp”、“tGrp”,关闭“显示表”对话框。

步骤 2:用鼠标拖动“部门编号”至“所属部门”,建立两者的关系。

步骤 3:分别双击“编号”“姓名”“聘用时间”和“部门名称”字段。在“部门名称”字段的“条件”行输入“[请输入职工所属部门名称]”,单击“显示”行取消该字段显示。

步骤 4:按 Ctrl+S 保存修改,在弹出的“另存为”对话框中设置查询名称为“qT2”,单击“确定”按钮。关闭设计视图。

(3) 步骤 1:在“创建”选项卡下,单击“查询设计”按钮,在“显示表”对话框双击表“tBmp”,关闭“显示表”对话框。

步骤 2:单击“查询类型”组中的“更新”按钮。

步骤 3:双击“编号”字段,在“编号”字段的“更新到”行输入“05+[编号]”。

步骤 4:单击“结果”组中“运行”。

步骤 5:按 Ctrl+S 保存修改,在弹出的“另存为”对话框中设置查询名称为“qT3”,单击“确定”按钮。关闭设计视图。

(4) 步骤 1:在“创建”选项卡下,单击“查询设计”按钮,在“显示表”对话框双击表“tTmp”,关闭“显示表”对话框。

步骤 2:单击“查询类型”组中的“删除”按钮。

步骤 3:双击“姓名”字段,在“姓名”字段的“条件”行输入“[请输入需要删除的职工姓名]”。

步骤 4:单击“结果”组中“运行”。

步骤 5:按 Ctrl+S 保存修改,在弹出的“另存为”对话框中设置查询名称为“qT4”,单击“确定”按钮。关闭设计视图。

四、综合应用题

本题考点:表中字段属性必填字段、索引设置;报表中文本框和窗体中标签、命令按钮控件属性设置。第 1 小题在表设计视图中设置字段属性;第 2、3 小题在报表和窗体设计视图中右键单击“控件”选择【属性】,设置属性。

【操作步骤】

(1) 步骤 1:选中“表”对象,右键单击“tEmp”选择【设计视图】。

步骤 2:单击“姓名”字段行任一点,分别在“必需”和“索引”行右侧下拉列表中选中“是”和“有(有重复)”,按 Ctrl+S 保存修改,关闭设计视图界面。

步骤 3:双击表“tEmp”,打开数据表视图。

步骤4:右键单击编号为"000002"对应的照片列选择"插入对象",在"对象类型"列表中选中"位图图像",然后单击"确定"按钮。

步骤5:弹出"位图图像"界面,单击菜单栏【编辑】|【粘贴来源】,在"考生文件夹"处找到要插入图片的位置。

步骤6:双击"zs. bmp"文件,关闭"位图图像"界面。

步骤7:按Ctrl+S保存修改。

(2) 步骤1:选中"报表"对象,右键单击"rEmp"选择【设计视图】。

步骤2:右键单击"tAge"文本框选择【属性】,打开"属性表",在其【全部】选项卡中的"名称"行输入"tYear",在"控件来源"行输入"year(Date())-[年龄]",关闭属性表。

步骤3:按Ctrl+S保存修改,关闭设计视图。

(3) 步骤1:选中"窗体"对象,右键单击"fEmp"选择【设计视图】。

步骤2:右键单击标签控件"bTitle"选择【属性】,打开"属性表",在其【全部】选项卡中的"特殊效果"行右侧下拉列表中选中"阴影"。关闭属性表。

步骤3:右键单击"btnP"选择【属性】,打开"属性表",在其【事件】选项卡的"单击"行右侧下拉列表中选中"mEmp",关闭属性界面。

步骤4:按Ctrl+S保存修改,关闭设计视图。

操作题真题库试题43答案解析

二、基本操作题

本题考查表的复合主键的创建、字段属性的设置、数据表显示特性的设置、表关系的建立和数据文件的链接。在表的设计视图中可以进行字段属性的设置以及主键的设置。此题中的(1)、(2)、(3)小题为设置字段的属性。有效性规则能够检查错误的输入或者不符合逻辑的输入,防止非法数据输入到表中。此题中的(3)小题中,"tStud""入校时间"字段必须为1月(含)到10月(含)的日期。有时为了设计数据表的显示属性,可以通过【记录】分组中的"其他"按钮来实现,如本题中的(4)小题。在数据库窗口中可以通过关系按钮来创建表之间的关系,如(5)小题。Access数据库中可以由其他数据文件链接数据从而生成新的数据表,最常用的就是由Excel文件导入数据。此题中的(6)小题要求从文本文件链接数据生成1个新的表。

【操作步骤】

(1) 步骤1:打开"sampl. accdb"数据库,右击"tScore"表,选择"设计视图"快捷菜单命令,打开表设计视图,然后选择"学号"和"课程号"两个字段。右键单击鼠标,在快捷菜单中选择"主键"命令。

步骤2:单击快速访问工具栏中的"保存"按钮进行保存,关闭表。

(2) 步骤1:右击"tStud"表,选择"设计视图"快捷菜单命令,打开表设计视图。选中"年龄"字段,设置"有效性文本"为:年龄值应大于16。选中"照片"字段,右键单击,选择"删除行"命令。

步骤2:单击快速访问工具栏中的"保存"按钮进行保存。

(3) 步骤1:右击"tStud"表,选择"设计视图"快捷菜单命令,打开表设计视图。在"tStud"的设计视图中,选中"入校时间"字段,在"有效性规则"中输入:Month([入校时间])>=1 And Month([入校时间])<=10。

步骤2:单击快速访问工具栏中的"保存"按钮进行保存。关闭表的设计视图。

(4) 步骤1:双击"tStud"表,接着单击【开始】功能区,单击【记录】分组中"其他"按钮旁边的三角箭头,在弹出的下拉列表中选择"行高"命令,在【行高】对话框中输入"20",单击"确定"按钮。

步骤2:单击快速访问工具栏中的"保存"按钮,关闭表。

(5) 步骤1:在【数据库工具】功能区的【关系】分组中单击"关系"按钮,系统弹出"关系"窗口,在窗口内右击鼠标,选择"显示表"快捷菜单命令。在【显示表】对话框中选择"tStud"和"tScore",单击"关闭"按钮。在"tStud"中选中"学号"字段,按住鼠标左键不放,拖放到"tScore"中的"学号"字段上,将会弹出编辑关系对话框,勾选"实施参照完整性"复选框,然后单击“创建”按钮。

步骤 2:单击快速访问工具栏中的“保存”按钮进行保存。

(6) 步骤 1:打开“sampl. accdb”数据库,在【外部数据】功能区的【导入并链接】分组中单击“文本文件”按钮。

步骤 2:在【获取外部数据】对话框中选择需要查找的文件“tTest. txt”,(在考生文件夹下)然后选中“通过创建链接表来链接到数据源”,单击“确定”按钮,进入【链接文本向导】对话框。

步骤 3:在对话框中直接单击“下一步”按钮,选择“第一行包含字段名称”复选框,连续单击“下一步”按钮,在最后一个【链接文本向导】对话框中将“链接表名称”设置为“tTemp”,单击“完成”按钮。

三、简单应用题

(1) 本题考查表选择查询,要求选择的字段是“姓名”、“性别”、“基本工资”和“津贴”4 个字段内容。并且条件为:性别为“男”and 年龄>=40。(2) 本题考查表关系的建立、实施参照完整性和参数查询,要求选择的字段是“编号”“姓名”及“聘用时间”3 个字段,提供的参数是部门名称。(3) 本题主要考查更新查询,题中要更新编号字段,由“05+[编号]”更新得到。(4) 本题主要考查删除查询,条件为“Like“ * 红 * ”的模糊查询。

【操作步骤】

(1) 步骤 1:打开“samp2. accdb”数据库,在【创建】功能区的【查询】分组中单击“查询设计”按钮,系统弹出查询设计器。

步骤 2:在【显示表】对话框中添加“tEmp”为数据源,关闭【显示表】对话框。

步骤 3:分别双击“tEmp”中的“编号”“姓名”“性别”“年龄”和“职务”5 个字段,在“年龄”字段对应的“条件”行中输入:>=40。

步骤 4:单击快速访问工具栏中的“保存”按钮,输入“qT1”。单击“确定”按钮。

(2) 步骤 1:在【数据库工具】功能区的【关系】分组中单击“关系”按钮,系统弹出“关系”窗口,在窗口内右击鼠标,选择”显示表”快捷菜单命令。在【显示表】对话框中选择“tEmp”和“tGrp”表,单击“关闭”按钮。在“tGrp”中选中“部门编号”字段,按住鼠标左键不放,拖放到“tEmp”中的“所属部门”字段上,将会弹出编辑关系对话框,选中“实施参照完整性”复选框,然后单击“创建”按钮。

步骤 2:单击快速访问工具栏中的“保存”按钮进行保存。

步骤 3:在“samp2. accdb”数据库窗口中,在【创建】功能区的【查询】分组中单击“查询设计”按钮,系统弹出查询设计器。在【显示表】对话框中添加“tEmp”和“tGrp”表,关闭【显示表】对话框。

步骤 4:分别双击“tEmp”表中的“编号”“姓名”及“聘用时间”三个字段,双击“tGrp”表中“部门名称”字段。在“部门名称”字段对应的“条件”行输入参数:[请输入职工所属部门名称],并取消“显示”复选框的勾选。

步骤 5:单击快速访问工具栏中的“保存”按钮,在“查询名称”文本框中输入“qT2”,单击“确定”按钮。

(3) 步骤 1:在【创建】功能区的【查询】分组中单击“查询设计”按钮,系统弹出查询设计器。在【显示表】对话框中添加“tBmp”表,关闭【显示表】对话框。

步骤 2:单击【查询类型】分组中的“更新”按钮,在查询设计器中出现“更新到”行,双击“tBmp”中“编号”字段,在“更新到:”行中添加:“05”+[编号]。

步骤 3:单击“运行”按钮运行查询。单击快速访问工具栏中的“保存”按钮,在“查询名称”文本框中输入“qT3”,单击“确定”按钮,关闭查询视图。

(4) 步骤 1:在【创建】功能区的【查询】分组中单击“查询设计”按钮,系统弹出查询设计器。在【显示表】对话框中添加“tTmp”表,关闭【显示表】对话框。

步骤 2:单击【查询类型】分组中的“删除”按钮,在查询设计器中出现“删除”行,双击“tTmp”中“姓名”字段,在“条件”行中添加:Like ″*红* ″。

步骤 3:单击“运行”按钮运行查询。单击快速访问工具栏中的“保存”按钮,在“查询名称”文本框中输入“qT4”,单击“确定”按钮,关闭设计视图。

四、综合应用题

(1) 主要考查窗体构成部分的显示和隐藏、标签的绘制及其属性的设置。(2) 主要考查为命令按钮的绘制及其属性的设置。(3) 本题考查窗体命令按钮事件,单击某按钮会出现对应的操作;本题考查运行宏,可以直接在“属性”窗口中设置。(4) 本题考查窗体和子窗体导航按钮出现是否的设置，可以直接在“属性”窗口中设置。

【操作步骤】

(1) 步骤 1：在“samp3. accdb”数据库窗口中在【开始】功能区的“窗体”面板中右击“fEmployee”窗体，选择“设计视图”快捷菜单命令，打开 fEmployee 的设计视图。在窗体的空白处单击鼠标右键，在弹出的快捷菜单中选择“窗体页眉/页脚”命令，使得窗体中出现页眉页脚节。

步骤 2：单击【控件】分组中的“标签”控件，在窗体的页面页眉区单击鼠标，在光标闪动处输入：职工基本信息。

步骤 3：右键单击该标签，选择“属性”命令，弹出【属性表】对话框，将标签中的“名称”设置为：bTitle，在格式标签中选择“字体名称”为：黑体，“字号”为：24。

(2) 步骤 1：单击【控件】分组中的“按钮”控件，在窗体的页脚节内按住鼠标拖出一个命令按钮，将会弹出命令按钮向导对话框，单击“取消”按钮。

步骤 2：在按钮上直接输入：显示职工科研情况，然后在【属性表】对话框中将其“名称”属性修改为：bList。

(3) 步骤 1：选中 bList 按钮，在【属性表】对话框中“单击”行的下拉列表中选择：m1。

步骤 2：单击快速访问工具栏中的“保存”按钮保存设置。

(4) 步骤 1：在【属性表】对话框左上角中选中“窗体”对象，将其“导航按钮”均设置为“否”，关闭“fEmployee”窗体；然后在“窗体”面板中右击“flist”子窗体，选择“设计视图”快捷菜单命令，在【属性表】中将其“导航按钮”均设置为“否”。

步骤 2：单击“按钮”保存设置。

第三部分　无纸化考试样题库

3.1　样　　题

无纸化考试样题1

一、选择题(每小题1分,共40分)

下列各题A)、B)、C)、D)四个选项中,只有一个选项是正确的。

(1) 程序流程图中带箭头的线段表示的是______。

A) 图元关系　　B) 数据流

C) 控制流　　D) 调用关系

(2) 结构化程序设计的原则不包括______。

A) 多态性　　B) 自顶向下

C) 模块化　　D) 逐步求精

(3) 软件设计中模块划分应遵循的准则是______。

A) 低内聚低耦合　　B) 高内聚低耦合

C) 低内聚高耦合　　D) 高内聚高耦合

(4) 在软件开发中,需求分析阶段产生的主要文档是______。

A) 可行性分析报告　　B) 软件需求规格说明

C) 概要设计说明书　　D) 集成测试计划

(5) 算法的有穷性是指______。

A) 算法程序的运行时间是有限的

B) 算法程序所处理的数据量是有限的

C) 算法程序的长度是有限的

D) 算法只能被有限的用户使用

(6) 对长度为n的线性表排序,在最坏情况下,比较次数不是$n(n-1)/2$的排序方法是______。

A) 快速排序　　B) 冒泡排序

C) 直接插入排序　　D) 堆排序

(7) 下列关于栈的叙述正确的是______。

A) 栈按"先进先出"组织数据

B) 栈按"先进后出"组织数据

C) 只能在栈底插入数据

D) 不能删除数据

(8) 在数据库设计中,将E-R图转换成关系数据模型的过程属于______。

A) 需求分析阶段　　B) 概念设计阶段

C) 逻辑设计阶段　　D) 物理设计阶段

(9) 有三个关系R、S和T如下:

R

B	C	D
a	0	k1
b	1	n1

S

B	C	D
f	3	h2
a	0	k1
n	2	x1

T

B	C	D
a	0	k1

由关系R和S通过运算得到关系T,则所使用的运算为______。

A) 并　　B) 自然连接

C) 笛卡尔积　　D) 交

(10) 设有表示学生选课的三张表,学生S(学号,姓名,性别,年龄,身份证号),课程C(课号,课名),选课SC(学号,课号,成绩),则表SC的关键字(键或码)为______。

A) 课号,成绩　　B) 学号,成绩

C) 学号,课号　　D) 学号,姓名,成绩

(11) 在超市营业过程中,每个时段要安排一个班组上岗值班,每个收款口要配备两名收款员配合工作,共同使用一套收款设备为顾客服务,在超市数据库中,实体之间属于一对一关系的是______。

A) "顾客"与"收款口"的关系

B) "收款口"与"收款员"的关系

C) "班组"与"收款员"的关系

D) "收款口"与"设备"的关系

(12) 在教师表中,如果找出职称为"教授"的教师,所采用的关系运算是______。

A) 选择　　B) 投影

C) 联接　　D) 自然联接

(13) 在SELECT语句中使用ORDER BY是为了指定______。

A）查询的表　　　　B）查询结果的顺序

C）查询的条件　　　D）查询的字段

（14）在数据表中，对指定字段查找匹配项，按下图“查找与替换”对话框中的设置，查找的结果是______。

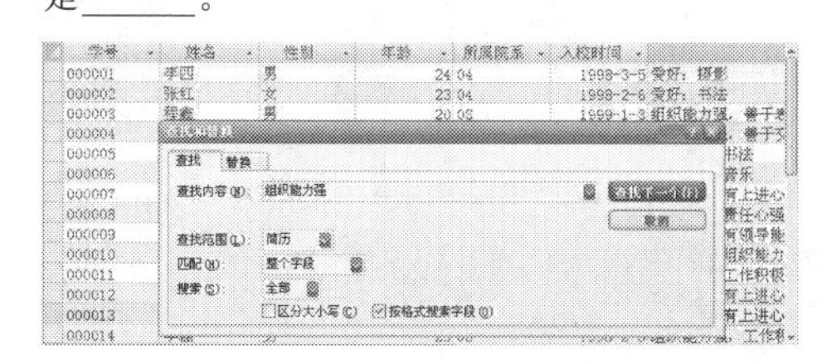

A）定位简历字段中包含了字符串“组织能力强”的记录

B）定位简历字段仅为“组织能力强”的记录

C）显示符合查询内容的第一条记录

D）显示字符查询内容的所有记录

（15）“教学管理”数据库中有学生表、课程表和选课表，为了有效地反映这三张表中数据之间的联系，在创建数据库时应设置______。

A）默认值　　　　B）有效性规则

C）索引　　　　　D）表之间的关系

（16）下列 SQL 查询语句中，与下面查询设计视图所示的查询结果等价的是______。

A）SELECT 姓名，性别，所属院系，简历 FROM tStuD
WHERE 性别＝″女″ AND 所属院系 IN(″03″，″04″)

B）SELECT 姓名，简历 FROM tStuD
WHERE 性别＝″女″ AND 所属院系 IN(″03″，″04″)

C）SELECT 姓名，性别，所属院系，简历 FROM tStuD
WHERE 性别＝″女″ AND 所属院系＝″03″ OR 所属院系＝″04″

D）SELECT 姓名，简历 FROM tStuD
WHERE 性别＝″女″ AND 所属院系＝″03″ OR 所属院系＝″04″

（17）如果在数据库中已有同名的表，要通过查询覆盖原来的表，应该使用的查询类型是______。

A）删除　　　　B）追加

C）生成表　　　D）更新

（18）条件“Not 工资额＞2000”的含义是______。

A）选择工资额大于 2000 的记录

B）选择工资额小于 2000 的记录

C）选择除了工资额大于 2000 之外的记录

D）选择除了字段工资额之外的字段，且大于 2000 的记录

（19）Access 数据库中，为了保持表之间的关系，要求在主表中修改相关记录时，子表相关记录随之更改，为此需要定义参照完整性关系的______。

A）级联更新相关字段

B）级联删除相关字段

C）级联修改相关字段

D）级联插入相关字段

（20）如果输入掩码设置为“L”，则在输入数据的时候，该位置上可以接受的合法输入是______。

A）必须输入字母或数字

B）可以输入字母、数字或者空格

C）必须输入字母 A～Z

D）任何字符

（21）定义字段默认值的含义是______。

A）不得使该字段为空

B）不允许字段的值超出某个范围

C）在未输入数据之前系统自动提供的数值

D）系统自动把小写字母转换为大写字母

（22）在窗体上，设置控件 Command0 为不可见的属性是______。

A）Command0. Colore　B）Command0. Caption

C）Command0. Enable　D）Command0. Visible

（23）能够接受数值型数据输入的窗体控件是______。

A）图形　　　　B）文本框

C）标签　　　　D）命令按钮

（24）SQL 语句不能创建的是______。

A）报表　　　　B）操作查询

C）选择查询　　D）数据定义查询

（25）不能够使用宏的数据库对象是______。

A）数据表　　　B）窗体

C）宏　　　　　D）报表

（26）在下列关于宏和模块的叙述中，正确的是______。

A）模块是能够被程序调用的函数

B）通过定义宏可以选择或更新数据

C) 宏或者模块都不能是窗体或报表上的事件代码

D) 宏可以是独立的数据库对象,可以提供独立的操作动作

(27) VBA 程序流程控制的方式是______。

A) 顺序控制和分支控制

B) 顺序控制和循环控制

C) 循环控制和分支控制

D) 顺序、分支和循环控制

(28) 从字符串 s 中的第 2 个开始获得 4 个字符的子字符传函数是______。

A) Mid $(s,2,4)　　B) Left $(s,2,4)

C) Rigth $(s,4)　　D) Left $(s,4)

(29) 语句 Dim NewArray(10) As Integer 的含义是______。

A) 定义了一个整型变量且初值为 10

B) 定义了 10 个整数构成的数组

C) 定义了 11 个整数构成的数组

D) 将数组的第 10 元素设置为整型

(30) 在 Access 中,如果要处理具有复杂条件或循环结构的操作,则应该使用的对象是______。

A) 窗体　　B) 模块

C) 宏　　D) 报表

(31) 不属于 VBA 提供的程序运行错误处理的语句结构是______。

A) On Error Then 标号

B) ON Error Goto 标号

C) On Error Resume Next

D) On Error Goto 0

(32) ADO 的含义是______。

A) 开放数据库互连应用编程接口

B) 数据库访问对象

C) 动态连接库

D) Active 数据对象

(33) 若要在子过程 Procl 调用后返回两个变量的结果,下列过程定义语句中有效的是______。

A) SuB Procl(n,m)

B) SuB Procl(ByVal n,m)

C) SuB Procl(n,ByVal m)

D) SuB Procl(ByVal n,ByVal m)

(34) 下列四种形式的循环设计中,循环次数最少的是______。

A)
```
a = 5:b = 8
  Do
    a = a + 1
  Loop While a<b
```

B)
```
a = 5:b = 8
  Do
    a = a + 1
  Loop Until a<b
```

C)
```
a = 5:b = 8
  Do Until a<b
    b = b + 1
  Loop
```

D)
```
a = 5:b = 8
  Do Until a>b
    a = a + 1
  Loop
```

(35) 在窗体中有一个命令 run35,对应的事件代码如下:

```
Private SuB Run35_Enter()
Dim num As Integer
Dim A As Integer
Dim B As Integer
Dim I As Integer
For I = 1 To 10
num = InputBox("请输入数据:", "输入", 1)
If int(num/2) = num/2 then
a = a + 1
Else
B = b + 1
End if
Next i
MsgBox("运行结果:a = " &str(a)& ",b = " &str(B))
End Sub
```

运行以上事件所完成的功能是______。

A) 对输入的 10 个数据求累加和

B) 对输入的 10 个数据求各自的余数,然后再进行累加

C) 对输入的 10 个数据分别统计有几个是整数,有几个是非整数

D) 对输入的 10 个数据分别统计有几个是奇数,有几个是偶数

(36) 以下关于货币数据类型的叙述,错误的是______。

A) 向货币字段输入数据时,系统自动将其设置为 4 位小数

B) 可以和数值型数据混合计算,结果为货币型

C) 字段长度为 8 字节

D) 向货币字段输入数据时，不必输入美元符号和千位分隔符

(37) 某数据库的表中要添加一个 Word 文档，则该采用的字段类型是______。

A) OLE 对象数据类型

B) 超级连接数据类型

C) 查阅向导数据类型

D) 自动编号数据类型

(38) 下列算式正确的是______。

A) Int(3.2)=3　　B) Int(2.6)=3

C) Int(3.2)=3.2　　D) Int(2.6)=0.6

(39) ______是将一个或多个表、一个或多个查询的字段组合作为查询结果中的一个字段，执行此查询时，将返回所包含的表或查询中对应字段的记录。

A) 联合查询　　B) 传递查询

C) 选择查询　　D) 子查询

(40) 关于准则 Like"[! 香蕉,菠萝,土豆]"，以下满足的是______。

A) 香蕉　　B) 菠萝

C) 苹果　　D) 土豆

二、基本操作题(18 分)

考生文件夹下，已有"samp0.accdb"和"samp1.accdb"数据库文件。

"samp0.accdb"中已建立表对象"tTest"，"samp1.accdb"中已建立表对象"tEmp"和"tSalary"。试按以下要求，完成表的各种操作：

(1) 将表对象"tSalary"中"工号"的字段大小设置为 8。

(2) 设置表对象"tEmp"中"姓名"和"年龄"两个字段的显示宽度为 20。

(3) 将表对象"tEmp"中"聘用时间"字段改名为"聘用日期"。

(4) 隐藏表对象"tEmp"中的"简历"字段列。

(5) 完成上述操作后，建立表对象"tEmp"和"tSalary"的表间一对多关系，并实施参照完整性。

(6) 将考生文件夹下"samp0.accdb"数据库文件中的表对象"tTest"链接到"samp1.accdb"数据库文件中，要求链接表对象重命名为 tTemp。

三、简单应用题(18 分)

考生文件夹下有一个数据库文件"samp2.accdb"，其中存在已经设计好的 3 个关联表对象"tCourse"、"tGrade"、"tStudent"和一个空表"tSinfo"，请按以下要求完成设计：

(1) 创建一个查询，查找并显示"姓名"、"政治面貌"、"课程名"和"成绩"4 个字段的内容，将查询命名为"qT1"。

(2) 创建一个查询，计算每名学生所选课程的学分总和，并依次显示"姓名"和"学分"，其中"学分"为计算出的学分总和，将查询命名为"qT2"。

(3) 创建一个查询，查找年龄小于平均年龄的学生，并显示其"姓名"，将查询命名为"qT3"。

(4) 创建一个查询，将所有学生的"班级编号"、"学号"、"课程名"和"成绩"等值填入"tSinfo"表相应字段中，其中"班级编号"值是"tStudent"表中"学号"字段的前 6 位，将查询命名为"qT4"。

四、综合应用题(24 分)

考生文件夹下有一个数据库文件"samp3.accdb"，其中存在已经设计好的表对象"tCollect"，查询对象"qT"，同时还有以"tCollect"为数据源的窗体对象"fCollect"。请在此基础上按照以下要求补充窗体设计：

(1) 将窗体"fCollect"的记录源改为查询对象"qT"。

(2) 在窗体"fCollect"的窗体页眉节区添加一个标签控件，名称为"bTitle"，标题为"CD 明细"，字体为"黑体"，字号为 20，字体粗细为"加粗"。

(3) 将窗体标题栏上的显示文字设为"CD 明细显示"。

(4) 在窗体页脚节区添加一个命令按钮，命名为"bC"，按钮标题为"改变颜色"。

(5) 设置命令按钮 bC 的单击事件，使用单击该命令按钮后，CDID 文本框内内容显示颜色改为红色。要求用 VBA 代码实现。

注意：不能修改窗体对象"fCollect"中未涉及的控件和属性；不能修改表对象"tCollect"和查询对象"qT"。

无纸化考试样题 2

一、选择题(每小题 1 分，共 40 分)

下列各题 A)、B)、C)、D) 四个选项中，只有一个选项是正确的。

(1) 软件是指______。

A) 程序　　B) 程序和文档

C) 算法加数据结构　　D) 程序、数据与相关文档

(2) 软件调试的目的是______。

A) 发现错误　　B) 更正错误

C) 改善软件性能　　D) 验证软件的正确性

(3) 在面向对象方法中,实现信息隐蔽是依靠______。

A) 对象的继承　　B) 对象的多态

C) 对象的封装　　D) 对象的分类

(4) 下列叙述中,不属于良好程序设计风格要求的是______。

A) 程序的效率第一,清晰第二

B) 程序的可读性好

C) 程序中要有必要的注释

D) 输入数据前要有提示信息

(5) 下列叙述中正确的是______。

A) 程序执行的效率与数据的存储结构密切相关

B) 程序执行的效率只取决于程序的控制结构

C) 程序执行的效率只取决于所处理的数据量

D) 以上三种说法都不对

(6) 下列叙述中正确的是______。

A) 数据的逻辑结构与存储结构必定是一一对应的

B) 由于计算机在存储空间是向量式的存储结构,因此,利用数组只能处理线性结构

C) 程序设计语言中的数组一般是顺序存储结构,因此,利用数组只能处理线性结构

D) 以上说法都不对

(7) 冒泡排序在最坏情况下的比较次数是______。

A) $n(n+1)/2$　　B) $n\log_2 n$

C) $n(n-1)/2$　　D) $n/2$

(8) 一棵二叉树中共有 70 个叶子结点与 80 个度为 1 的结点,则该二叉树的总结点数为______。

A) 219　　B) 221　　C) 229　　D) 231

(9) 下列叙述中正确的是______。

A) 数据库系统是一个独立的系统,不需要操作系统的支持

B) 数据库技术的根本目标是要解决数据的共享问题

C) 数据库管理系统就是数据库系统

D) 以上 3 种说法都不对

(10) 下列说法中正确的是______。

A) 为了建立一个关系,首先要构造数据的逻辑关系

B) 表示关系的二维表中各元组的每一个分量还可以分成若干数据项

C) 一个关系的属性名表称为关系模式

D) 一个关系可以包含多个二维表

(11) 用二维表来表示实体及实体之间联系的数据模型是______。

A) 实体-联系模型　　B) 层次模型

C) 网状模型　　D) 关系模型

(12) 在企业中,职工的"工资级别"与职工个人"工资"的联系是______。

A) 一对一联系　　B) 一对多联系

C) 多对多联系　　D) 无联系

(13) 假设一个书店用(书号,书名,作者,出版社,出版日期,库存数量,……)一组属性来描述图书,可以作为"关键字"的是______。

A) 书号　B) 书名　C) 作者　D) 出版社

(14) 下列属于 Access 对象是______。

A) 文件　B) 数据　C) 记录　D) 查询

(15) 在 Access 数据库的表设计视图中,不能进行的操作是______。

A) 修改字段类型　　B) 设置索引

C) 增加字段　　D) 删除记录

(16) Access 数据库中,为了保持表之间的关系,要求在子表(从表)中添加记录时,如果主表中没有与之相关的记录,则不能在子表(从表)中添加该记录。为此需要定义的关系是______。

A) 输入掩码　　B) 有效性规则

C) 默认值　　D) 参照完整性

(17) 将表 A 的记录添加到表 B 中,要求保持 B 表中原有的记录,可以使用的查询是______。

A) 选择查询　　B) 生成表查询

C) 追加查询　　D) 更新查询

(18) 在 Access 中,查询的数据源可以是______。

A) 表　　B) 查询

C) 表和查询　　D) 表、查询和报表

(19) 在一个 Access 的表中有字段"专业",要查找包含"信息"两个字的记录,正确的条件表达式是______。

A) =left([专业],2)="信息"

B) like "*信息*"

C) ="信息*"

D) Mid([专业],1,2)="信息"

(20) 如果在查询的条件中使用了通配符方括号"[ ]",它的含义是______。

A) 通配任意长度的字符

B) 通配不在括号内的任意字符

C) 通配方括号内列出的任一单个字符

D) 错误的使用方法

(21) 现有某查询设计视图(如下图所示),该查询要找的是______。

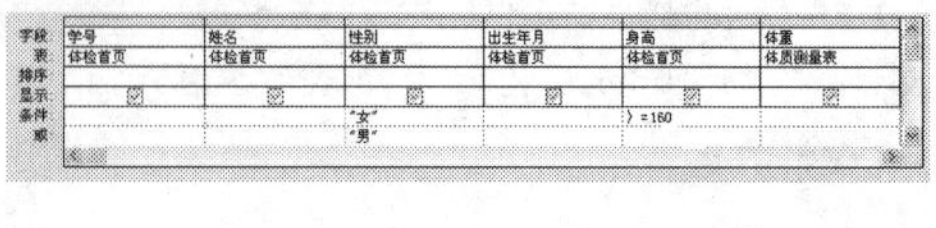

字段:	学号	姓名	性别	出生年月	身高	体重
表:	体检首页	体检首页	体检首页	体检首页	体检首页	体质测量表
排序:						
显示:	☑	☑	☑	☑	☑	☑
条件:			"女"		>=160	
或:			"男"			

A) 身高在 160 cm 以上的女性和所有男性

B) 身高在 160 cm 以上的男性和所有女性

C) 身高在 160 cm 以上的所有人或男性

D) 身高在 160 cm 以上所有人

(22) 在窗体中,用来输入或编辑字段数据的交互控件______。

A) 文本框控件　　B) 标签控件

C) 复选框控件　　D) 列表框控件

(23) 如果要在整个报表的最后输出信息,需要设置______。

A) 页面页脚　　B) 报表页脚

C) 页面页眉　　D) 报表页眉

(24) 可作为报表记录源的是______。

A) 表　　B) 查询

C) Select 语句　　D) 以上都可以

(25) 在报表中,要计算"数学"字段最高分,应将控件的"控件来源"属性设置为______。

A) =Max([数学])　　B) Max(数学)

C) =Max[数学]　　D) =Max(数学)

(26) 将 Access 数据库数据发布到 Internet 网上,可以通过______。

A) 查询　　B) 窗体

C) 数据访问页　　D) 报表

(27) 打开查询的宏操作是______。

A) OpenForm　　B) OpenQuery

C) OpenTable　　D) OpenModule

(28) 宏操作 SetValue 可以设置______。

A) 窗体或报表控件属性

B) 刷新控件数据

C) 字段的值

D) 当前系统的时间

(29) 使用 Function 语句定义一个函数过程,其返回值的类型______。

A) 只能是符号常量

B) 是除数组之外的简单数据类型

C) 可在调用时由运算过程决定

D) 由函数定义时 As 子句声明

(30) 在过程定义中有语句:

```
Private Sub GetData(ByRef f As Integer)
```

其中"ByRef"的含义是______。

A) 传值调用　　B) 传址调用

C) 形式参数　　D) 实际参数

(31) 在 Access 中,DAO 的含义是______。

A) 开放数据库互相应用编辑窗口

B) 数据库访问对象

C) Active 数据对象

D) 数据库动态连接库

(32) 在窗体中有一个标签 Label0,标题为"测试进行中";有一个命令按钮 Command1,事件代码如下:

```
Private Sub Command1_Click( )
Label0.Caption = "标签"
End Sub
Private Sub Form_Load( )
Form.Caption = "举例"
Command1.Caption = "移动"
End Sub
```

打开窗体后单击命令按钮,屏幕显示______。

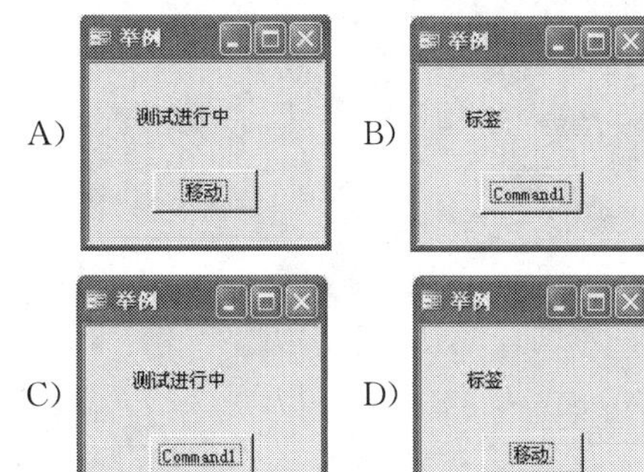

(33) 在窗体中有一个标签 Lb1 和一个命令按钮 Command1,事件代码如下:

```
Option Compare Database
Dim a As String * 10
Private Sub Command1_Click( )
a = "1234 "
b = Len(a)
Me.Lb1.Caption = b
End Sub
```

打开窗体后单击命令按钮,窗体中显示的内容是______。

A) 4　　B) 5　　C) 10　　D) 40

(34) 下列不是分支结构语句的是______。

A) If … Then … EndIf

B) While … Wend

C) If … Then … Else … EndIf

D) Select … Case … End Select

(35) 在窗体中使用一个文本框(名为 n)接受输入的值,有一个命令按钮 run,事件代码如下:

```
Private Sub run_Click( )
  Result = " "
  For i = 1 To Me! n
   For j = 1 To Me! n
```

```
    result = result + "*"
  Next j
  Result = result + Chr(13) + Chr(10)
   Next i
   MsgBox result
End Sub
```

打开窗体后，如果通过文本框输入的值是 4，单击命令按钮后输出的图形是______。

A)
```
* * * *
* * * *
* * * * * * * *
```

B)
```
*
* * *
* * * * *
* * * * * * *
```

C)
```
* * * *
* * * * * *
* * * * * * * *
* * * * * * * * * *
```

D)
```
* * * *
* * * *
* * * *
* * * *
```

(36) 窗体中可以包含一列或几列数据，用户只能从列表中选择值，而不能输入新值的控件是______。

A) 列表框　　B) 组合框

C) 列表框和组合框　　D) 以上两者都不可以

(37) 为窗体上的控件设置 Tab 键的顺序，应选择属性表中的______。

A) 格式选项卡　　B) 数据选项卡

C) 事件选项卡　　D) 其他选项卡

(38) 属于交互式控件的是______。

A) 标签控件　　B) 文本框控件

C) 命令按钮控件　　D) 图像控件

(39) 关于报表功能的叙述不正确的是______。

A) 可以呈现各种格式的数据

B) 可以包含子报表与图标数据

C) 可以分组组织数据，进行汇总

D) 可以进行计数、求平均、求和等统计计算

(40) 定位当前记录的第一个字段的快捷键是______。

A) Tab　　B) Shift＋Tab

C) Home　　D) Ctrl＋Home

二、基本操作题（18 分）

考生文件夹下存在一个数据库文件“samp1. accdb”，里面已经设计好表对象“tStud”。请按照以下要求，完成对表的修改：

(1) 设置数据表显示的字体大小为 14、行高为 18。

(2) 设置“简历”字段的说明为“自上大学起的简历信息”。

(3) 将“入校时间”字段的显示设置为“××月××日××××”形式。

注意：要求月日为两位显示、年四位显示，如“12 月 15 日 2005”。

(4) 将学号为“20011002”学生的“照片”字段数据设置成考生文件夹下的“photo. bmp”图像文件。

(5) 将冻结的“学号”和“姓名”字段解冻。

(6) 完成上述操作后，将“备注”字段删除。

三、简单应用题（18 分）

考生文件夹下存在一个数据库文件“samp2. accdb”，里面已经设计好“tStud”和“tScore”两个表对象。试按以下要求完成设计：

(1) 创建一个查询，计算并输出学生最大年龄与最小年龄的差值，显示标题为“s_data”，所建查询命名为“qStud1”；

(2) 建立“tStud”和“tScore”两表之间的一对一关系；

(3) 创建一个查询，查找并显示数学成绩不及格的学生的“姓名”“性别”和“数学”三个字段内容，所建查询命名为“qStud2”；

(4) 创建一个查询，计算并显示“学号”和“平均成绩”两个字段内容，其中平均成绩是计算数学、计算机和英语三门课成绩的平均值，所建查询命名为“qStud3”。

注意：不允许修改表对象“tStud”和“tScore”的结构及记录数据的值；选择查询只返回已选课的学生的相关信息。

四、综合应用题（24 分）

考生文件夹下存在一个数据库文件“samp3. accdb”，里面已经设计了表对象“tEmp”、窗体对象“fEmp”、报表对象“rEmp”和宏对象“mEmp”。同时，给出窗体对象“fEmp”的若干事件代码，试按以下功能要求补充设计。

功能：(1) 将报表记录数据按姓氏分组升序排列，同时要求在相关组页眉区域添加一个文本框控件（命名为“tnum”），设置其属性输出显示各姓氏员工的人数。注意：这里不用考虑复姓情况，所有姓名的第一个字符视为其姓氏信息。要求用 * 号或“编号”字段来统计各姓氏人数。

(2) 设置相关属性，将整个窗体的背景显示为考生文件夹内的图像文件“bk. bmp”。

（3）在窗体加载事件中实现代码重置窗体标题为“＊＊年度报表输出”显示，其中＊＊为两位的当前年显示，要求用相关函数获取。

（4）在 bt1 命令按钮单击事件中补充缺少的代码，要求单击 bt1 按钮后，将“退出”命令按钮标题设置为粗体；以预览方式输出 rEmp 报表；且出现错误时，弹出指定的错误提示。

无纸化考试样题 3

一、选择题(每小题 1 分，共 40 分)

下列各题 A)、B)、C)、D) 四个选项中，只有一个选项是正确的。

(1) 下列叙述中正确的是______。

A) 算法的效率只与问题的规模有关，而与数据的存储结构无关

B) 算法的时间复杂度是指执行算法所需要的计算工作量

C) 数据的逻辑结构与存储结构是一一对应的

D) 算法的时间复杂度与空间复杂度一定相关

(2) 在结构化程序设计中，模块划分的原则是______。

A) 各模块应包括尽量多的功能

B) 各模块的规模应尽量大

C) 各模块之间的联系应尽量紧密

D) 模块内具有高内聚度、模块间具有低耦合度

(3) 下列叙述中正确的是______。

A) 软件测试的主要目的是发现程序中的错误

B) 软件测试的主要目的是确定程序中错误的位置

C) 为了提高软件测试的效率，最好由程序编制者自己来完成软件测试的工作

D) 软件测试是证明软件没有错误

(4) 下面选项中不属于面向对象程序设计特征的是______。

A) 继承性　　B) 多态性

C) 类比性　　D) 封装性

(5)下列对队列的叙述正确的是______。

A) 队列属于非线性表

B) 队列按“先进后出”原则组织数据

C) 队列在队尾删除数据

D) 队列按“先进先出”原则组织数据

(6) 对下列二叉树

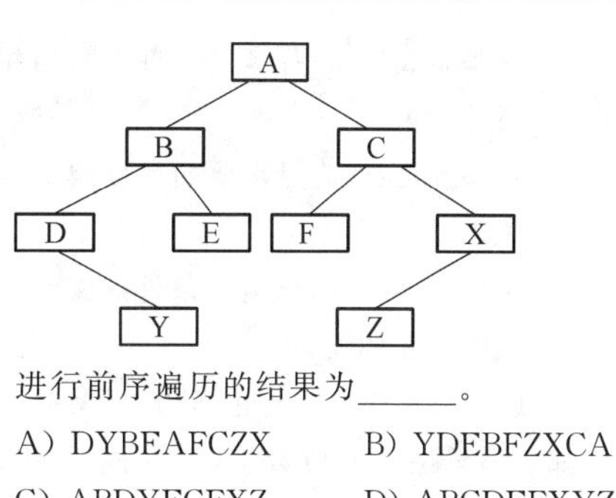

进行前序遍历的结果为______。

A) DYBEAFCZX　　B) YDEBFZXCA

C) ABDYECFXZ　　D) ABCDEFXYZ

(7) 某二叉树中有 n 个度为 2 的结点，则该二叉树中的叶子结点数为______。

A) $n+1$　　B) $n-1$　　C) $2n$　　D) $n/2$

(8) 在下列关系运算中，不改变关系表中的属性个数但能减少元组个数的是______。

A) 并　　B) 交

C) 投影　　D) 笛卡儿乘积

(9) 在 E-R 图中，用来表示实体之间联系的图形是______。

A) 矩形　　B) 椭圆形

C) 菱形　　D) 平行四边形

(10) 下列叙述中错误的是______。

A) 在数据库系统中，数据的物理结构必须与逻辑结构一致

B) 数据库技术的根本目标是要解决数据的共享问题

C) 数据库设计是指在已有数据库管理系统的基础上建立数据库

D) 数据库系统需要操作系统的支持

(11) 在关系数据库中，能够唯一地标识一个记录的属性或属性的组合，称为______。

A) 关键字　B) 属性　C) 关系　D) 域

(12) 在现实世界中，每个人都有自己的出生地，实体“人”与实体“出生地”之间的联系是______。

A) 一对一联系　　B) 一对多联系

C) 多对多联系　　D) 无联系

(13) Access 数据库具有很多特点，下列叙述中，不是 Access 特点的是______。

A) Access 数据库可以保存多种数据类型，包括多媒体数据

B) Access 可以通过编写应用程序来操作数据库中的数据

C) Access 可以支持 Intemet/Intranet 应用

D) Access 作为网状数据库模型支持客户机及服务器应用系统

(14) 在关系运算中，选择运算的含义是______。

A) 在基本表中,选择满足条件的元组组成一个新的关系

B) 在基本表中,选择需要的属性组成一个新的关系

C) 在基本表中,选择满足条件的元组和属性组成一个新的关系

D) 以上三种说法均是正确的

(15) 邮政编码是由 6 位数字组成的字符串,为邮政编码设置输入掩码,正确的是______。

A) 000000　　B) 999999

C) CCCCCC　　D) LLLLLL

(16) 如果字段内容为声音文件,则该字段的数据类型应定义为______。

A) 文本　　B) 备注

C) 超级链接　　D) OLE 对象

(17) 要求主表中没有相关记录时就不能将记录添加到相关表中,则应该在表关系中设置______。

A) 参照完整性　　B) 有效性规则

C) 输入掩码　　D) 级联更新相关字段

(18) 在 Access 中已建立了“工资”表,表中包括“职工号”“所在单位”“基本工资”和“应发工资”等字段,如果要按单位统计应发工资总数,那么在查询设计视图的“所在单位”的“总计”行和“应发工资”的“总计”行中分别选择的是______。

A) sum, group by　　B) count, group by

C) group by, sum　　D) group by, count

(19) 在创建交叉表查询时,列标题字段的值显示在交叉表的位置是______。

A) 第一行　　B) 第一列

C) 上面若干行　　D) 左面若干列

(20) 在 Access 中已建立了“学生”表,表中有“学号”“姓名”“性别”和“入学成绩”等字段。执行如下 SQL 命令:

Select 性别, avg(入学成绩) From 学生 Group by 性别其结果是______。

A) 计算并显示所有学生的性别和入学成绩的平均值

B) 按性别分组计算并显示性别和入学成绩的平均值

C) 计算并显示所有学生的入学成绩的平均值

D) 按性别分组计算并显示所有学生的入学成绩的平均值

(21) 窗口事件是指操作窗口时所引发的事件。下列事件中,不属于窗口事件的是______。

A) 打开　B) 关闭　C) 加载　D) 取消

(22) Access 数据库中,若要求在窗体上设置输入的数据是取自某一个表或查询中记录的数据,或者取自某固定内容的数据,可以使用的控件是______。

A) 选项组控件

B) 列表框或组合框控件

C) 文本框控件

D) 复选框、切换按钮、选项按钮控件

(23) 要在查找表达式中使用通配符通配一个数字字符,应选用的通配符是______。

A) *　B) ?　C) !　D) #

(24) 在 Access 中已建立了“雇员”表,其中有可以存放照片的字段。在使用向导为该表创建窗体时,“照片”字段所使用的默认控件是______。

A) 图像框　　B) 绑定对象框

C) 非绑定对象框　　D) 列表框

(25) 在报表设计时,如果只在报表最后一页的主体内容之后输出规定的内容,则需要设置的是______。

A) 报表页眉　　B) 报表页脚

C) 页面页眉　　D) 页面页脚

(26) 数据访问页是一种独立于 Access 数据库的文件,该文件的类型是______。

A) TXT 文件　　B) HTML 文件

C) MDB 文件　　D) DOC 文件

(27) 在一个数据库中已经设置了自动宏 AutoExec,如果在打开数据库的时候不想执行这个自动宏,正确的操作是______。

A) 用 Enter 键打开数据库

B) 打开数据库时按住 Alt 键

C) 打开数据库时按住 Ctrl 键

D) 打开数据库时按住 Shift 键

(28) 有如下语句:

```
s = Int(100 * Rnd)
```

执行完毕后,s 的值是______。

A) [0, 99]的随机整数

B) [0, 100]的随机整数

C) [1, 99]的随机整数

D) [1, 100]的随机整数

(29) InputBox 函数的返回值类型是______。

A) 数值

B) 字符串

C) 变体

D) 数值或字符串(视输入的数据而定)

(30) 假设某数据库已建有宏对象“宏 1”,“宏 1”中只有一个宏操作 SetValue,其中第一个参数项目为“[Label0].[Caption]”,第二个参数表达式为

"[Text0]"。窗体"fmTest"中有一个标签 Label0 和一个文本框 Text0,现设置控件 Text0 的"更新后"事件为运行"宏 1",则结果是______。

A) 将文本框清空

B) 将标签清空

C) 将文本框中的内容复制给标签的标题,使二者显示相同内容

D) 将标签的标题复制到文本框,使二者显示相同内容

(31) 在窗体中添加一个名称为 Command 1 的命令按钮,然后编写如下事件代码:

```
Private Sub Command1_Click()
    A = 75
  If  a>60  Then
      k = 1
ElseIf  a>70  Then
        k = 2
ElseIf  a>80  Then
        k = 3
ElseIf  a>90  Then
        k = 4
    End If
      MsgBox k
End Sub
```

窗体打开运行后,单击命令按钮,则消息框的输出结果是______。

A) 1　　B) 2　　C) 3　　D) 4

(32) 设有如下窗体单击事件过程:

```
Private Sub Form _Click()
  a = 1
For i = 1 To 3
 Select Case i
 Case 1, 3
    a = a + 1
  Case 2, 4
    a = a + 2
   End Select
    Next i
MsgBox a
End Sub
```

打开窗体运行后,单击窗体,则消息框的输出的结果是______。

A) 3　　B) 4　　C) 5　　D) 6

(33) 设有如下程序:

```
Private Sub Command1_Click()
Dim sum As Double, x As Double
sum = 0
n = 0
For i = 1 To 5
x = n/i
n = n + 1
sum = sum + x
Next i
End Sub
```

该程序通过 For 循环来计算一个表达式的值,这个表达式是

A) 1+1/2+2/3+3/4+4/5

B) 1+1/2+1/3+1/4+1/5

C) 1/2+2/3+3/4+4/5

D) 1/2+1/3+1/4+1/5

(34) 下列 Case 语句中错误的是______。

A) Case 0 To 10

B) Case Is> 10

C) Case Is> 10 And Is<50

D) Case 3,5, Is> 10

(35) 如下程序段定义了学生成绩的记录类型,由学号、姓名和三门课程成绩(百分制)组成。

```
Type Stud
NoAs  Integer
name   As   String
score(1 to 3) As   Single
End Type
```

若对某个学生的各个数据项进行赋值,下列程序段中正确的是______。

A)Dim S As Stud

　Stud. no=1001

　Stud. name="舒宜"

　Stud. score=78,88,96

B) Dim S As Stud

　S. no=1001

　S. name="舒宜"

　S. score=78,88,96

C) Dim S As Stud

　Stud. no=1001

　Stud. name="舒宜"

　Stud. score(1)=78

　Stud. score(2)=88

　Stud. score(3)=96

D) Dim S As Stud

　S. no=1001

S. name＝"舒宜"

S. score(1)＝78

S. score(2)＝88

S. score(3)＝96

(36) 通过“系别”这一相同字段，表一和表二构成的关系为：______。

表一

系别	男生	女生	备注
一系	100	95	略
二系	80	98	略
三系	90	88	略

表二

学号	系别	班级名称
3060151	一系	0612
3060182	三系	0615
3060196	三系	0615

A) 一对一　　B) 多对一

C) 一对多　　D) 多对多

(37) 构成关系模型中的一组相互联系的“关系”一般是指______。

A) 满足一定规范化要求的二维表

B) 二维表中的一行

C) 二维表中的一列

D) 二维表中的一个数字项

(38) 用SQL语言描述“在教师表中查找男教师的全部信息”，以下描述真确的是______。

A) SELECT　FROM 教师表 IF (性别＝'男')

B) SELECT 性别 FROM 教师表 IF (性别＝'男')

C) SELECT * FROM 教师表 WHERE(性别＝'男')

D) SELECT * FROM 性别 WHERE (性别＝'男')

(39) Access中表与表的关系都定义为______。

A) 一对多关系　　B) 多对多关系

C) 一对一关系　　D) 多对一关系

(40) 某字段中已经有数据，现要改变该字段大小的属性，将该字段大小重新设置为整数型，则以下所存数据会发生变化的是______。

A) 123　B) 2.5　C) －12　D) 1563

二、基本操作题(18分)

考生文件夹下存在一个数据库文件“samp1.accdb”，里面已经设计好表对象“tStud”和“tScore”、窗体对象“fTest”和宏对象mTest。并按照以下要求完成操作：

(1) 将“tStud”表中“简历”字段的显示宽度设置为40。

(2) 分析并建立表“tStud”与表“tScore”之间的关系。

(3) 将窗体“fTest”中标题为“Button1”的命令按钮改为“按钮”，同时将其设置为灰色无效状态。

(4) 将学生“入校时间”字段的默认值设置为本年度的一月一日(规定：本年度年号必须用函数获取)。

(5) 设置“tScore”表的“课程号”字段的输入掩码为只能输入5位数字或字母形式。

(6) 将“tStud”表中的“简历”字段隐藏起来。

三、简单应用题(18分)

考生文件夹下有一个数据库文件“samp2.accdb”，其中存在已经设计好的表对象“tStud”“tCourse”“tScore”和“tTemp”。请按以下要求完成设计：

(1) 创建一个查询，当运行该查询时，应显示参数提示信息“请输入爱好”，输入爱好后，在简历字段中查找具有指定爱好的学生，显示“学号”“姓名”“性别”“年龄”和“简历”5个字段的内容，将查询命名为“qT1”。

(2) 创建一个查询，查找学生的成绩信息，并显示为“学号”“姓名”和“平均成绩”3列内容，其中“平均成绩”一列数据由计算得到，将查询命名为“qT2”。

(3) 创建一个查询，查找没有任何选课信息的学生，并显示其“学号”和“姓名”两个字段的内容，将查询命名为“qT3”。

(4) 创建一个查询，将表“tStud”中男学生的信息追加到“tTemp”表对应的“学号”“姓名”“年龄”“所属院系”和“性别”字段中，将查询命名为“qT4”。

四、综合应用题(24分)

考生文件夹下有一个数据库文件“samp3.accdb”，其中存在已经设计好的表对象“tEmp”、窗体对象“fEmp”、报表对象“rEmp”和宏对象“mEmp”。请在此基础上按照以下要求补充设计：

(1) 将表对象“tEmp”中“聘用时间”字段的格式调整为“长日期”显示、“性别”字段的有效性文本设置为“只能输入男和女”。

(2) 设置报表“rEmp”，使其按照“聘用时间”字段升序排列并输出；将报表页面页脚区内名为“tPage”的文本框控件设置为系统的日期。

(3) 将“fEmp”窗体上名为“bTitle”的标签上移到距“btnP”命令按钮1厘米处(即标签的下边界距命令按钮的上边界1厘米)。同时，将窗体按钮“btnP”的单击事件属性设置为宏“mEmp”，以完成单击按钮打开报表的操作。

注意：不能修改数据库中的宏对象“mEmp”；不能修改窗体对象“fEmp”和报表对象“rEmp”中未涉及的控件和属性；不能修改表对象“tEmp”中未涉及的字段和属性。

3.2　样题答案解析

无纸化考试样题1答案解析

一、选择题

(1)**【解析】**程序流程图是软件设计中常用的图形描述工具之一。构成程序流程图的最基本符号有:→或↓,表示控制流;□表示加工步骤;◇表示逻辑条件。

【答案】C

(2)**【解析】**结构化程序设计方法的主要原则可以概括为自顶向下、逐步求精、模块化和限制使用goto语句。程序设计时,应先考虑整体,后考虑细节,逐步使问题具体化,这就是自顶向下的设计原则;对于复杂的问题,应设计一些子目标作为过渡,逐步细化,这就是逐步求精的设计原则;模块化是把程序要解决的总目标分解为分目标,再进一步分解为小目标,把每个小目标称为一个模块。GOTO语句是有害的,是造成程序混乱的祸根,应该在高级程序设计语言中取消GOTO语句。

【答案】A

(3)**【解析】**耦合性和内聚性是模块独立性的两个定性标准。内聚性是一个模块内部各个元素间彼此结合的紧密程度的度量,作为软件结构设计的设计原则,要求每个模块的内部都具有很强的内聚性;耦合性是指模块间相互连接的紧密程度的度量,一个模块与其他模块的耦合性越强则该模块的独立性越弱。一般优秀的软件设计应尽量做到高内聚、低耦合,即减弱模块之间的耦合性和提高模块内的内聚性,有利于提高模块的独立性。

【答案】B

(4)**【解析】**软件需求规格说明书是需求分析阶段最后的成果,它作为需求解析的一部分而制定的可交付文档。在概要设计阶段,需要编写的文档有:概要设计说明书、数据库说明书、集成测试计划等。

【答案】B

(5)**【解析】**算法的基本特征包括可行性、确定性、有穷性、拥有足够的情报,其中算法的有穷性是指算法必须能在有限的时间内做完执行有限个步骤之后终止,即算法程序的运行时间是有限的。

【答案】A

(6)**【解析】**堆排序属于选择类排序方法,它首先将一个无序序列建成堆,然后将堆顶元素与堆中最后一个元素交换,然后将左右子树调整为堆,继续交换元素,直至子序列为空。在最坏的情况下,堆排序需要比较的次数为$O(n\log_2 n)$。

【答案】D

(7)**【解析】**栈是限定在一端进行插入与删除的线性表,允许插入元素的一端为栈顶,允许删除元素的一端为栈底,故选项C、D是错误的。栈顶元素总是最后被插入的元素,也是最先被删除的元素;栈底元素则总是最先被插入而最后被删除的元素,即栈是按“先进后出”的原则组织数据的。

【答案】B

(8)**【解析】**数据库的逻辑设计主要工作是将E-R图转换成指定RDBMS中的关系模式。需求分析阶段的任务是通过详细调查现实世界要处理的对象,充分了解原系统的工作概况,明确用户的需求,然后在此基础上确定新系统的功能。概念设计的目的则是分析数据间内在的语义关联,在此基础上建立一个数据的抽象模型。物理设计的主要目标是对数据库内部物理结构作调整并选择合理的存取路径,以提高数据库访问速度以及有效利用存储空间。

【答案】C

(9)**【解析】**关系R与S的并为由属于R或属于S的元组构成的集合组合;关系R与S的笛卡儿积是一个六元关系,元素的个数是2×3=6,由R与S的有序组组合而成;自然连接是连接的一个特例,要求两个关系有公共域,通过公共域的相等值进行连接。

【答案】D

(10)**【解析】**在二维表中凡能唯一标识元组的最小属性集称为关键字，关键字具有标识元组、建立元组间联系等重要作用。此题中，(学号，课号)是表 SC 的主键，学号、课号分别为外键，学号是表 S 的关键字，课号是表 C 的关键字。

【答案】C

(11)**【解析】**一对一的联系表现为 A 中的每一个实体最多和 B 中的一个实体有联系，而同样的 B 中的每一个实体最多和 A 中的一个实体有联系。本题中一个顾客可以在多个收款口结账，而一个收款口也可以服务多个顾客，所以是多对多的关系；每个收款口在不同时段的收款员是不一样的，收款员也可以在多个收款口工作，所以是多对多的关系；收款员可以被分配在不同的班组工作，每个班组可能有不同的收款员，所以是多对多的关系；只有收款口和配备在收款口的设备是固定的，所以是一对一的关系。

【答案】D

(12)**【解析】**选择运算是从关系中找出满足给定条件的元组的操作，本题中，要从教师表中找出职称为"教授"的教师，则运算方式应为选择。

【答案】A

(13)**【解析】**在 SELECT 语句中，ORDER BY 子句可以将查询结果按指定字段进行升序或降序排列，也可以按照多个字段进行排序。其中 ASC 代表升序，DESC 代表降序。

【答案】B

(14)**【解析】**根据上图所示可知，查找范围为简历，所以应定为在简历字段；而匹配要求为整个字段，所以应该定位简历字段中仅为"组织能力强"的记录。如果要定位简历字段中包含了字符串"组织能力强"的记录，则匹配处应选择"字段任何部分"。

【答案】B

(15)**【解析】**在 Access 中，每张表都是数据库中一个独立的部分，它们本身具有许多的功能，但是每张表又不是完全孤立的部分，它们之间存在着相互的联系，所以，为了反映学生表、课程表、选课表中数据之间的联系，应该在创建数据库时设置表之间的关系。

【答案】D

(16)**【解析】**根据给出的视图可以看出，需要显示的只有姓名和简历两项，排除 A 和 C，同时，条件行中的"女"代表性别是女，"03"or"04"代表所属院系必须是"03"或"04"的，D 选项使用逻辑运算符改变了原视图中的含义，只有 B 是正确的。

【答案】B

(17)**【解析】**生成表查询可以根据一张或多张表中的全部或部分数据新建表，删除、追加、更新查询是对一张或多张表中的记录的操作，但是会保留原来的表，只有生成表查询可以创建新的表。

【答案】C

(18)**【解析】**Not 用于取反操作，"Not 工资额＞2000"用于选择工资额大于 2000 之外的记录，也就是工资额小于等于 2000 的记录。

【答案】C

(19)**【解析】**参照完整性是在输入或删除记录时，为维持表之间已定义的关系而必须遵守的规则。选择"级联跟新相关字段"时，在主表中修改相关记录时，子表相关记录随之更改；选择"级联删除相关字段"时，在主表中删除记录时，自动删除子表中的相关记录。

【答案】A

(20)**【解析】**在输入数据时，如果希望输入的格式标准保持一致，或希望系统能够检查输入时的错误，可以设置输入掩码。字符 L 的含义是必须输入字母 A～Z，所以 C 是正确的。

【答案】C

(21)**【解析】**默认值是在新的记录被添加到表中时自动为字段设置的，它可以是与字段的数据类型匹配的任意值，所以答案是 C。

【答案】C

(22)**【解析】**Colore 用于设置颜色，Caption 用于设置标题，Enable 用于设置是否可用，Visible 用于设置不可见属性。

【答案】D

(23)【解析】图形主要用来在窗体或报表中放置静态图片，不能对窗体上的图片进行编辑；文本框主要用来输入或编辑字段数据，是一种交互式控件；标签主要用来在窗体或报表上显示说明文本；命令按钮主要通过单击完成特定的操作。

【答案】B

(24)【解析】在“设计”视图中创建查询时，Access 将在后台构造等效的 SQL 语句。事实上，在查询“设计”视图的属性表中，大多数的查询属性在 SQL 视图中都有可用的等效子句和选项，但是报表是没有办法使用 SQL 语句完成的。

【答案】A

(25)【解析】在宏中定义的各种操作可以用来打开或关闭窗体、预览或打印报表、显示及隐藏工具栏等，但不可用于数据表的操作。

【答案】A

(26)【解析】宏是一个或多个操作组成的集合，其中的每个操作都能自动执行，并实现特定功能。在 Access 中，不能用宏来操作数据表，因此就不能通过定义宏来选择或更新数据。过程是模块的单元组成，由 VBA 代码编写而成，分为 Sub 子过程和 Function 函数过程，函数有返回值，而子过程没有返回值。模块分为类模块和标准模块，窗体模块和报表模块都属于类模块，通常都含有事件过程，用于响应窗体或报表上的事件。

【答案】D

(27)【解析】同其他编程语言相似，VBA 的执行语句分为顺序结构、分支结构和循环结构。

【答案】D

(28)【解析】Mid(String，n，m)函数用从字符串 String 中给定的起始位置 *n* 开始返回 *m* 个连续的字符组成的新字符串；Left(String，n)用于从字符串左侧算起返回个字符；Right(String，n)用于从字符串右侧算起返回 *n* 个字符。

由此可以看出，A 项是 s 从第 2 个字符开始往后的 4 个字符，B 项语法有错，C、D 分别是从字符串的右侧和左侧选取 4 个字符。

【答案】A

(29)【解析】NewArray(10)的意思是定义一个下角标从 0～10 的一个数组，且数据类型是整数，所以一共有 11 个整数。

【答案】C

(30)【解析】在 Access 中，要处理复杂的条件或者循环结构，就要使用 VBA 语言编写函数过程和子过程，构成一个模块。窗体是数据库与用户联系的界面，可以显示数据等；宏是一些列操作的集合；而利用报表可将数据库中的数据提取出发进行分析、整理和计算等。

【答案】B

(31)【解析】VBA 中提供了 On Error GoTo 语句来控制当有错误发生时程序的处理。On Error GoTo 指令的一般语法如下：On Error GoTo 标号；On Error Resume Next；On Error GoTo 0，A 选项是错误的。

【答案】A

(32)【解析】ActiveX 数据对象(ADO)是基于组件的数据库编程接口，它是一个和编程语言无关的 COM 组件系统，可以对来自多种数据提供者的数据进行读取和写入操作。

【答案】D

(33)【解析】想要返回变量结果，必须进行传址调用，即 ByRef，传址调用是 VBA 的默认选项，所以可以不显式标明。

【答案】A

(34)【解析】Do … Loop 语句，分为条件前置语句和条件后置语句。对于条件前置语句，先判断条件、再执行循环体；而对于后置语句，则先执行循环体，再判断条件。判断条件的方式有 While 和 Until 两种，两者互补。使用 While 判断时，若条件为 Ture，则反复执行循环体，直到条件为 False；使用 Until 判断时，若条件为 False，则反复执行循环体，直到条件为 True 时为止。A 选项为后置 While 条件判断方式，第一次无条件执行，结果为 a＝6，满足 a＜b，继续执行，知道 a＝8，共循环 4 次；B 选项为后置 Until 条件判断方式，第一次无条件执行，结果为a＝6，满足条件 a＜b，循环结束，共循环 1 次；C 选项为前置 Until 条件判断方式，要先判断条件后执行，初始时，a＝5＜b＝8，条件成立，不循环；D 选项为前置 Until 条件判断方式，初始时，a＝5＜b＝8，条件 a＞b 不成立，执行循环体，继续判断执行，第 4 次循环体执行后 a＝9，a＞b 成立，循环结束，循环体共执行 4 次。

【答案】C

(35)【解析】本题进行了 10 次循环。每次循环中弹出一个输入对话框，要求输入数据；然后通过 if 语句来判断 num 是否是偶数，如果不是，则 a 的值增加 1，如果是，则 b 的值增加 1。可见变量 a 的值为输入的奇数个数，变量 b 的值为输入的偶数个数，所以对上述事件的描述，D 正确。

【答案】D

(36)【解析】货币数据类型的字段主要用于存储货币的值，在货币类型字段中输入数据时，用户不必输入货币符号和千位分隔符，Access 根据用户输入的数据自动添加货币符号和分隔符，并添加两位小数到货币字段中。

【答案】A

(37)【解析】OLE 对象指的是其他使用 OLE 协议程序创建的对象，例如，Word 文档、Excel 电子表格、图像、声音和其他二进制数据。

【答案】A

(38)【解析】Int (数值表达式)是对表达式进行取整操作，它并不做“四舍五入”运算，只是取出“数值表达式”的整数部分。

【答案】A

(39)【解析】联合查询的定义。注意不要同选择查询混淆起来。选择查询是根据指定的查询准则，从一个或多个表中获取数据并显示数据。

【答案】A

(40)【解析】表示非 [ ] 内的“苹果”满足条件。

【答案】C

二、基本操作题

本题考点：字段属性字段大小、标题设置；设置表宽度；隐藏字段；建立表间关系；链接表。第 1、3 小题在设计视图中设置字段属性；第 2、4 小题在数据表中设置宽度和隐藏字段；第 5 小题在关系界面设置表间关系；第 6 小题单击【外部数据】选项卡下【导入并链接】组的【Access】导入数据。建立表间关系时要选择连接表间关系的正确的字段。

【操作步骤】

(1) 步骤 1：选中“表”对象，右键单击“tSalary”选择【设计视图】。

步骤 2：单击“工号”字段行任一点，在“字段大小”行输入“8”。

步骤 3：按 Ctrl+S 保存修改，关闭设计视图。

(2) 步骤 1：选中“表”对象，右键单击“tEmp”选择【打开】。

步骤 2：选中“姓名”字段列，右键单击，选择【字段宽度】，在弹出对话框中输入“20”，单击“确定”按钮。选择“年龄”字段，如上操作。

步骤 3：按 Ctrl+S 保存修改。

(3) 步骤 1：选中“表”对象，右键单击“tEmp”选择【设计视图】。

步骤 2：在“字段名称”列将“聘用时间”改为“聘用日期”。

步骤 3：单击“性别”字段“数据类型”的下拉按钮，在下拉列表中选择“查阅向导”。

步骤 4：在弹出的“查阅向导”对话框中选择“自行键入所需的值”单选项，单击“下一步”按钮，在“第 1 列”下面输入“男”，再下一格输入“女”，单击“完成”按钮。

步骤 5：按 Ctrl+S 保存修改，关闭设计视图。

(4) 步骤 1：双击“tEmp”，打开数据表视图。

步骤 2：选中“简历”字段列，右键单击“简历”列选择【隐藏字段】。

步骤 3：按 Ctrl+S 保存修改，关闭数据表视图。

(5) 步骤 1：单击【数据库工具】选项卡中【关系】，在“显示表”中，分别双击添加表“tEmp”和“tSalary”，关闭“显示表”对话框。

步骤 2：选中表“tEmp”中的“工号”字段，拖动鼠标到表“tSalary”的“工号”字段，放开鼠标在弹出的对话框中单击“实施参照完整性”处，单击“创建”按钮。

步骤 3：按 Ctrl+S 保存修改，关闭“关系”界面。

（6）步骤1：单击【外部数据】选项卡下【导入并链接】组的【Access】，打开“获取外部数据”对话框，单击“浏览”，在“考生文件夹”找到要导入的文件samp0.accdb，单击“打开”按钮，选择“通过创建链接表来链接到数据源”，单击“确定”按钮，在打开的“链接表”对话框中选中“tTest”表，单击“确定”按钮。

步骤2：右键单击“tTest”选择【重命名】，在光标处输入“tTemp”，按Ctrl＋S保存修改。

三、简单应用题

本题考点：创建分组总计查询、子查询、追加查询。第1、2、3、4小题在查询设计视图中创建不同的查询，按题目要求添加字段和条件表达式。

【操作步骤】

（1）步骤1：在【创建】选项卡下，单击【查询设计】按钮，在“显示表”对话框分别双击表“tStudent”“tGrade”“tCourse”，关闭“显示表”对话框。

步骤2：分别双击“姓名”、“政治面貌”、“课程名”和“成绩”字段添加到“字段”行。

步骤3：按Ctrl＋S保存修改，另存为“qT1”，关闭设计视图。

（2）步骤1：在【创建】选项卡下，单击【查询设计】按钮，在“显示表”对话框分别双击表“tStudent”“tCourse”“tGrade”，关闭“显示表”对话框。

步骤2：分别双击“姓名”“学分”字段添加到“字段”行。

步骤3：单击【设计】选项卡|【总计】，在“学分”字段“总计”行下拉列表中选中“合计”。

步骤4：在“学分”字段前添加“学分：”字样。

步骤5：按Ctrl＋S保存修改，另存为“qT2”，关闭设计视图。

（3）步骤1：在【创建】选项卡下，单击【查询设计】按钮，在“显示表”对话框双击表“tStudent”，关闭“显示表”对话框。

步骤2：分别双击“姓名”“年龄”字段添加到“字段”行。

步骤3：在“年龄”字段“条件”行输入“＜(SELECT AVG([年龄])from[tStudent])”，单击“显示”行取消字段显示。

步骤4：按Ctrl＋S保存修改，另存为“qT3”，关闭设计视图。

（4）（源程序中表tSinfo设置了学号为主键，而一个学生有多门课的成绩，查询出来的学号有重复，若设为主键，则不允许重复，因此出错，则需在源程序中改动）

步骤1：右键表“tSinfo”，选择【设计视图】，右键“学号”字段，选择【主键】，取消其作为主键。

步骤2：在【创建】选项卡下，单击【查询设计】按钮，在“显示表”对话框分别双击表“tStudent”“tGrade”“tCourse”，关闭“显示表”对话框。

步骤3：单击【设计】选项卡|【追加】，在弹出的对话框中输入“tSinfo”，单击“确定”按钮。

步骤4：在“字段”行第一列输入“班级编号：Left([tStudent]！[学号],6)”，在追加到行选择“班级编号”，再分别双击“学号”“课程名”“成绩”字段添加到“字段”行。

步骤5：单击【设计】选项卡|【运行】，在弹出的对话框中单击“是”按钮。

步骤6：按Ctrl＋S保存修改，另存为“qT4”。关闭设计视图。

四、综合应用题

本题考点：窗体中添加标签、命令按钮控件及其属性设置。第1、2小题在设计视图中添加控件，并右键单击控件选择【属性】，设置属性；第3、4小题直接右键单击控件选择【属性】，设置属性。

【操作步骤】

（1）步骤1：选中“窗体”对象，右键单击“fCollect”选择【设计视图】。

步骤2：右键单击窗体空白处，选择【属性】，在【全部】选项卡中的“记录源”行右侧下拉列表中选中“qT”，关闭属性表。

（2）步骤1：右键“主体”标题栏，选择“窗体页眉/页脚”，选择【设计】选项卡【控件】组中的“标签”控件，单击窗体页眉处，然后输入“CD明细”，单击窗体任一点。

步骤2：右键单击“CD明细”标签选择【属性】，在“名称”行输入“bTitle”，分别在“字体名称”，“字号”和“字体粗细”行右侧下拉列表中选中“黑体”、“20”和“加粗”，关闭属性表。

（3）步骤1：右键单击窗体空白处选择【属性】。

步骤2：在“标题”行输入“CD明细显示”，关闭属性表。

(4) 步骤 1:选择【设计】选项卡【控件】组中的“按钮”控件,单击窗体页脚节区适当位置,弹出一对话框,单击“取消”按钮。

步骤 2:右键单击该命令按钮选择【属性】,在【全部】选项卡的“名称”和“标题”行输入“bC”和“改变颜色”,关闭属性表。

(5) 步骤 1:右键单击命令按钮“bC”选择【事件生成器】,从弹出的“选择生成器”对话框中选择“代码生成器”,单击“确定”,在空行内输入代码“CDID_标签.ForeColor=vbRed”,关闭界面。

步骤 2:按 Ctrl+S 保存修改,关闭设计视图。

无纸化考试样题 2 答案解析

一、选择题

(1)**【解析】**软件是计算机系统中与硬件相互依存的另一部分,它包括程序、相关数据及其说明文档。其中程序是按照事先设计的功能和性能要求执行的指令序列;数据是使程序能正常操纵信息的数据结构;文档是与程序开发维护和使用有关的各种图文资料。

【答案】D

(2)**【解析】**程序调试的任务是诊断和改正程序中的错误。程序调试与软件测试不同,软件测试是尽可能多的发现软件中的错误,发现错误后,程序调试借助于一定的调试工具去找出软件错误的具体位置,并改正错误。

【答案】B

(3)**【解析】**面向对象技术的基本特征主要有抽象性、封装性、继承性和多态性。实现信息隐藏依靠封装性。

【答案】C

(4)**【解析】**程序设计风格是指编写程序时所变现出的特点、习惯和逻辑思路。一个清晰的程序更为重要。

【答案】A

(5)**【解析】**程序执行的效率与程序的算法、存储结构、程序的控制结构都密切相关。

【答案】A

(6)**【解析】**数据的逻辑结构是指数据元素之间关系的不同特性。数据的存储结构是指数据结构在计算机中的表示。两者不是同一个概念。数据存储数据是线性的,但不表示只能处理线性结构。

【答案】D

(7)**【解析】**冒泡排序在最坏情况下要比较:$1+2+\cdots+(n-1)$次,用等差数列计算可得总比较次数是$n(n-1)/2$。

【答案】C

(8)**【解析】**由二叉树的性质知:在任意一棵二叉树中,度为 0 的结点(即叶子结点)总是比度为 2 的结点多一个。本题中,度为 0 的结点数为 70,因此度为 2 的结点数为 69,再加上度为 1 的结点 80 个,一共是 219 个结点。

【答案】A

(9)**【解析】**数据库(DB)是以一定的组织方式存储在一起的,能为多个用户所共享的,与应用程序彼此独立的相互关联的数据和数据库对象的集合,它具有统一的结构形式并存放于统一的存储介质内。

【答案】B

(10)**【解析】**元组已经是数据的最小单位,不能再分;关系的框架称为关系模式;关系框架与关系元组一起构成了一个关系,也就是一个关系对应了一张二维表。选项 A 中,在建立关系前,要先构造数据的逻辑关系是正确的。

【答案】A

(11)**【解析】**层次数据模型:用树形结构表示实体及其之间的联系的模型称为层次模型。特点是:有且仅有一个结点无父结点,此结点称为“根结点”;其他结点有且仅有一个父结点。适合用来表示一对多的联系,不能直接表示出多对多的联系。网状数据模型:用网状结构表示实体及其之间的联系的模型称为网状模型。特点是:允许结点有多于一个的父结点,可以有一个以上的结点无父结点。适用于表示多对多的联系。关系数据模型:用二维表结构来表示实体及实体间联系的模型称为关系数据模型,在关系数据库中,每一个关系都是一个二维表,无论实体还是实体间的联系均用二维表来表示。

【答案】D

(12)【解析】实体间的对应关系称为联系，两个实体间的联系有如下三种类型。一对一联系：设 A、B 为两个实体集，如果 A 中的每一个实体最多和 B 中的一个实体有联系，而同样的 B 中的每一个实体最多和 A 中的一个实体有联系，则 A、B 间的联系就是一对一的联系。一对多联系：如果实体集 A 中的每一个实体可以和 B 中的几个实体有联系，而实体集 B 中的每一个实体最多和实体集 A 中的一个实体有联系，则称实体集 A 对 B 是一对多的联系。多对多联系：如果实体集 A 中的每一个实体可以和 B 中的几个实体有联系，而实体集 B 中的每一个实体也可以和实体集 A 中的多个实体有联系，则称实体集 A 对 B 是多对多的联系。

【答案】B

(13)【解析】关键字是唯一能确定一条数据的字段，显然只有书号能带到这一要求。

【答案】A

(14)【解析】Access 通过数据库对象来管理信息，Access 2003 的对象包括表、查询、窗体、报表、数据访问页、宏和模块。

【答案】D

(15)【解析】Access 数据库表设计视图中，可以进行修改字段、设置索引、增加字段。不能删除记录。

【答案】D

(16)【解析】参照完整性是一个规则系统，Access 使用这个系统用来确保相关表中记录之间关系的有效性，并且不会意外地删除或更改相关数据。

【答案】D

(17)【解析】追加查询将一张或多张表中的一组记录添加到一张或多张表的末尾。选择查询是最常见的查询类型，它从一张或多张表中检索数据，并且在可以更新记录(有一些限制条件)的数据表中显示结果。生成表查询可以根据一张或多张表中的全部或部分数据新建表。更新查询可以对一张或多张表中的一组记录作全局的更改。

【答案】C

(18)【解析】在 Access 中查询的数据源是表和查询，但是报表不能作为查询的数据源。

【答案】C

(19)【解析】选项 A、C 和 D 都是查询前两个字符是“信息”的记录，而题目要求的是包含“信息”的记录，未必就是以“信息”开头，选项 B 正确表达了题目的要求。

【答案】B

(20)【解析】“[]”代表与方括号内任何单个字符匹配，例如“b[ae]ll”可以找到 ball 和 bell，但找不到 bill。

【答案】C

(21)【解析】在图中创建的查询中，查询条件涉及了两个字段“性别”和“工作时间”，对“性别”为女的要求“身高”＞＝160，对男性则没有要求。

【答案】A

(22)【解析】文本框主要用来输入或编辑字段数据，是一种交互式控件；复选框是作为单独的控件来显示表或查询中的“是”或“否”的值；标签控件用来显示说明性的文本，没有数据来源，当从一个记录移动到另一个记录时，它们的值不会变化；列表框不能输入文本。

【答案】A

(23)【解析】报表页眉中的任何内容都只能在报表开始处，即报表的第一页打印一次。报表页脚一般是在所有的主体和组页脚被输出完成后才会打印在报表的结束处。页眉页脚用来显示报表中的字段名称或对记录的分组名称，报表的每一页有一个页面页眉。它一般显示在每页的顶端。页面页脚是打印在每页的底部，用来显示本页的汇总说明，报表的每一页有一个页面页脚。

【答案】B

(24)【解析】报表中的信息来自基础的表、查询或 SQL 语句(它们是报表数据的来源)。

【答案】D

(25)【解析】计算控件的控件源必须以“＝”开头，格式为“＝Max([数学])”。

【答案】A

(26)【解析】数据访问页是一种特殊类型的 Web 页，用户可以在此 Web 页中与 Access 数据库中的数据进行连接、查看、修改，为通过网络进行数据发布提供了方便。

【答案】C

(27)【解析】打开查询的宏操作是 OpenQuery，OpenForm 是打开窗体，OpenTable 是打开表。

【答案】B

(28)【解析】宏操作 SetValue 对窗体、窗体数据表或报表上的字段、控件或属性的值进行设置。

【答案】A

(29)【解析】Function 函数定义格式如下：Function 过程名 As (返回值)。返回值由函数定义时 As 子句声明。

【答案】D

(30)【解析】使用 ByRef 关键字说明参数按地址传递(传址调用)，该项是 VBA 的默认选项。使用 ByVal 关键字说明参数按值传递，当参数按值传递时，形参在过程内部的任何改变都不会影响实参的值，按值传递为单向传递。

【答案】B

(31)【解析】DAO 提供一个访问数据库的对象模型。利用其中定义的一系列数据访问对象，实现对数据库的各种操作。这是 Office 早期版本提供的编程模型，最适用于单系统应用程序或小范围本地分布使用。如果数据库是 Access 数据库且是本地使用的话，可以使用这种访问方式。

【答案】B

(32)【解析】窗体加载过程中将 Form 的标题栏设置为“举例”，Command1 上的标题设置为“移动”，单击按钮时，将 Label0 的标题设置为“标签”。

【答案】D

(33)【解析】Dim a As String * 10 将 a 定义为长度为 10 的字符串，Len(a)的结果自然是 10。

【答案】C

(34)【解析】B 选项是循环结构。其余三个选项是分支结构。

【答案】B

(35)【解析】输入 4 后，i、j 各执行 4 次循环，j 执行内部循环，令 result＝result＋“ * ”，即在 result 后面添加一个“ * ”，i 执行外部循环，每次在 result 后面添加一个“result＋Chr(13)＋Chr(10)”，其中 Chr(13)代表回车键，Chr(10)代表左对齐，因此执行完毕后的显示结果如选项 A 所示。

【答案】A

(36)【解析】使用组合框既可以选择又可以输入文本，这是和列表框最大的不同，组合框的应用比列表框的应用要广泛。

【答案】A

(37)【解析】控件的常用格式属性包括标题、字体名称、字体大小、数据库表可以是一个表或多个表，也可以是字体粗细、前景颜色、背景颜色、特殊效果等。控件的常用数据属性包括控件来源、输入掩码、有效性规则、有效性文本、默认值、是否有效、是否锁定等。控件的常用事件属性包括单击、双击、获得焦点、失去焦点、鼠标按下、鼠标移动、鼠标释放等。控件的常用其他属性包括名称、状态栏文字、自动 Tab 键、控件提示文本等。

【答案】D

(38)【解析】文本框控件是用来输入或编辑数据字段的，是一种与用户交互的控件。

【答案】B

(39)【解析】可以呈现格式化的数据，而不是各种格式的数据。

【答案】A

(40)【解析】Tab：移到下一个字段；Shift＋Tab：移到上一个字段；Home：移到当前记录的第一个字段；Ctrl＋Home：移到第一条记录的第一个字段。

【答案】C

二、基本操作题

(1) 主要考查表的美化的“字号”“行高”和“列框”设计，这些设计对表数据的清晰显示非常有必要。(2) 主要考查表字段的说明，此操作主要是让阅读表的人容易读懂表的含义。属于表的“设计视图”的操作。整个表字段的创建就包括“字段名”“字段类型”和“说明”三个方面。(3) 考查时间/日期的样式设计，主要是满足不同语言习惯需求，设置不同的显示样式，更直观地看懂数据信息。(4) 考查“OLE”对象类型中的图片信息的添加。(5) 考查冻结操作就是在表的“宽度”很大时，左右移动表时不隐藏某些列的信息而实现冻结。(6) 考查表结构的调整：字段的添加、字段删除、字段的名称修改、字段的数据类型修改等操作。

【操作步骤】

(1) 步骤 1：打开“samp1. accdb”数据库，在【文件】功能区中双击“tStud”表，接着单击【开始】功能区，在【文本格式】分组的“字号”列表中选择“14”，单击快速访问工具栏中的“保存”按钮。

步骤 2：继续在【开始】功能区中，单击【记录】分组中“其他”按钮旁边的三角箭头，在弹出的下拉列表中选择“行高”命令，在【行高】对话框中输入“18”，单击“确定”按钮。关闭“tStud”表。

步骤 3：单击快速访问工具栏中的“保存”按钮。

(2) 步骤 1：右击“tStud”表，选择“设计视图”快捷菜单命令。在“简历”字段所在行的说明部分单击鼠标，定位光标后输入“自上大学起的简历信息”。

步骤 2：单击快速访问工具栏中的“保存”按钮。

(3) 步骤 1：在“tStud”表的设计视图下，单击“入校日期”字段。在下方的“字段属性”的“格式”所在行内输入：mm\月dd\日 yyyy。

步骤 2：单击快速访问工具栏中的“保存”按钮保存设置，关闭“tStud”表的设计窗口。

(4) 步骤 1：双击打开“tStud”表。右击学号为“20011002”行的“照片”记录，选择“插入对象”快捷菜单命令，打开对象对话框，在对象对话框内单击“由文件创建”单选项。单击“浏览”按钮，选中考生文件夹下的“photo. bmp”文件。

步骤 2：单击“确定”按钮，关闭对话框，关闭“tStud”表。

(5) 步骤 1：双击打开“tStud”表。右键单击“姓名”字段名，在弹出的快捷菜单中选择“取消冻结所有字段”命令。

步骤 2：单击快速访问工具栏中的“保存”按钮保存设置。

(6) 步骤 1：双击 “tStud”表。右键单击“备注”字段名，在弹出的快捷菜单中选择“删除字段”命令。单击“是”。

步骤 2：单击快速访问工具栏中的“保存”按钮，关闭“tStud”表。

三、简单应用题

(1) 本题主要考查查询的计算，本计算要用到系统函数 max()求最大值，Min()求最小值。然后求其之差：max([年龄])－min([年龄])。(2) 本题考查多表联系的建立，这里要求考生了解多表建立的前提条件和建立的方法。(3) 本题考查多表查询，多表查询的方法是首先添加相关的多个表，然后添加字段和对应的查询的条件。(4) 本题考查查询的列式计算以及如何添加标题。

【操作步骤】

(1) 步骤 1：打开“samp2. accdb”数据库，在【创建】功能区的【查询】分组中单击“查询设计”按钮，系统弹出查询设计器。在【显示表】对话框中双击“tStud”表，将表添加到查询设计器中，关闭【显示表】对话框。然后在“字段”所的第一列输入新标题：s_data：，再输入运算式：max([年龄])-min([年龄])。

步骤 2：单击【文件】功能区的【结果】分组中的“运行”按钮，执行操作。单击快速访问工具栏中的“保存”按钮，保存查询文件名为“qStud1”。单击“确定”按钮，关闭“qStud1”查询窗口。

(2) 步骤 1：在【数据库工具】功能区的【关系】分组中单击“关系”按钮，系统弹出“关系”窗口，在窗口内右击鼠标，选择”显示表”快捷菜单命令。在【显示表】对话框内分别双击“tStud”和“tScore”表到关系窗口中。关闭【显示表】对话框。

步骤 2：在关系窗口中拖动“tScore”表中的“学号”字段放到“tStud”表“学号”的字段上。单击“创建”命令按钮。

步骤 3：单击快速访问工具栏中的“保存”按钮，关闭建立关系的窗口。

(3) 步骤 1：在【创建】功能区的【查询】分组中单击“查询设计”按钮，系统弹出查询设计器。在【显示表】对话框中添加“tStud”表和“tScore”表，关闭【显示表】对话框。双击“tStud”表的“姓名”、“性别”字段，再双击“tScore”表中的“数学”字段并在此对应的条件行内输入：＜60。

步骤 2：单击“运行”按钮。单击快速访问工具栏中的“保存”按钮，保存输入文件名“qStud2”，单击“确定”按钮，关闭“qStud2”查询窗口。

(4) 步骤 1:在【创建】功能区的【查询】分组中单击“查询设计”按钮,系统弹出查询设计器。在【显示表】对话框中添加“tScore”表,关闭【显示表】对话框。

步骤 2:双击“tScore”表中“学号”字段。再在“字段”行第二列输入标题:平均成绩,再输入“:”,然后输入运算式:([数学]+[英语]+[计算机])/3。

步骤 3:单击“运行”按钮。

步骤 4:单击快速访问工具栏中的“保存”按钮,保存输入文件名“qStud3”。单击“确定”按钮,关闭“qStud3”查询窗口。

步骤 5:关闭“samp2.accdb”数据库窗口。

四、综合应用题

本题主要考查考生对报表中控件的设计与应用、报表中如何实现分组、利用系统函数实现报表的控件的功能以及报表的背景图的设置方法。

【操作步骤】

(1) 步骤 1:打开“samp3.accdb”数据库窗口。在【开始】功能区的“报表”面板中右击“rEmp”报表,选择“设计视图”快捷菜单命令,打开 rEmp 的报表设计视图。单击【报表设计工具-设计】功能区中【分组和汇总】分组中的“分组与排序”按钮,将在窗口下方打开【分组、排序和汇总】对话框。在该对话框单击“添加组”按钮,在弹出的“分组形式”的选择框中选择最下方的“表达式”选项,将会弹出表达式生成器对话框,输入:=Left([姓名],1)。单击“确定”按钮关闭【排序与分组】对话框。

步骤 2:单击【报表设计工具-设计】功能区下【控件】分组中的“文本框”控件,在组页眉区域(即=Left([姓名],1)页眉)内拖动画出一个文本框(删除文本框前新增的标签),在文本框内输入统计函数:=count([编号])。选中文本框,右键单击并在弹出的快捷菜单上选择“属性”命令,在【属性表】对话框内修改“名称”为“tnum”。

步骤 3:单击快速访问工具栏中的“保存”按钮保存设置。关闭报表视图设计器。

(2) 步骤 1:在【开始】功能区的“窗体”面板中右击“fEmp”窗体,选择“设计视图”快捷菜单命令,打开“fEmp”窗体设计视图。在窗体设计视图下的空白处右键单击鼠标,在弹出的快捷菜单选择“表单属性”命令,在“图片”所在的行单击查找所要插入的图片“bk.bmp”(图片文件在考生文件夹下),单击“确定”按钮。

步骤 2:单击快速访问工具栏中的“保存”按钮保存设置。

(3) 步骤 1:单击【窗体设计工具-设计】功能区的【工具】分组中的“查看代码”命令按钮,弹出代码生成器窗口。

步骤 2:在 *** Add1 *** 行之间添加代码:

```
Caption = Format(Date, "yy") & "年度报表输出"
```

(4) 步骤 1:接上小题操作,在代码生成器窗口中添加 bt1 按钮 Click 事件中缺少代码。

在 *** Add2 *** 行之间添加代码:bt2.FontBold = True

在 * * * Add3 * * * 行之间添加代码:DoCmd.OpenReport "rEmp", acViewPreview

在 * * * Add4 * * * 行之间添加代码:errhanle:

步骤 2:关闭“VBA”窗口。单击快速访问工具栏中的“保存”按钮保存设置。

无纸化考试样题 3 答案解析

一、选择题

(1)【解析】算法的复杂度主要包括时间复杂度和空间复杂度。通常用时间复杂度和空间复杂度来衡量算法效率,算法的时间复杂度就是执行该算法所需要的计算工作量;算法所执行的基本运算次数与问题的规模有关。而一个算法的空间复杂度,就是执行该算法所需要的内存空间;一般来说,一种数据的逻辑结构根据需要可以表示成多种存储结构。

【答案】B

(2)【解析】软件设计通常采用结构化设计方法,模块的独立程度是评价设计好坏的重要度量标准。耦合性与内聚性是模块独立性的两个定性标准。内聚性是一个模块内部各个元素间彼此结合的紧密程度的度量;耦合性是模块间相互连接的紧密程度的度量。一般较优秀的软件设计，应尽量做到高内聚，低耦合，即减弱模块之间的耦合性和提高模块内的内聚性，有利于提高模块的独立性。

【答案】D

(3)**【解析】**关于软件测试的目的，Grenford J. Myers 在 The Art of Software Testing 一书中给出了深刻的阐述：软件测试是为了发现错误而执行程序的过程。一个好的测试用例是指很可能找到迄今为止尚未发现的错误的用例；一个成功的测试是发现了至今尚未发现的错误的测试。整体来说，软件测试的目的就是尽可能多地发现程序中的错误。

【答案】A

(4)**【解析】**对象是由数据和容许的操作组成的封装体，与客观实体有直接的对应关系。对象之间通过传递消息互相联系，以模拟现实世界中不同事物彼此之间的联系。面向对象技术有三个重要特性，封装性、继承性和多态性。

【答案】C

(5)**【解析】**队列是一种线性表，它允许在一端进行插入，在另一端进行删除。允许插入的一端称为队尾，允许删除的另一端称为对头。它又称为“先进先出”或“后进后出”的线性表，体现了“先来先服务”的原则。

【答案】B

(6)**【解析】**前序遍历首先访问根结点，然后遍历左子树，最后遍历右子树。

【答案】C

(7)**【解析】**由二叉树的性质知：在任意一棵二叉树中，度为 0 的结点（即叶子结点）总是比度为 2 的结点多一个。本题中，度为 2 的结点数为 n，故叶子结点数为 $n+1$ 个。

【答案】A

(8)**【解析】**关系的基本运算有两类：一类是传统的集合运算（并、交、差），另一类是专门的关系运算（选择、投影、连接）。集合的并、交、差：设有两个关系为 R 和 S，它们具有相同的结构，R 和 S 的并是由属于 R 和 S，或者同时属于 R 和 S 的所有元组组成的集合，记作 $R \cup S$；R 和 S 的交是由既属于 R 又属于 S 的所有元组组成的集合，记作 $R \cap S$；R 和 S 的差是由属于 R 但不属于 S 的所有元组组成的集合，记作 $R-S$。因此，在关系运算中，不改变关系表中的属性个数但能减少元组（关系）个数的只能是集合的交了。

【答案】B

(9)**【解析】**该题目主要考的是 E-R 模型的图示法：在 E-R 图中用矩形表示实体，在矩形内写上该实体的名字，这是实体表示法；用椭圆表示属性，在椭圆形内写上该属性的名称，这是属性表示法；用菱形表示联系，这是联系表示法。

【答案】C

(10)**【解析】**数据库系统（Database System，简称 DBS），数据独立性是它的一个特点。一般分为物理独立性与逻辑独立性两级。物理独立性指数据的物理结构的改变，如存储设备的变换、存取方式的改变不影响数据库的逻辑结构，从而不引起应用程序的变化。逻辑独立性指数据库总体逻辑结构的改变，如修改数据模式、增加新的数据类型、改变数据联系等不需要相应修改应用程序。所以，在数据系统中，数据的物理结构并不一定与逻辑结构一致。

【答案】A

(11)**【解析】**关键字是能够唯一的标识一个元组的属性或属性的组合。在 Access 中，主关键字和候选关键字就起唯一标识一个元组的作用。

【答案】A

(12)**【解析】**一对多的联系表现为表 A 的一条记录在表 B 中可以有多条记录与之对应，但表 B 中的一条记录最多只能与表 A 的一条记录与之对应。本题中一个出生地可以出生很多人，而一个人只能有一个出生地。

【答案】B

(13)**【解析】**Access 数据库的主要特点包括处理多种数据类型；采用 OLE 技术，可以方便地创建和编辑多媒体数据库；与 Internet/Intranet 的集成；具有较好的开发功能，可以采用 VBA 编写数据库应用程序等。而从数据库模型来说，Access 属于关系数据库模型。

【答案】D

(14)**【解析】**从关系中找出满足给定条件的元组的操作称为选择。选择的条件以逻辑表达式给出，使逻辑表达式的值为真的元组将被选取。

【答案】A

(15)【解析】在输入数据时,如果希望输入的格式标准保持一致,或希望检查输入时的错误,可以设置输入掩码。输入掩码属性所使用字符的含义:

0:必须输入数字(0～9)。

9:可以选择输入数据或空格。

C:可以选择输入任意一个字符或一个空格。

L:必须输入字母(A～Z)。

【答案】A

(16)【解析】Access 常用的数据类型有:文本、备注、数字、日期/时间、货币、自动编号、是/否、OLE 对象、超级链接、查阅向导等,不同的数据类型决定了字段能包含哪类数据。OLE 对象主要用于将某个对象(如 Word 文档、Excel 电子表格、图表、声音以及其他二进制数据等)链接或嵌入到 Access 数据库的表中。

【答案】D

(17)【解析】参照完整性是在输入或者删除记录时,为维持表之间已定义的关系而必须遵守的规则。如果实施了参照完整性,那么当主表中没有相关记录时,就不能将记录添加到相关表中,也不能在相关表中存在匹配的记录时删除主表中的记录,更不能在相关表中有相关记录时,更改主表中的主关键字值。

【答案】A

(18)【解析】在"设计"视图中,将"所在单位"的"总计"行设置成 group by,将"应发工资"的"总计"行设置成 sum 就可以按单位统计应发工资总数了。其中的 group by 的作用是定义要执行计算的组;sum 的作用是返回字符表达式中值的总和,而 count 的作用是返回表达式中值的个数,即统计记录个数。

【答案】C

(19)【解析】在创建交叉表查询时,用户需要指定三种字段:一是放在数据表最左端的行标题,它把某一字段或相关的数据放入指定的一行中;二是放在数据表最上面的列标题,它对每一列指定的字段或表进行统计,并将统计结果放入该列中;三是放在数据表行与列交叉位置上的字段,用户需要为该字段指定一个总计项。

【答案】A

(20)【解析】"avg(入学成绩)"的作用是求"入学成绩"的平均值;Select 是 SQL 的查询语句;Group By 的作用是定义要执行计算的组。所以本题 SQL 命令的作用是将学生表按性别分组,计算并显示各性别和各性别对应的入学成绩的平均值。

【答案】B

(21)【解析】窗口事件是指操作窗口时所引发的事件,常用的窗口事件有"打开"、"关闭"和"加载"等。

【答案】D

(22)【解析】组合框既可以进行选择,也可以输入文本,其在窗体上输入的数据总是取自某一个表或者查询中记录的数据,或者取自某固定内容的数据;列表框除不能输入文本外,其他数据来源与组合框一致。而文本框主要用来输入或编辑字段数据,是一种交互式控件;复选框是作为单独的控件来显示表或查询中的"是"或"否"的值。

【答案】B

(23)【解析】Access 里通配符用法如下:

*:通配任意个字符,它可以在字符串中当作第一个或最后一个字符使用;

?:通配任意一个字母字符;

!:通配任意一个不在括号内的字符;

#:通配任意一个数字字符。

【答案】D

(24)【解析】绑定对象框用于在窗体或报表上显示 OLE 对象,例如:一系列的图片。该控件针对的是保存在窗体或报表基础记录源字段中的对象。当在记录间移动时,不同的对象将显示在窗体或报表上;而图像框是用于窗体中显示静态图片;非绑定对象框则用于在窗体中显示非结合 OLE 对象,例如 Excel 电子表格。当在记录间移动时,该对象将保持不变;列表框用于显示可滚动的数值列表。

【答案】B

(25)【解析】报表页眉中的任何内容都只能在报表开始处,即报表的第一页打印一次。报表页脚一般是在所有的主体和组页脚被输出完成后才会打印在报表的结束处。页眉页脚用来显示报表中的字段名称或对记录的分组名称,报表的每一页有一个页面页眉。它一般显示在每页的顶端。页面页脚是打印在每页的底部，用来显示本页的汇总说明，报表的每一页有一个页面页脚。

【答案】B

(26)**【解析】**数据访问页是 Access 2000 新增加的数据库对象，它是一种特殊类型的 Web 页，用户可以在此 Web 页中与 Access 数据库中的数据进行连接，查看、修改 Access 数据库中的数据，为通过网络进行数据发布提供了方便。所以数据访问页的文件类型是 HTML 文件。

【答案】B

(27)**【解析】**开发人员常常使用 AutoExec 宏来自动操作一个或多个 Access 数据库，但 Access 不提供任何内置的方法来有条件避开这个 Autoexec 宏，不过可以在启动数据库时按住 Shift 键来避开运行这个宏。

【答案】D

(28)**【解析】**随机数函数 Rnd(＜数值表达式＞)用于产生一个小于 1 但大于 0 的值，该数值为单精度类型。Int(数值表达式)是对表达式进行取整操作，它并不做“四舍五入”运算，只是取出“数值表达式”的整数部分。

【答案】A

(29)**【解析】**InputBox 的返回值是一个数值或字符串。当省略尾部的“$”时，InputBox 函数返回一个数值，此时，不能输入字符串。如果不省略“$”，则既可输入数值也可输入字符串，但其返回值是一个字符串。因此，如果需要输入数值，并且返回的也是数值，则应省略“$”；而如果需要输入字符串，并且返回的也是字符串，则不能省略“$”。如果不省略“$”，且输入的是数值，则返回字符串，当需要该数值参加运算时，必须用 Val 函数把它转换为数值。

【答案】D

(30)**【解析】**SetValue 命令可以对 Access 窗体、窗体数据表或报表上的字段、控件、属性的值进行设置。SetValue 命令有两个参数，第一个参数是项目(Item)，作用是存放要设置值的字段、控件或属性的名称。本题要设置的属性是标签的 Caption([Label0].[Caption])。第二个参数是表达式(Expression)，使用该表达式来对项目的值进行设置，本题的表达式是文本框的内容([Text0])，所以对 Text0 更新后运行的结果是文本框的内容复制给了标签的标题。

【答案】C

(31)**【解析】**a＝75 满足条件“a＞60”，执行 THEN 后的语句，将 1 赋值给变量 k，然后结束条件判断，将 k 的值 1 输出到消息框，所以消息框的结果是 1。

【答案】A

(32)**【解析】**Select Case 结构运行时，首先计算“表达式”的值，它可以是字符串或者数值变量或表达式。然后会依次计算测试每个 Case 表达式的值，直到值匹配成功，程序会转入相应 Case 结构内执行语句。本题中，当 i＝1 和 3 时，执行 a＝a＋1，当 i＝2 时，a＝a＋2，所以 a＝1＋1＋2＋1＝5。

【答案】C

(33)**【解析】**当 i＝1 时，sum＝0＋0/1；当 i＝2 时，sum＝0＋0/1＋1/2；当 i＝3 时，sum＝0＋0/1＋1/2＋2/3；当 i＝4 时，sum＝0＋0/1＋1/2＋2/3＋3/4；当 i＝5 时，sum＝0＋0/1＋1/2＋2/3＋3/4＋4/5，即 For 循环是用来计算表达式“1/2＋2/3＋3/4＋4/5”的。

【答案】C

(34)**【解析】**Case 表达式可以是下列四种格式之一：单一数值或一行并列的数值，用来与“表达式”的值相比较。成员间以逗号隔开；由关键字 To 分割开的两个数值或表达式之间的范围；关键字 Is 接关系运算符；关键字 Case Else 后的表达式，是在前面的 Case 条件都不满足时执行的。本题选项 C 中用的是逻辑运算符 And 连接两个表达式，所以不对，应该以逗号隔开。

【答案】C

(35)**【解析】**用户定义数据类型是使用 Type 语句定义的数据类型。用户定义的数据类型可以包含一个或多个任意数据类型的元素。由 Dim 语句可创建用户定义的数组和其他数据类型。用户定义类型变量的取值，可以指明变量名及分量名，两者之间用句点分隔。本题中选项 A、C 中变量名均用的是类型名，所以错误。“score(1 to 3) As Single”定义了 3 个单精度数构成的数组，数组元素为 score(1)至 score(3)。

【答案】D

(36)**【解析】**略。

【答案】C

(37)【解析】Access 中,一个表就是一个关系,每一个关系都是一个二维表。

【答案】A

(38) 解析该段语法为 SELECT ＊|＜字段列表＞FROM ＜表名＞ WHERE＜条件表达式＞。

【答案】C

(39)【解析】因为在 Access 数据库中,一对一的关系可以合并成一个表,多对多的关系可以拆成多个成一对多的关系。所以,一般都是一对多的关系。

【答案】A

(40)【解析】2.5 不再符合该属性,小数点后面将会抹去。

【答案】B

二、基本操作题

本题考点:设置字段宽度;建立表间关系;字段属性输入掩码、默认值设置;窗体中命令按钮属性设置;设置隐藏字段。第 1、6 小题在数据表中设置字段宽度和隐藏字段;第 2 小题在关系界面设置表间关系;第 3 小题在窗体设计视图右键单击控件选择【属性】,设置属性;第 4、5 小题在设计视图中设置字段属性。

【操作步骤】

(1) 步骤 1:选中“表”对象,右键单击“tStud”选择【打开】。

步骤 2:选中“简历”字段列,右键单击,选择【字段宽度】,在弹出对话框中输入“40”,单击“确定”按钮。

步骤 3:按 Ctrl＋S 保存修改,关闭数据表。

(2) 步骤 1:单击【数据库工具】选项卡中【关系】,在“显示表”中,分别添加表“tStud”和“tScore”,关闭“显示表”对话框。

步骤 2:选中表“tStud”中的“学号”字段,拖动鼠标到表“tScore”的“学号”字段,放开鼠标,在弹出的对话框中单击“创建”按钮。

步骤 3:按 Ctrl＋S 保存修改,关闭“关系”界面。

(3) 步骤 1:选中“窗体”对象,右键单击“fTest”选择【设计视图】。

步骤 2:右键单击命令按钮“Button1”选择【属性】,在“标题”行输入“按钮”。

步骤 3:单击“数据”选项卡,在“可用”行右侧下拉列表中选中“否”,关闭属性表。

(4) 步骤 1:选中“表”对象,右键单击“tStud”选择【设计视图】。

步骤 2:单击“入校时间”字段行任一点,在“默认值”行输入“DateSerial(Year(Date()),1,1)”。

步骤 3:按 Ctrl＋S 保存修改,关闭设计视图。

(5) 步骤 1:选中“表”对象,右键单击“tScore”选择【设计视图】。

步骤 2:单击“课程号”字段行任一点,在“输入掩码”行输入“AAAAA”。

步骤 3:按 Ctrl＋S 保存修改,关闭设计视图。

(6) 步骤 1:选中“表”对象,右键单击“tStud”选择【打开】。

步骤 2:选中“简历”字段列,右键单击“简历”,选择【隐藏字段】。

步骤 3:按 Ctrl＋S 保存修改,关闭设计视图。

三、简单应用题

本题考察创建参数、条件和追加查询。第 1、2、3、4 小题在查询设计视图中创建不同的查询,按题目要求添加字段和条件表达式。

【操作步骤】

(1) 步骤 1:单击【创建】选项卡中【查询设计】按钮,在“显示表”对话框双击表“tStud”,关闭“显示表”对话框。

步骤 2:分别双击“学号”“姓名”“性别”“年龄”和“简历”字段。

步骤 3:在“简历”字段的“条件”行输入“Like ”＊“＋[请输入爱好]＋”＊“”。

步骤 4:按 Ctrl＋S 保存修改,另存为“qT1”。关闭设计视图。

(2) 步骤 1:单击【创建】选项卡中【查询设计】按钮,在“显示表”对话框双击表“tScore”“tStud”,关闭“显示表”对话框。

步骤 2:分别双击“学号”“姓名”和“成绩”字段。

步骤 3:单击【设计】选项卡中【汇总】,在“成绩”字段“总计”行下拉列表中选中“平均值”。

步骤4:在“成绩”字段前添加“平均成绩::”字样。

步骤5:按Ctrl+S保存修改,另存为“qT2”。

(3)步骤1:单击【创建】选项卡中【查询设计】按钮,在“显示表”对话框双击表“tStud”,关闭“显示表”对话框。

步骤2:分别双击“学号”,“姓名”字段。

步骤3:在“学号”字段的“条件”行输入“Not In (select [tScore].[学号] from tScore)”。

步骤4:按Ctrl+S保存修改,另存为“qT3”。关闭设计视图。

(4)步骤1:单击【创建】选项卡中【查询设计】按钮,在“显示表”对话框双击表“tStud”,关闭“显示表”对话框。

步骤2:单击【设计】选项卡中【追加】,在弹出对话框中输入“tTemp”,单击“确定”按钮。

步骤3:双击“学号”“姓名”“年龄”“所属院系”“性别”字段。

步骤4:在“性别”字段的“条件”行输入“男”。

步骤5:单击【设计】选项卡中【运行】,在弹出的对话框中单击“是”按钮。

步骤6:按Ctrl+S保存修改,另存为“qT4”。关闭设计视图。

四、综合应用题

本题考点:表中字段属性有效性规则、有效性文本设置;报表中文本框和窗体中标签、命令按钮控件属性设置。第1小题在表设计视图中设置字段属性;第2,3小题分别在报表和窗体设计视图右键单击控件选择【属性】,设置属性。设置标签控件位置时要进行简单的计算,要查看btnP控件的设置,不要算错。

【操作步骤】

(1)步骤1:选中“表”对象,右键单击“tEmp”选择【设计视图】。

步骤2:单击“聘用时间”字段行任一点,在“格式”右侧下拉列表中选中“长日期”。

步骤3:单击“性别”字段行任一点,在“有效性文本”行输入“只能输入男或女”。

步骤4:按Ctrl+S保存修改,关闭设计视图。

(2)步骤1:选中“报表”对象,右键单击“rEmp”选择【设计视图】。

步骤2:单击【设计】选项卡中【分组和排序】,单击“添加排序”,在“选择字段”下拉列表中选中“聘用时间”,关闭界面。

步骤3:右键单击“未绑定”选择【属性】,在“控件来源”行输入“=Date()”。

步骤4:按Ctrl+S保存修改,关闭设计视图。

(3)步骤1:选中“窗体”对象,右键单击“fEmp”选择【设计视图】。

步骤2:右键单击“btnP”选择【属性】,查看“上边距”记录值,并记录下来。单击“事件”选项卡,在“单击”行右侧下拉列表中选中“mEmp”,关闭属性表。

步骤3:简单公式:bTitle上边距= btnP上边距−1−bTitle的高度,右键单击标签控件“bTitle”选择【属性】,在“上边距”行输入“1cm”,关闭属性表。

步骤4:按Ctrl+S保存修改,关闭设计视图。